iCourse·教材

《教师教育课程标准（试行）》教材大系
教师教育国家级精品资源共享课配套教材

0—3岁婴儿的保育与教育

0—3 Sui Ying'er de Baoyu yu Jiaoyu

主　编　文　颐
副主编　杨春华　邓祖丽颖

高等教育出版社·北京

内容提要

本书是《教师教育课程标准（试行）》配套教材，同时也是教师教育国家级精品资源共享课“0—3岁婴儿的保育与教育”配套教材。

本书希望学生了解0—3岁婴儿生理发育特点与保育、0—3岁婴儿心理发展特点与教育、0—3岁婴儿家长的保育与教育指导的基础知识，掌握0—3岁婴儿保育与教育的核心技能及对家长实施亲子活动指导课的重点技能，为将来能在早期教育机构熟练开展婴儿保育和教育工作以及对婴儿家长进行保育与教育指导奠定基础。

在内容的组织和安排上，本书分三篇：上篇为婴儿身心发展与保育（含第一章到第四章）；中篇为婴儿身心发展与教育（含第五章到第九章）；下篇为婴儿早期教养指导（含第十章、第十一章）。

在学习方式上，建议学生结合网络课程资源进行学习：登录“爱课程”（www.icourses.cn），在“资源共享课”页面找到本课程，学习全部课程视频、教学课件、案例素材；还可以扫描书中的二维码，查看与本书内容紧密相关的数字化资源。

本书适用于高等院校学前教育专业、早期教育专业本科、专科学生，也适用于早期教育机构教师，还可供家长、早期教育相关研究人员、工作人员阅读参考。

图书在版编目（CIP）数据

0～3岁婴儿的保育与教育 / 文颐主编. -- 北京 ：高等教育出版社，2016.1（2024.7重印）
iCourse.教材
ISBN 978-7-04-044344-8

Ⅰ. ①0… Ⅱ. ①文… Ⅲ. ①婴幼儿－哺育－高等学校－教材②婴幼儿－学前教育－高等学校－教材 Ⅳ. ①TS976.31②G61

中国版本图书馆CIP数据核字(2015)第287615号

策划编辑 王海燕　责任编辑 王海燕　封面设计 张申申　版式设计 童 丹
插图绘制 杜晓丹　责任校对 刘春萍　责任印制 高 峰

出版发行 高等教育出版社
社 址 北京市西城区德外大街4号
邮政编码 100120
印 刷 固安县铭成印刷有限公司
开 本 787mm×1092mm 1/16
印 张 16.75
字 数 340千字
购书热线 010-58581118
咨询电话 400-810-0598
网 址 http://www.hep.edu.cn
http://www.hep.com.cn
网上订购 http://www.landraco.com
http://www.landraco.com.cn
版 次 2016年1月第1版
印 次 2024年7月第9次印刷
定 价 32.00元

物 料 号 44344-00

重印说明

为贯彻党中央、国务院关于加强和改进新形势下大中小学教材建设的意见，全面、准确、系统体现习近平新时代中国特色社会主义思想和党的二十大精神内涵，全面贯彻党的教育方针，落实立德树人根本任务，充分发挥教材的培根铸魂、启智增慧功能，服务教育高质量发展和教育强国建设，在本次重印前，主编按照教育部《普通高等学校教材管理办法》中的教材编写要求，以习近平新时代中国特色社会主义思想为指导，对教材内容进行了梳理和完善，力求反映中国特色社会主义实践，反映相关学科教学和科研进展。

教材建设是一项战略工程、基础工程、系统工程，要持之以恒，久久为功。本次重印前的一些订正得益于部分热心读者提出的宝贵意见，在此谨表示真诚的谢意。期望广大师生在使用本教材的过程中继续提出宝贵意见，以便我们后续组织修订此教材。

前　言

党中央、国务院高度重视保障和改善民生工作，习近平总书记多次就养老、托育作出重要批示，要求抓住重点、难点问题，补齐养老、托育短板弱项。为深入贯彻党的二十大精神，认真落实《中共中央国务院关于优化生育政策促进人口长期均衡发展的决定》《中华人民共和国国民经济和社会发展第十四个五年规划和2035年远景目标纲要》《国务院办公厅关于促进3岁以下婴幼儿照护服务发展的指导意见》《国务院办公厅关于促进养老托育服务健康发展的意见》等有关文件精神，国务院相关政府部门陆续发文，出台了各类政策与措施以支持、规范和管理0—3岁婴幼儿照护服务行业。

从2004年开始，成都师范学院在学前教育专业的教学计划中增设了“0—3岁婴儿的保育与教育”相关课程。任教团队围绕“0—3岁婴儿的保育与教育”自编了系列课程讲义。课程讲义适时地提炼和吸收了“四川省高等教育人才培养质量和教学改革重点项目——学前教育专业0—3岁保教课程模块设计与教学资源建设”和“四川省教育厅人文社科重点课题——0—3岁早期教育师资培养模式及培训课程体系研究”课题的成果，并在成都师范学院学前教育专业本、专科学生中试用了10轮，在成都市“育婴师职业认证班”中试用了4轮。在多年的教学实施过程中，任教团队对该系列讲义不断修改、深化与完善。2012年以后，“0—3岁婴儿的保育与教育”课程建设进入新的提升阶段。任教团队考虑到高等院校学前教育专业课程计划的课时限制和幼儿园教师职后培训时间限制等情况，把系列课程中的四门课程“婴儿护理与急救”“婴儿营养与喂哺”“婴儿心理与教育”“婴儿早期教育指导课程”内容统整为“0—3岁婴儿的保育与教育”一门课程。此课程简洁地阐述了0—3岁婴儿的保育与教育各主要领域中丰富的知识和操作方法，内蕴着婴儿教育的主要要素和教育活动的基本线索。2012年，“0—3岁婴儿的保育与教育”成为教师教育国家级精品资源共享课立项建设课程，历时3年多完成建设，并在国家精品开放课程共享系统——“爱课程”（www.icourses.cn）上线。本书为该课程配套教材，是学前教育专业人才职前培养和0—3岁早期教育从业人员职后培训的重要课程资源。

课程简介

课程目标：本课程希望学生了解0—3岁婴儿生理发育特点与保育、0—3岁婴儿心理发展特点与教育、0—3岁婴儿家长的保育与教育指导的基础知识，掌握0—3岁婴儿保育与教育的核心技能及对家长实施亲子活动指导的重点技能，为将来能在早期教育机构熟练开展婴儿保育和教育工作以及对婴儿家长进行保育、教育指导奠定基础。

课程性质与定位：“0—3岁婴儿的保育与教育”是《教师教育课程标准（试行）》中幼儿园教师教育课程中的专业课，是新形势下学前教育专业本、专科人才培养方案中的新增课程，也是目前幼儿园职前教师培养、职后教师培训的紧缺课程。它在专业培养目标中的定位是：学前教育专业本、专科必修专业课程，属于衔接基础理论和实践应用的中间课程。

课程重点：婴儿营养护理与急救的知识与技能、婴儿学习与发展的核心能力与教育建议、婴儿早期教养指导的知识与技能。

课程难点：婴儿日常生活保健技术、亲子活动指导课程设计与实施技术。

与前后课程的关系：本课程的先修课程是“儿童发展”“学前教育学”“幼儿园游戏与指导”等。后续课程主要包括“婴儿认知活动设计与组织”“婴儿动作活动设计与组织”“婴儿语言活动设计与组织”“婴儿社会性活动设计与组织”“婴儿家庭教育指导”“亲子园的创建与管理”等，几门课程应结合学习。

本书特点

多门课程知识的融合：本书融合了婴儿卫生学、婴儿心理学、婴儿教育学、家庭教育学的内容，提炼了几门课程中重要的知识要素和能力要素。打破了以往各门课程教材分门编写、分开开课而不适应目前学前教育专业职前教师培养、职后教师培训现状的局面。几门课程中重要知识与能力要素的融合可以帮助学生在较短的时间掌握0—3岁婴儿的保育与教育的基本内容，适合目前幼儿园教师教育课程目标与课程设置的要求。

理论与实践并重：在内容的组织和安排上，本书设计了3个模块（篇），共11章，包含40个核心知识点，科学地阐述了婴儿保育与教育的理论基础，系统地涵盖了婴儿保育与教育的重要技能。

配套教学资源丰富：本书所配套的精品资源共享课“0—3岁婴儿的保育与教育”，建构起了立体化的课程资源库。配套资源包括：教学大纲、电子课件、授课视频、案例库、试题库、作业系统、学科专业知识检索系统、在线自测与考试系统等。另外，本书所有“反思提高”板块的答案，均可以在网络课程中获取。

课题科研成果体现充分：本书汲取了0—3岁婴儿研究的前沿知识，为学生了解目前世界婴儿研究发展方向、国内的现状以及一线操作经验提供了重要的参考。

本书框架

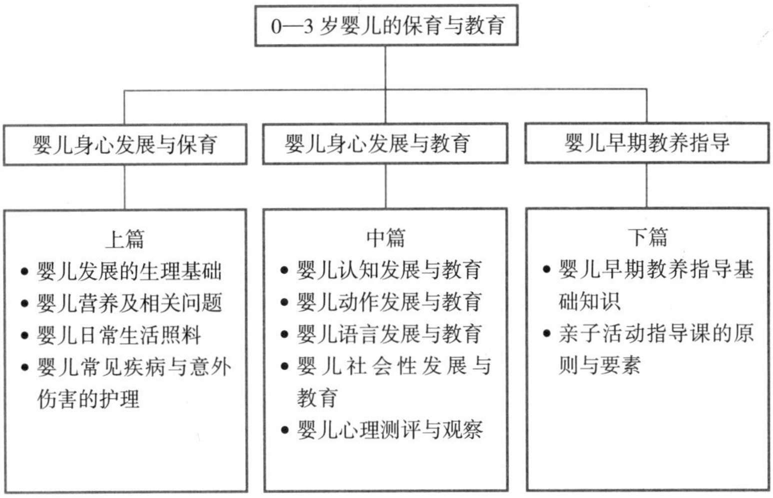

图1　本书框架导图

学习顺序

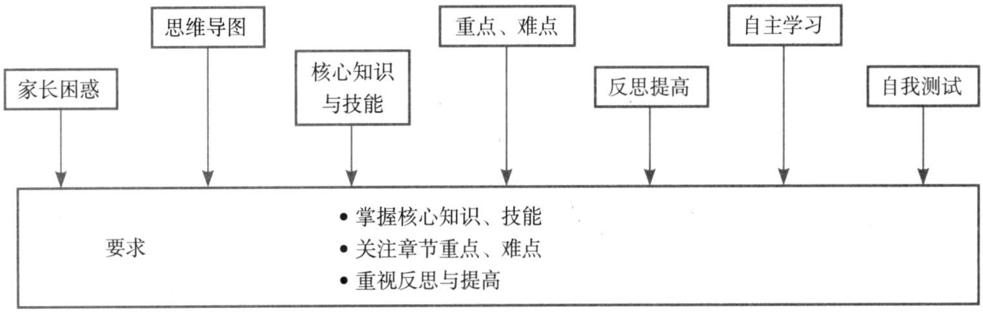

图2　本书学习指导

适用范围与对象

本书除了可用于学前教育专业职前教师培养外，也同样适用于幼儿园和亲子园职后教师培训，对0—3岁婴儿家长育儿中的诸多疑惑也能解答一二。所以，本书适用于高等院校承担此课程的教师、学前教育专业学生、幼儿园教师、早期教育行业教师、0—3岁婴儿家长的阅读和学习。

作者简介

主编文颐教授，1990年毕业于西南师范大学心理学专业，从事学前儿童心理学的教学与研究22年，承担婴儿保育与教育课程12年，主编或参编教材、专著多部，发表相关论文三十余篇。曾担任成都师范学院学前教育系主任，目前担任四川省教育厅高校人文社科重点研究基地“0—3岁儿童早期发展与教育研究中心”常务副主任、四川省心理学会学前儿童心理与教育专业委员会主任。兼任四川省人口与计划生育委员会首届专家组成员、四川省早期教育行业协会专家顾问、成都市婴儿保教协会名誉会长与学术委员会主任。

副主编杨春华副教授，1992年毕业于西南师范大学教育管理专业，从事学前儿童教育学的教学与研究二十多年，主编或参编教材、专著三部，发表相关论文十余篇。目前为成都大学教师，四川省心理学会学前儿童心理与教育专业委员会委员，四川省教育厅人文社会科学重点研究基地“儿童早期发展与教育研究中心”成员。

副主编邓祖丽颖副教授，1994年本科毕业于河南大学生物学专业，2006年研究生毕业于西南师范大学教育管理专业，从事学前儿童卫生保健的教学与研究二十多年，主持河南省精品课程“0—3岁婴儿的保育与教育”。主编或参编教材四部，发表及获奖学术论文二十余篇。现工作于郑州幼儿师范高等专科学校，是国家二级公共营养师、河南省“红十字会”救护培训师。

其他参编教师拥有心理咨询师、高级育婴师等职业认证证书，参与学前教育的省部级及校级课题三十余项。其中，承担的四川省教育厅高等教育人才培养质量和教学改革项目“引入先进理念，构建符合国情的学前教育专业0—3岁保教课程体系”，获第七届高等教育四川省教学成果奖三等奖。参编《婴儿心理与教育》《婴儿早期教育指导课程》等与课程相关的教材十部。近八年来，团队成员除了在高校学前教育专业承担“0—3岁婴儿的保育与教育”课程教学外，还主持或参与了大量由政府或学会主办的0—3岁早期教育师资的培养工作。

本书参编者的撰写内容如下：成都师范学院罗群撰写第一、第二章，郑州幼儿师范高等专科学校邓祖丽颖撰写第三、第四章，成都师范学院文颐撰写第五章，成都师范学院唐大章撰写第六章，成都大学杨春华撰写第七章，成都师范学院程敏撰写第八章，成都师范学院石贤磊撰写第九章，成都师范学院文颐撰写第十、第十一章，成都市第四幼儿园李远秀、杨秀容提供第十一章附录案例；丁玲负责全书插图；文颐负责统稿。

“0—3岁婴儿的保育与教育”课程建设在全国高校学前教育专业的课程改革进程中属于初创阶段，因此本书难免存在许多不足之处，敬请读者批评、指正。

文　颐
2016年1月

目 录

上篇　婴儿身心发展与保育

家长困惑

1. 孩子总是吐奶怎么办?
2. 6个月的孩子不会坐，头老是歪着，怎么回事?
3. 婴儿抚触有什么好处？怎么操作?
4. 11个月的宝宝一天吃多少奶合适?
5. 婴儿如何添加辅食？5个月的婴儿添加辅食后腹泻，怎么办?
6. 婴儿吃饭要有规矩么?
7. 40天的吃母乳婴儿大便稀，正常吗?
8. 孩子两个多月排稀便，有时有白沫，这是否跟妈妈吃的东西有关?
9. 如何帮助婴儿养成良好的睡眠习惯?
10. 宝宝2岁3个月，便秘，怎么办?
11. 婴儿的衣服应该怎么选?
12. 孩子特别容易内热，出湿疹，怎么解决?
13. 1周岁的婴儿气管有异物，怎么办?

0—3 岁是婴儿体格发育和神经系统发育最迅速的时期，随着身体各器官的不断生长发育，婴儿每月甚至每天都在发生变化，而这一时期的婴儿也是容易发生疾病、意外的时期。随着婴儿保育越来越受到社会和父母的重视，为促进婴儿的健康成长，对婴儿进行合理喂养、生活护理、疾病预防、意外急救等诸多方面的科学育儿指导的需求也越来越迫切。

针对 0—3 岁婴儿的身心发展特点，结合社会对婴儿保育的操作性要求日益强烈的现状，本篇分为理论与实践两部分，共 4 章，每章均严格遵循理论紧密联系实践的基本原则，强调对理论知识的理解，并能在技能训练中灵活运用。

本篇思维导图

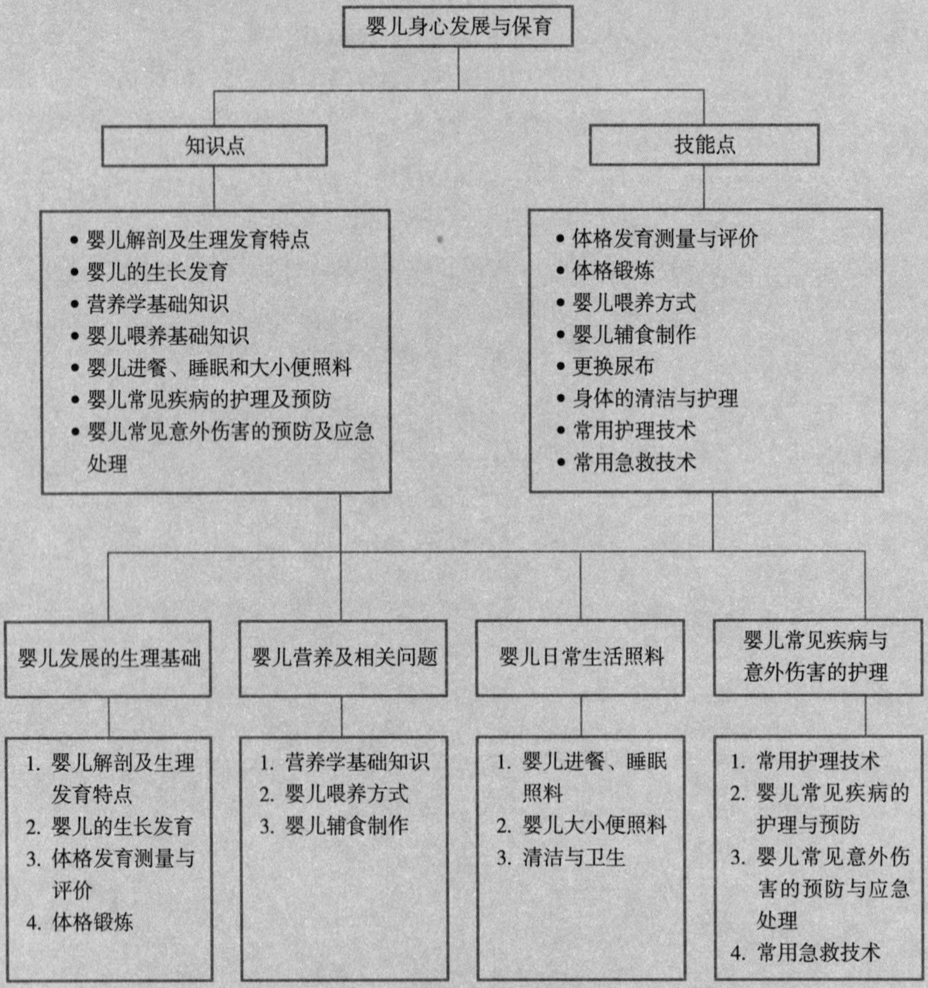

第一章　婴儿发展的生理基础

着重关注：

婴儿解剖及生理发育特点；
婴儿生长发育的规律；
婴儿体格发育测量与评价；
婴儿体格锻炼的方法。

难点理解：

婴儿生长发育的规律、婴儿体格发育的评价。

名词术语：

生长发育、囟门、神经髓鞘化、婴儿溢奶、生理性远视、生长监测、抚触。

核心知识一　婴儿解剖及生理发育特点

【课前任务】 从婴儿生理发育的角度，婴儿是“小大人”吗？写出自己的观点（不少于 500 字）。

一、神经系统

神经系统分为中枢神经系统和周围神经系统。中枢神经系统包括脑和脊髓；周围神经系统包括脑神经、脊神经和植物性神经。神经系统是人体生命活动的主要调节机构。体内各器官、各系统在神经系统的统一调节下，进行不同的生理活动，从而使人成为对立统一的整体，与外界环境发生相互作用。

神经活动的基本方式是反射，反射是人体对内部和外界各种刺激做出的规律性反应。反射分为非条件反射和条件反射。

（一）婴儿神经系统的解剖特点

1. 脑发育迅速

婴儿大脑发育非常迅速，脑重量增长很快。新生儿脑重量约为 350 g，相当于成人脑重的 25%，1 岁时可达 950 g，6 岁时，脑重已相当于成人脑重的 90%（表 1-1-1）。可见，正确的早期教育非常重要。

表 1-1-1 各年龄段人体大脑重量

年龄段	新生儿	1 岁	2 岁	3 岁	4—7 岁	成人
大脑重量（g）	350	950	1 010	1 080	1 310	1 400

2. 神经髓鞘化

髓鞘是包裹在神经突起外面的一层类似电线绝缘体的磷脂类物质，刚出生的婴儿神经细胞缺乏髓鞘，因此，兴奋传导易波及邻近神经而引起泛化现象，许多动作不精确。

3. 小脑发育晚

婴儿出生时脑干、脊髓已发育成熟，但小脑发育较晚，到 3 岁左右，小脑功能才逐渐完善。因此，3 岁之前，儿童的平衡能力差，动作协调性比较差，容易摔跤。

（二）婴儿神经系统的生理发育特点

1. 脑功能发育不全

婴儿的大脑尚未完全建立各种神经反射，所以在运动、语言、思维等方面的能力都不及成人。

2. 大脑易兴奋，易疲劳

婴儿大脑皮层发育不完善，兴奋占优势，抑制过程形成较慢。婴儿大脑对外界刺激非常敏感，因此，婴儿容易激动，注意力不能持续集中，不能长时间做一件事，容易疲劳。

3. 植物性神经发育不全

婴儿植物性神经发育不完善，主要表现为内脏器官的功能不稳定，如婴儿的心跳和呼吸频率较快，节律不稳定，胃肠消化功能容易受情绪的影响。

4. 婴儿睡眠时间长

充足的睡眠才能使大脑皮层的疲劳得到缓解。

二、呼吸系统

呼吸系统由呼吸道（鼻、咽、喉、气管、支气管）和肺组成。通常将鼻、咽、喉称上呼吸道，气管、支气管及以下分支称下呼吸道。呼吸系统的主要功能是进行气体交换，即吸入氧，呼出二氧化碳。

（一）婴儿呼吸系统的解剖特点

1. 鼻

婴儿鼻腔相对短小狭窄，鼻黏膜柔嫩并富于血管，感染时鼻黏膜充血肿胀，致使鼻腔狭窄，甚至闭塞，由于婴儿不会用口呼吸，鼻塞会导致其烦躁不安、呼吸困难和拒奶。

2. 鼻泪管和咽鼓管

婴儿鼻泪管短，因而鼻腔感染后，病毒易侵入结膜囊引起眼部炎症。婴儿的咽鼓管较宽，且直而短，呈水平位，鼻咽腔开口处较低，故咽部炎症易侵入中耳，引起中耳炎。

3. 喉

婴儿喉腔窄，声门狭小，黏膜脆弱，黏膜下组织较疏松，富于淋巴组织和血管，即使轻度炎症也易因喉头水肿狭窄而出现呼吸困难、声音嘶哑，严重者可引起窒息。

4. 气管、支气管

婴儿的右侧支气管较垂直，因此，一旦异物吸入，较易进入右侧支气管。气管及支气管管壁较薄，管腔相对成人狭窄，黏膜血管丰富，黏膜纤毛运动差，不能很好地清除微生物及黏液，易引起感染。感染可使管腔变得更窄，易引起呼吸困难。

5. 肺

婴儿肺富有结缔组织，弹力组织发育差，血管丰富，含血较多，含气较少，肺间质发育旺盛，肺泡数量较少，故肺炎时容易发生缺氧。

6. 胸廓

婴儿的胸廓，前后径相对较长，呈圆筒状，肋骨呈水平位。以后随着年龄的增长，开始站立行走，胸部形状才逐渐接近成人。婴儿期以腹式呼吸为主，到 3 岁后才逐渐转为胸式呼吸。

（二）婴儿呼吸系统的生理发育特点

1. 上呼吸道具有调节温度的作用

上呼吸道黏膜有丰富的毛细血管网，呼吸时能使吸入的冷空气加温，以使其接近体温，还可以起到加湿的作用，再通过下呼吸道进入肺，对肺起保护作用。婴儿鼻腔无鼻毛，灰尘、微生物等易侵入呼吸道。

2. 黏膜纤毛的清除作用

支气管以上部位的黏膜上皮细胞，均有纤毛运转系统，具有清除功能，对防止感染、维持正常功能非常重要。一旦微生物或颗粒吸入后，黏膜纤毛摆动，使这些“异物”以痰的形式排出体外。

3. 肺回缩力的特点

婴儿肺回缩力与胸廓回缩力比成人小，故肺处于膨胀状态，若需氧量增加，由于缓冲气量较少，易发生换气不足的症状。

三、消化系统

消化系统由消化道和消化腺两部分组成。消化道包括口腔、咽、食道、胃、小肠、大肠和肛门。消化腺主要有唾液腺、胃腺、肠腺、肝脏和胰腺等。

（一）婴儿消化系统的解剖特点

婴儿处于生长发育阶段，所需要的总能量相对成人较多，而消化器官的发育尚未完善，较容易发生消化功能紊乱。

1. 口腔

婴儿口腔容量小，口腔浅。黏膜非常细嫩，血管丰富，易受损伤。颊部有较厚的脂肪垫，为吸吮动作提供了良好条件。牙齿发育变化大，婴儿出生时乳牙尚未萌出，不能咀嚼食物，4 至 10 个月开始出牙，2 岁半左右长齐，共 20 颗。

2. 食管

婴儿的食管呈漏斗状，黏膜纤弱，腺体缺乏，弹力组织及基层尚不发达，容易溢乳（又称漾奶）。

3. 胃

婴儿的胃呈水平位，当婴儿开始会走时，胃的位置逐渐为垂直。胃容量小，新生儿胃容量约为 30~35 mL，3 个月时为 130 mL，1 岁时为 250 mL，因此每天喂食次数较多。胃平滑肌发育尚未完善，胃贲门部肌肉较松弛，在充满液体食物后易使胃扩张，使婴儿发生呕吐或溢乳、食物反流，可导致食管炎或反复呼吸道感染。

4. 肠

婴儿小肠的长度为身长的 5~7 倍，而成人的小肠长度仅为身长的 4 倍。肠黏膜细胞富含血管及淋巴管，小肠的绒毛发育良好。肠肌层发育差，肠系膜柔软而长，黏膜下组织松弛，易发生肠套叠和肠绞痛。

（二）婴儿消化系统的生理发育特点

（1）新生儿出生时已具有吸吮和吞咽反射。新生儿、婴儿唾液腺发育差，分泌量少，口腔比较干燥。

（2）新生儿出生后 3 至 4 个月时唾液分泌开始增加，5 至 6 个月时显著增多，故常发生流涎，称为生理性流涎。出生后 5 个月以内，淀粉酶分泌少且活性低，故 5 个月以内不宜添加淀粉类食物。

（3）婴儿胃容量较小，排空快，容易饿。

（4）婴儿小肠的吸收能力强，应提供符合婴儿胃、肠特点的膳食，做到碎、细、软、烂、嫩。

四、泌尿系统

泌尿系统由肾脏（泌尿）、输尿管（输尿）、膀胱（贮尿）、尿道（排尿）四部分构成。

（一）婴儿泌尿系统的解剖特点

1. 肾脏

肾脏是人体重要的排泄器官，也是维持机体内环境稳定的重要调节器官和内分泌器官。相对成人来说，新生儿肾脏相对较大，位置比较低。

2. 输尿管

婴儿输尿管较长且弯曲，管壁肌肉及弹力纤维发育不良，容易扩张并易受扭曲导致梗阻，造成尿潴留，从而诱发感染。

3. 膀胱

婴儿膀胱位置较高，尿充盈时易升入腹腔，易被误认为是腹部包块。

4. 尿道

女婴尿道较短，外口暴露且接近肛门，易受粪便污染。男婴尿道较长，但常有包茎，积垢时易引起细菌上行性感染。

（二）婴儿泌尿系统的生理发育特点

（1）婴儿膀胱肌肉层薄，弹性组织发育尚未健全，储尿机能差，故排尿次数较多。出生 1 周以内的新生儿每天排尿 20~25 次；1 岁时每天排尿 15~16 次；3 岁时每天排尿 6~7次。

（2）大脑皮层发育不完善，对排尿的约束能力差。年龄越小，无约束排尿表现越突出。

（3）调节机制不够成熟，在喂养不当、疾病或应激状态下，易出现功能紊乱。

（4）机体内环境的调节主要依靠肾脏。随着年龄的增长，肾功能迅速提高，到 1 岁后，婴儿的肾功能与成人相似。

五、循环系统

循环系统包括血液循环系统和淋巴系统。血液循环系统是一个遍布全身的、密闭的、连续的管道系统，包括心脏、血管。血液在循环全身的过程中，把携带的氧气和营养物质输送给组织和细胞，再把二氧化碳和代谢废物运送到肺和排泄器官。淋巴循环是血液循环的一部分，由淋巴管和淋巴结组成，淋巴结具有吞噬细菌的作用。人体最大的淋巴结是扁桃体。

（一）婴儿循环系统的解剖特点

1. 心脏

婴儿时期心脏体积相对较成人稍大，但心脏的体积与身体的体积的比例随年龄的增加而减小。新生儿心脏重 20~25 g，占体重的 0.8%；1 至 2 岁达 60 g，较新生儿时期约增加两倍，占体重的 0.5%。出生后第一年心脏体积增长最快，7~9 岁及青春期时增长速度再次加快。

2. 大血管

新生儿大血管的弹力纤维少，故弹力不足，以后血管壁渐厚，弹力纤维增多，到 12 岁时，大血管的发育成熟程度与成人接近。

3. 血液

新生儿血液总量约 300 mL，1 岁时加倍，10 岁时为出生时的 6~7 倍。

（二）婴儿循环系统的生理发育特点

1. 年龄越小，心率越快（表 1-1-2）

婴儿心脏发育不完全，心肌收缩力较差，每次收缩搏出的血量相对较少，为满足婴儿新陈代谢的旺盛需求，只有依靠增加收缩次数来弥补搏出血量少的不足。

表 1-1-2 不同年龄个体的心率

年龄阶段	新生儿	1 岁以内	1—3 岁	3—7 岁
平均心率 / 次 · 分 $^{-1}$	140	120	105～110	85～105

2. 婴儿易贫血，凝血速度较慢，抗病能力较差

婴儿期处于血液快速增长的时期，需要补充铁和蛋白质防止贫血。婴儿血液中含水分较多，含凝血物质和盐类相对较少，身体一旦出血，凝血速度较慢。婴儿血液中的中性粒细胞较少，对侵入体内的微生物吞噬能力较差。

六、内分泌系统

内分泌系统由一系列内分泌腺和内分泌组织组成。内分泌腺分泌的物质是激素，它直接渗入血液，对人体起着调节的作用。

（一）婴儿内分泌系统的解剖特点

人体主要的内分泌腺有脑垂体、松果体、肾上腺、甲状腺、甲状旁腺、胸腺、胰腺和性腺等。婴儿时期，需着重关注脑垂体、甲状腺。

1. 脑垂体

婴儿出生时脑垂体已充分发育，4 岁前与青春期是脑垂体生长最迅速的阶段。

2. 甲状腺

甲状腺在出生时已经形成，随年龄逐渐生长，14—15 岁时腺体发育最快，其功能达到最高峰。

（二）婴儿内分泌系统的生理发育特点

（1）脑垂体分泌生长激素促进人体的生长发育，夜间分泌多，白天分泌少。为帮助婴儿长高，应保证婴儿的睡眠，既要时间充足，又要睡得踏实。

（2）甲状腺合成并释放甲状腺激素，主要作用是促进人体的新陈代谢。碘是合成甲状腺激素不可缺少的原料，婴儿应适当摄取含碘的食物，防止碘缺乏。

七、运动系统

运动系统由骨、骨连接和骨骼肌三部分组成，在神经系统的调节下，对身体起着运动、支持和保护的作用。

（一）婴儿运动系统的解剖特点

（1）婴儿骨膜比较厚，血管丰富，有利于儿童骨的生长和骨组织的再生与修复。

（2）婴幼儿骨含骨胶原蛋白等有机物较多，含钙盐等无机物相对较少，故骨柔软，韧性强，容易发生变形。

（3）新生儿出生时头部骨与骨之间有很大的缝隙。在颅顶前方和后方有两处仅有一层结缔组织膜覆盖，分别称为前囟和后囟。

（4）婴儿骨的数量较成人多。新生儿 350 多块骨，在生长发育的过程中，有些分离的软骨融合为一体，故到成年时有 206 块骨。

（5）新生儿出生时脊柱是直的，随着生长发育，生理弯曲逐渐形成。

（6）婴儿的关节囊比较松弛，周围的韧带也不够结实，在受到强大外力作用时，容易发生脱臼。

（7）新生儿颈部很短，颈部肌肉力量很小，头大而沉，所以抬不起头来。

（8）新生儿四肢屈肌的力量大于伸肌的力量，所以四肢常呈蜷曲状。随着婴儿月龄的增加，屈肌和伸肌的力量逐渐协调，上下肢就会伸展开来。

（9）婴儿肌肉容易疲劳。婴儿肌纤维细，肌肉的力量和能量储备不如成人，加之肌肉成分中水分较多，蛋白质、脂肪、无机盐较少，因此容易疲劳。

（二）婴儿运动系统的生理发育特点

1. 骨生长迅速

婴儿正处于身高迅速增长时期，其骨骼不断地增长、加粗，应注意钙和蛋白质的补充。

2. 骨柔软易弯曲

婴儿能做到许多成人无法做到的动作，比如吃自己的脚等。但骨骼也容易出现变形、弯曲，不宜过早进行高强度动作训练，如，让不足 4 个月的婴儿久坐易造成肋骨外翻。

3. 颅骨尚未发育好

新生儿的颅骨骨化尚未完成，为头颅的增长预留了足够的空间。有些颅骨的边缘彼此尚未连接起来，有的仅以结缔组织膜相连，这些膜的部分叫做囟门。前囟一般在 12 至 18 个月闭合，个别儿童可推迟至 2 岁左右。后囟门最晚在 2 至 4 个月闭合。囟门的闭合，反映了颅骨的骨化过程。囟门早闭多见于头小畸形；晚闭多见于佝偻病、脑积水或克汀病。

4. 脊柱的生理弯曲逐渐形成

一般婴儿在 3 个月会抬头时出现颈部前曲，6 个月会坐时出现胸部后曲，10 至 12 个月学走时出现腰部前曲。7 岁前形成的弯曲还不是很固定，当儿童躺下时，弯曲可消失。7 岁后，随着韧带发育完善，弯曲才固定下来。故婴儿不宜睡太软的软床。

5. 婴儿的腕骨未钙化完全

出生时新生儿的腕部骨骼均是软骨，6 个月后才逐渐出现骨化中心，10 岁左右，腕骨才全部钙化完成，因此，婴儿手部力量小，不能拿重物。

6. 足弓尚未形成

婴儿出生时没有足弓。到了站立和行走时，才开始出现足弓。由于婴儿足部肌肉力度小、韧带发育不完善，长时间站立、行走或负重，或经常不活动，可导致足底肌肉疲劳，韧带松弛，出现扁平足，影响行走和运动。

7. 肌肉发育顺序

按从上到下、从大到小的顺序进行

婴儿先发育颈部肌肉，然后是躯干，再四肢；先发展大肌肉群，如腿部、胳膊，再发展小肌肉群，如手指的肌肉。因此，婴儿先学会抬头、坐、立、行、跑、跳等大动作，手部的精细动作要到5岁左右才能完成。

八、感觉器官

人的感觉器官包括皮肤、眼、耳、鼻、舌，主要功能是感知外界各种信息，并将其转化为神经冲动传到脑。

（一）皮肤的解剖生理特点

1. 保护功能差

婴儿皮肤细嫩，角质层薄；真皮层的胶原纤维和弹性纤维较少，皮肤一旦被擦伤、抠烂，细菌容易入侵，易感染。

2. 体温调节能力差

婴儿皮肤的皮下脂肪较少，散热和保温能力都不及成人，容易受凉或中暑。

3. 皮肤渗透作用强

婴儿皮肤薄嫩，渗透作用强。一些农药、苯等有害物质都可经皮肤吸收到体内，引起中毒。

4. 代谢活跃

婴儿皮肤新陈代谢快，分泌物多，需要经常清洗。不及时清洁容易长疖。

（二）眼的解剖生理特点

1. 发育早

妊娠头3个月是胚胎发育成型的关键时期，胎儿眼睛的主要成形时间是妊娠期的3—7周。在此期间，如母亲患病、营养不良、接触有害射线和有毒物等，均可能影响胎儿眼的正常生长发育，造成先天性眼疾。

2. 生长快

0—3岁是视觉发育最快的时期，正常的视觉发育主要在出生后最初几年形成。2岁前为视觉发育的关键期，6岁前为视觉发育的敏感期。这两个时期中视觉的发育，有很大的可塑性。若出现弱视，越早治疗效果越好。

3. 生理性远视

5 岁前儿童由于眼睛发育不良，眼球前后距离短，物体往往成像于视网膜的后面，成为生理性远视。随着眼球的发育，眼球前后距离变长，就可达到正常视力。

4. 调节能力强

婴儿的晶状体弹性好，调节能力强。尽管是生理性远视，但对于较近的物体仍能看得比较清楚。但长此以往，会使睫状肌疲劳，形成近视眼，应引导孩子科学用眼。

（三）耳的解剖生理特点

1. 耳咽管短、平

人体中耳内有一管道与咽部相同，称之为耳咽管。婴儿的耳咽管短、管径宽、呈水平位置，上呼吸道的细菌、病毒等病原体十分容易从耳咽管进入中耳，引发中耳炎。

2. 对噪声敏感

婴儿对噪声比较敏感，当声音达到 60 dB 时，就开始影响睡眠和休息；如果婴儿经常处于 80 dB 以上的噪声环境中，就会引起睡眠不足、烦躁不安、消化不良、记忆力减退以及听觉迟钝。

反思提高

一、思考

结合婴儿耳的解剖生理特点，思考携带 0—3 岁的婴儿乘坐飞机时应有哪些注意事项。

二、讨论分析

结合婴儿神经系统、运动系统的发育特点，讨论分析：可以让 0—3 岁的婴儿参加 40 分钟左右的舞蹈兴趣班、美术兴趣班吗?

核心知识二　婴儿的生长发育

【课前任务】 深入家庭了解 0—3 岁婴儿体格增长规律，收集 15~30 个与婴儿生长发育相关的热点问题。

生长是指整个身体和器官可以用度量衡测量出来的变化，如体重、身高、头围、胸围、牙齿等，可以通过测量的数值来表示。发育是指细胞、组织、器官和系统功能的成熟，如心理的发展，这些变化是随着年龄的不断增长而逐渐变化的，不能直接用数值表现出来。生长发育包含着机体质和量两方面发育过程的动态变化。

人的一生按年龄可分为若干阶段，如婴儿期、幼儿期、儿童期、少年期、青年期、成年期、老年期等，不同的年龄阶段有不同的生长发育特征，也有不同的生理、心理发展需要。

一、婴儿体格增长的规律

（一）体重增长规律

婴儿体重增长呈不匀速增长。婴儿出生时的体重与胎次、胎龄、性别以及宫内营养有关，平均体重为 3.1～3.3 kg。出生后第一周有一个生理性体重下降期，第一个月内平均每天增重约 30 g。以后随着年龄的增长，婴儿体重的增长逐渐减慢，前 3 个月增加体重快。在正常养护条件下，前 3 个月，婴儿每月平均增重可达 700～800 g，以后逐渐减慢，第 6 个月至第 12 个月每月平均增重 400～450 g，全年平均每月增加 500～600 g。因此，小儿出生后 3 个月时，体重可达出生时的 2 倍，1 岁时可达出生的 3 倍或稍多。婴儿到 12 个月时体重可达 10～10.5 kg。

（二）身长增长规律

婴儿身长的增长随年龄的增长相对减慢。新生儿出生时的身长平均约为 50 cm，出生后第一年身长增长最快，约为 25 cm；第二年身长增长速度减慢，一年约增长 10 cm；两岁以后，身高增长速度趋于平稳，平均每年增长 5～7 cm。当然上述数值只是就一般情况而言，每个婴儿的身长会由于胎龄、性别、母亲营养状况、宫内发育情况、遗传等因素的影响而有所差异。（表 1–2–1）

表 1–2–1　0—3 岁婴儿每月平均身长增长量

婴儿年龄（月）	每月平均增长量 /cm
0—3	3.5
3—6	2.0
6—9	1.5
9—12	1.2
12—24	0.9
24—36	0.6

（三）头部发育的规律

1. 头围增长规律

婴儿头围的增长较快，但随年龄的增长速度逐渐减缓。婴儿出生时的平均头围为 34 cm，出生后的前三个月头围增长迅速，从 4—5 个月开始，婴儿头围的增长速度开始放缓。头围的增长也存在个体差异，婴儿头围增长曲线呈逐渐上升的趋势。定期测量头围，可及时发现头围异常。如果头围过小，要观察婴儿是否有大脑发育不全的表现；如果头围过大，应排除是否有脑积水、佝偻病等。（表 1–2–2）

表 1-2-2 0—3 岁婴儿头围增长表

婴儿年龄（月）	头围 /cm	头围增长量 /cm
出生	34	—
3	40	6
12	46	6
24	48	2
36	49～50	1～2

2. 头与身长的比例变化

婴儿头与身长的比例变化反映了大脑优先发育的规律。在生长发育过程中，身体各个部分的生长速度不同，因而身体各部分的增长幅度也不一样。每一个健康的婴儿在迈向成熟的过程中，从人体的整个形态上来看，2 个月的胎儿表现为硕大的头部（占整个身长的 1/2）、较长的躯干和细小的双腿；新生儿时期表现为较大的头部（占整个身长的 1/4）、较长的躯干和短小的双腿，逐步发展为成人时较小的头部（仅占整个身长的 1/8）、较短的躯干和较长的双腿（图 1-2-1）。

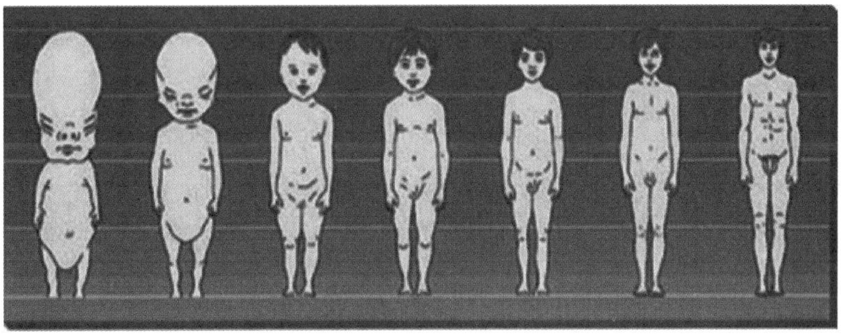

图 1-2-1 胎儿期至成人的头与身长比例变化图

大脑的优先发育是以神经系统的优先发育为基础的。人体各个系统的发育并不是齐头并进的，有的系统发育较早，有的系统发育较晚。神经系统发育得最早，婴儿 3 岁时的脑重已达到成人的 70%；呼吸、消化系统的发育与身高、体重的增长相似，呈波浪形；淋巴系统的发育也比较早，10 岁左右达到高峰，10 岁以后淋巴系统中的个别器官逐渐萎缩至成人状态；生殖系统在婴儿期甚至童年时期几乎没有什么发展，进入青春期后才会迅速发育（图 1-2-2）。

关于颅骨的发育情况，详见本章核心知识一中相关内容。

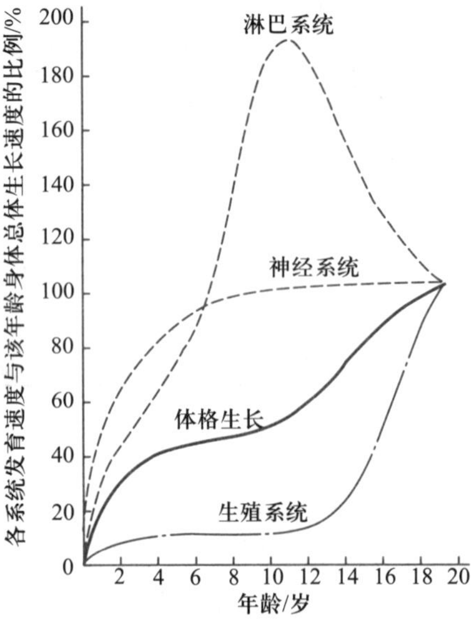

图 1-2-2 不同系统的发育与该年龄身体发育的关系图

（四）胸围的增长规律

随着婴儿年龄的增长，胸围的增长速度逐渐超过头围的增长速度。足月新生儿胸围约 32 cm，略小于头围 1～2 cm，1 岁左右胸围等于头围，1 岁以后胸围逐渐超过头围（表 1-2-3）。

表 1-2-3 0—3 岁婴儿胸围与头围对照表

婴儿年龄	胸围 /cm	与头围对比
出生	32	小于 1～2 cm
12 个月	46	大致相等
2 岁	49～50	大于 1～2 cm
3 岁	50～51	大于 1～2 cm

（五）脊柱的发育规律

新生儿除骶骨有弯曲外，其他脊柱弯曲都还没有出现。出生后 3 个月，能抬头时，脊柱形成了颈曲，即颈部的脊柱向前凸；6 个月会坐时，脊柱出现胸曲，即胸部的脊柱后凸；1 岁开始行走时，脊柱出现腰曲，即腰部的脊柱前凸。这 3 个弯曲在 6 至 7 岁时才为韧带所固定。

（六）乳牙的生长发育规律

婴儿乳牙的牙胚在胎儿 5 个月时钙化，乳牙一般于 4 至 10 个月开始按一定的顺序先后萌出（图 1-2-3）。通常在 2 岁半出齐，共 20 颗。在乳牙萌出的具体时间上，个体差异较大。

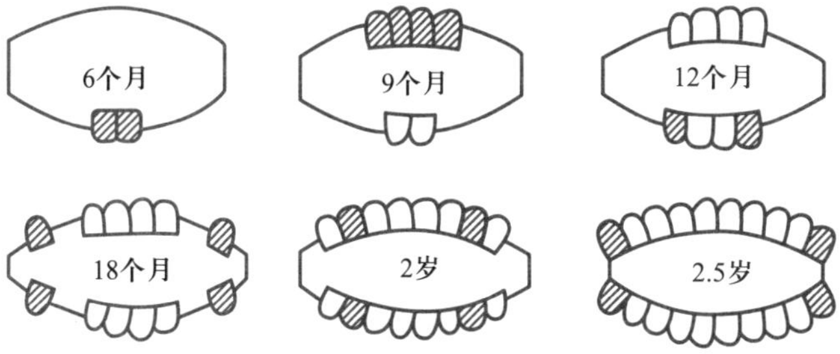

图 1-2-3　0—3 岁婴儿乳牙生长图

综上，婴儿的体格生长发育呈现明显的规律性特征：年龄越小，发育越快；发育的阶段性特征非常明显；重要部位优先发育。当然，个体差异对体格发育也有着重要的影响。

二、婴儿生长发育的影响因素

（一）遗传

父母双方的遗传因素决定了婴儿生长发育的“轨迹”或“特征”以及潜力趋向。种族、家庭的遗传信息影响深远，如皮肤、头发的颜色、面部特征、身材、性发育的迟早、对传染病的易感性等。

（二）营养

婴儿生长发育，必须从外界摄取各种营养素，获取足够的热量、优质的蛋白质、各种维生素和矿物质等。营养丰富且平衡的膳食能促进生长发育；反之，营养缺乏的膳食不仅会影响发育，而且会导致疾病。长期营养不良会影响骨骼的增长，致使身材矮小。

（三）疾病

疾病对生长发育的阻碍作用十分明显。急性感染常使体重减轻；长期慢性疾病影响体重和身高的发育；内分泌疾病常引起骨骼生长和神经系统发育迟缓；先天性疾病（如先天性心脏病）引起生长迟缓。

（四）生活环境

良好的居住环境，如阳光充足、空气新鲜、水源清洁、无噪声、居住条件舒适，配合良好的生活习惯、科学护理、良好教养、体育锻炼、完善的医疗保健服务等，都是促进儿童生长发育达到最佳状态的重要因素。

（五）体格锻炼

合理的体格锻炼是促进婴儿身体发育和增强体质的重要因素。体格锻炼可以加快机体的新陈代谢，提高呼吸系统、运动系统和心血管的功能，尤其能使婴儿的骨骼和肌肉都得到锻炼。

反思提高

一、思考

婴儿生长发育的规律有哪些?

二、讨论分析

影响 0—3 岁婴儿生长发育的因素有哪些? 结合生长发育的影响因素，讨论老百姓常说的“春生、夏长、秋收、冬藏”，对于 0—3 岁婴儿的养护有何启发?

三、综合训练

你认为学习本部分的知识后可以为家长解决哪些育儿困惑? 将你认为可以回答的问题写出来并提供答案。

核心知识三 体格发育测量与评价

【课前任务】实地测量不同年龄段婴儿的身长、体重、头围、胸围，结合世界卫生组织“儿童生长标准”，对婴儿的发育状况进行评价。

一、形态指标及测量

常用的体格发育指标为形态指标。形态指标是指身体及各部分在形态上可测出的各种量度。婴儿体格生长评价中常用身长（高)、体重、头围、胸围等。

1. 身长（高)

身长指从婴儿头顶到足底的长度。身高表示立位时头、颈、躯干及下肢的总高度，是反映营养状况的远期指标。未满 2 周岁的婴儿需卧位测量，故测量结果也被称为“身长”。

身长测量方法：2 岁以下婴儿取卧位测量。婴儿去鞋、帽、袜，仅穿单衣、单裤，仰卧于量床底板中线上，助手固定婴儿头，使头部接触头板。测量者位于婴儿右侧，左手握住两膝，使两下肢互相接触并贴紧底板，右手移足板，使其接触两侧足跟，读数（图 1-3-1)。3 岁[①] 以上儿童量身高取立位。

2. 体重

体重是身体器官、系统、体液的总重量，反映婴儿的近期营养状况和生长发育状况（表 1-3-1)。

① 世界卫生组织为 2 岁以下儿童卧位测身长，国内多为 3 岁以下儿童卧位测身长。

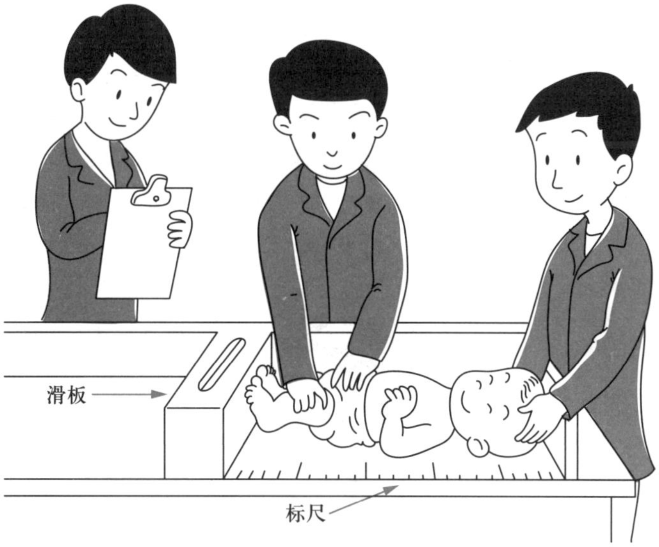

图 1-3-1　婴儿身长测量图

表 1-3-1　各年龄婴儿体重月增长值的最低限值

月龄	体重月增长最低限值 /g
0—6 个月	600
6—12 个月	300
12—36 个月	150

体重测量方法：0—3 岁婴儿用磅秤，对于不到 1 岁的婴儿取卧位；1—3 岁婴儿可取坐位。测量前，婴儿应排大小便，脱鞋袜、外衣及帽子，仅穿背心、短裤，如多穿衣服，应在计算时扣除衣服的重量。

3. 头围

头围是反映婴儿头部发育的指标，在 2 岁以内最有测量价值。

头围测量方法：采用软尺测量。将软尺零点固定于头部一侧眉弓上缘，软尺紧贴头皮绕枕骨结节最高点及另一侧眉弓上缘回到零点，即为头围的长度，读至 0.1 cm（图 1-3-2）。

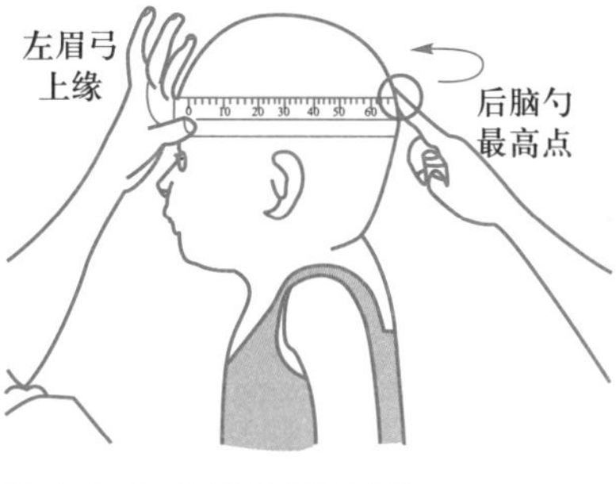

图 1-3-2　婴儿头围测量图

4. 胸围

胸围间接说明胸廓的容积及胸部骨骼、肌肉和脂肪层的发育情况。

胸围的测量方法：采用软尺测量。婴儿取卧位或立位，处于平静状态，呼吸均匀，两手自然平放（卧位）或下垂，两眼平视。测量者用左手拇指将软尺零点固定于婴儿胸前乳头下缘，右手拉软尺绕过后背，以两肩胛下角为准，经左侧回至零点，使软尺轻轻接触皮肤，取呼气与吸气时的平均值，读数精确至 0.1 cm（图 1–3–3）。

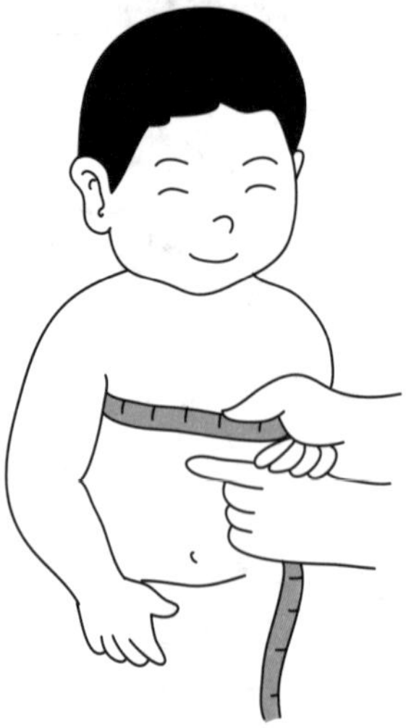

图 1–3–3 婴儿胸围测量图

二、体格评价的参照标准及使用方法

（一）评价的参照标准

目前常见的参照标准有“中国九市儿童体格发育衡量数字”和世界卫生组织推荐的“儿童生长标准”。一般常用后者。

世界卫生组织“儿童生长标准”

（二）评价方法

正确测量婴儿的身长、体重、头围后，对照参照标准进行评价，根据统计学上的离差法，平均数（$\bar{x}$）± 2 个标准差（SD）之间为正常范围，95% 的儿童都在这个正常范围内。如，儿童的体重在正常范围内，就评定为正常，超出正常范围就属于不正常（过高或过低）。常用的评价方法有以下几种。

1. 年龄别体重

根据不同年龄、性别的体重标准进行评价的指标。体重 <（$\bar{x}-2SD$），为低体重；（$\bar{x}-2SD$）≤ 体重 ≤（$\bar{x}+2SD$），为正常；体重 >（$\bar{x}+2SD$），为体重超重，有肥胖的倾向。

2. 年龄别身长

根据不同年龄、性别的身长标准进行评价的指标。身长 <（$\bar{x}-2SD$），为生长发育

迟缓，即矮小；$(\bar{x}-2SD)\leqslant$身长$\leqslant(\bar{x}+2SD)$，为正常。

3. 身长别体重

不论年龄，根据不同身长、性别的体重标准进行评价的指标，也就是身长有多高，体重就应该有多重，是评价婴儿营养状况的可靠指标。按身长对应的体重$<(\bar{x}-2SD)$，为消瘦；$(\bar{x}-2SD)\leqslant$按身长对应的体重$\leqslant(\bar{x}+2SD)$，为正常。如超过平均数 20% 即为肥胖。

4. 头围

按不同年龄的头围标准进行评价的指标。头围$<(\bar{x}-2SD)$，为小头；$(\bar{x}-2SD)\leqslant$头围$\leqslant(\bar{x}+2SD)$，为正常；头围$>(\bar{x}+2SD)$，为大头。

（三）发育等级评价

将特定时间、某一个体的各项体格生长指标（x）与同性别、同年龄人群相应参数进行横向比较来评价个体的体格生长状况，常用方法有均值标准差法和百分位数法，评价结果以发育等级的方式表示（表 1–3–2）。

表 1–3–2　发育评价方法的等级

发育等级	均值标准差法	均值标准差法对应的百分位数	百分位数法
上等	$>\bar{x}+2SD$	> P97.5	> P97
中上等	$\bar{x}+SD\sim\bar{x}+2SD$	P85～P97.5	P80～P97
中等	$\bar{x}-SD\sim\bar{x}+SD$	P15～P85	P20～P80
中下等	$\bar{x}-2SD\sim\bar{x}-SD$	P2.5～P15	P3～P20
下等	$<\bar{x}-2SD$	< P2.5	< P3

三、婴儿生长监测

生长监测是指对个体儿童的体重进行定期连续的测量，并将测量值记录在生长发育图中，观察分析其体重曲线在生长发育图中的走向。早期的生长监测能发现婴儿生长缓慢现象，及时分析原因，采取相应的措施干预，促使婴儿健康成长。

体重是反映婴儿近期营养状况的常用指标。为了研究婴儿的近期营养状况，一些国家绘制了以年龄为横坐标、体重为纵坐标的生长监测图。1986—1990 年，为了监测 0—3 岁婴儿的发育情况，郭迪率先在国内完成了《儿童生长发育保健卡》（图 1–3–4）的编制。卡中的生长发育图将生长监测和社会心理发展监测合为一体，一目了然。生长发育图自上而下分为 5 个区：上深黑色区为体重在平均数加 3 个标准差以上，上灰色区体重为第 97 百分位值到平均数加 3 个标准差，无色区体重在第 3～97 百分位值，下灰色区在第 3 百分位值到平均数减 3 个标准差，下深黑色区体重在平均数减 3 个标准差以下。无色区为正常范围；灰色区为警告，有肥胖（上灰色区）或营养不良（下灰色区）

的危险；深黑色区为严重警告，已有肥胖（上深黑色区）或营养不良（下深黑色区），应到医疗单位进一步诊治。

图下方为心理测验项目。每一项目条有无色、浅色和深色三段，项目条左侧的点，表示该项目 50% 的孩子通过的年龄；中间浅色开始的点为 75% 孩子通过的年龄；右侧深色开始的点为 90% 的孩子通过的年龄。进行心理测验时，在年龄坐标上找出实际年龄，然后垂直画线，应检查切年龄线的项目及切线左侧的项目，至少在年龄线左侧的项目均应通过。如果在切年龄线的项目中有两项浅色不通过或一项深色不通过，应到保健医院进一步检查；切年龄线仅一条浅色不通过可于下次再检查。

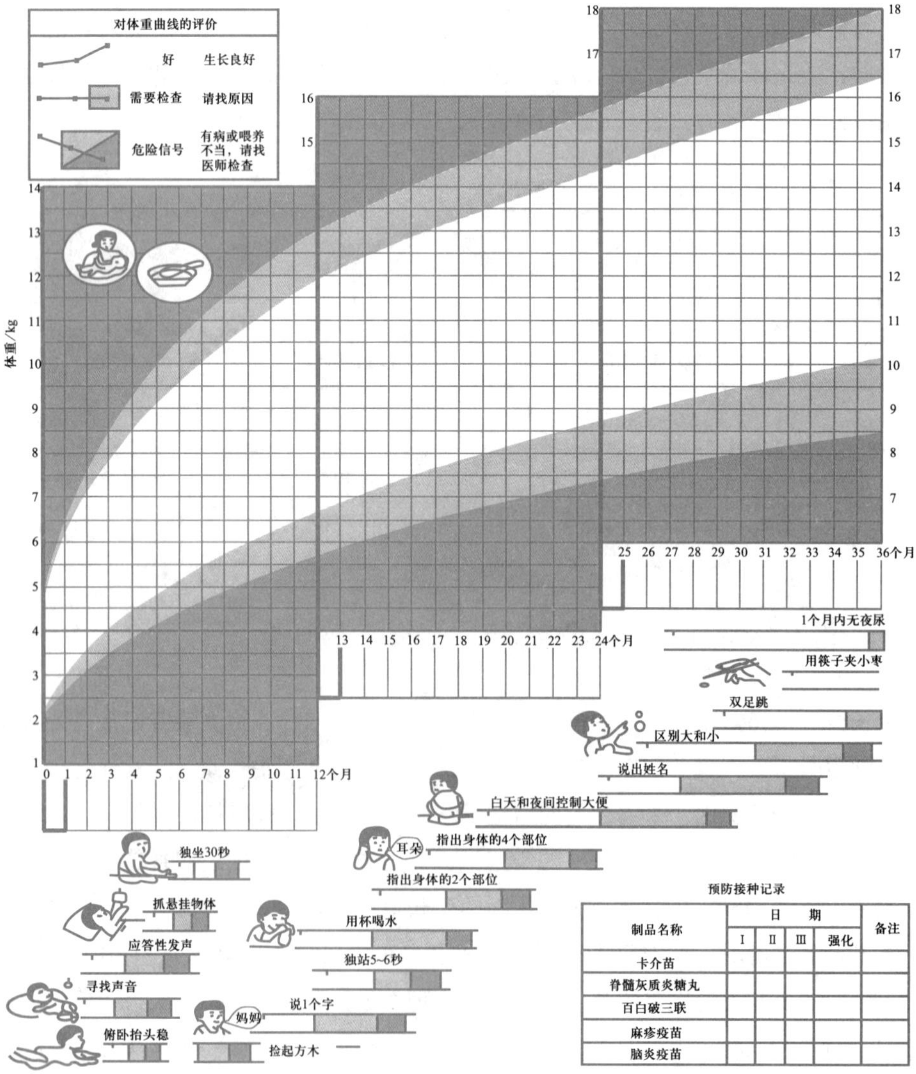

预防接种记录

制品名称	日期				备注
	Ⅰ	Ⅱ	Ⅲ	强化	
卡介苗					
脊髓灰质炎糖丸					
百白破三联					
麻疹疫苗					
脑炎疫苗					

图 1-3-4　0—3 岁婴儿生长发育保健卡

反思提高

一、思考

测量0—3岁婴儿的头围和胸围对其生长发育监测有什么重要意义?

二、讨论分析

丁丁，男孩，1岁8个月，体重15.1 kg，身长86.0 cm，妈妈认为丁丁有些太胖了，可能是肥胖。奶奶认为:“怎么可能? 现在的孩子都长这么胖。再说了，孩子越胖越好。”你认为呢?

三、技能操作

练习给婴幼儿测量身体各形态指标。

核心知识四　体格锻炼

【课前任务】依据婴儿年龄特点，设计一份体格锻炼的每日活动方案。方案撰写包括三部分内容：本游戏活动目标，适合哪个年龄段，操作流程。

婴儿体格锻炼的方式有抚触、被动操、主被动操、三浴锻炼等，应结合婴儿的年龄特点及健康状况，选择不同的锻炼方法。婴儿年龄小，体质弱，锻炼项目不宜多，时间不宜长。

一、抚触

抚触是经过科学的指导，在婴儿出生后的最佳时机，通过对婴儿皮肤进行有序的、有手法技巧的抚摸，让大量温和、良好的刺激通过皮肤感受器传到中枢神经系统，产生积极的生理效应的方法。抚触可解除婴儿的“皮肤饥渴”，让婴儿更有安全感，有利于婴儿情商的发育和提高。国内外研究和临床实践证明，抚触能提高迷走神经的紧张性，从而促进胃泌素和胰岛素的分泌，增强婴儿吸收营养的能力，促进婴儿生长发育。

（一）抚触前的准备

保持房间温暖，温度在23~25 ℃为宜。播放中速、轻柔而有节奏的音乐作为配合，能起到更好的效果。

抚触者去掉手表、戒指等饰物，剪短指甲，以免伤到婴儿皮肤；用温水洗净双手，倒一些婴儿润肤油或橄榄油在掌心，保持手部温暖。

为婴儿脱去衣服。为了让婴儿感觉舒适和放松，可以让其穿着纸尿裤。

（二）抚触的操作步骤

（1）头部抚触。

视频：抚触操作步骤

（2）胸部抚触。

（3）腹部抚触。

（4）四肢抚触。

（5）手足抚触。

（6）背部抚触。

（三）抚触的注意事项

（1）做抚触的时间应选择在婴儿半空腹、沐浴后为好。饥饿或刚吃完奶时，不宜进行抚触。

（2）抚触是婴儿与操作者之间亲密的交流，操作者要对婴儿专注、温柔、微笑，并进行适时沟通。

（3）视婴儿的月龄，抚触时间可从每次 5 分钟开始，逐渐延长到每次 15~20 分钟，每日 2~3 次。

（4）最初为婴儿抚触时，用力一定要轻柔，然后逐渐增加推压力度。

（5）若新生儿脐部脐痂未脱落，不要进行腹部抚触。

二、“三浴”锻炼

“三浴”指日光浴、空气浴、水浴。

（一）日光浴

1. 日光浴的好处

（1）紫外线：杀菌作用；将皮肤中的 7- 脱氢固醇变成维生素 D，可改善钙、磷代谢，防治佝偻病。

（2）红外线：透过表皮达到深部组织，使照射部位组织温度升高，扩张血管，改善血液循环，增强新陈代谢。

2. 日光浴的时间

（1）夏秋季：上午 9 点以前，下午 4 点以后。

（2）冬春季：上午 10 点以后，下午 3 点以前。

日光浴宜在气温 22 ℃以上，且无大风时进行，开始每次 10~20 分钟，逐渐增加时间，一天以 2 小时为宜。

3. 日光浴的注意事项

（1）夏秋季不应直晒阳光。

（2）冬春季在向阳背风处，并尽量多暴露皮肤，如手脚、头后部等，但要防止受凉。

（3）不要隔着玻璃或穿厚衣服晒太阳。

（4）用遮阳帽防止阳光直射婴儿的双眼。

（5）日光浴后可给婴儿喂一些白开水。

（6）生病时或恶劣天气时暂停日光浴。

（二）空气浴

1. 空气浴的好处

（1）新鲜空气中含大量的氧气，能满足婴儿大脑发育的需要。

（2）使婴儿的皮肤、呼吸道黏膜受到冷空气的刺激，促进大脑皮质形成条件反射，以改善体温调节能力，增强机体对寒冷环境的适应能力。

2. 空气浴的时间

（1）夏秋季：上午 9 点以前，下午 4 点以后。

（2）冬春季：上午 10 点以后，下午 3 点以前。

空气浴宜在气温在 25 ℃以上进行，每次 5～10 分钟，逐渐增加时间，一天以 2 小时为宜。

3. 空气浴的注意事项

（1）遵循循序渐进的原则。

（2）新生儿期要保持室内空气流通，但不要让对流风直吹婴儿。

（3）温暖季节时半个月的婴儿，寒冷季节时满月的婴儿可在打开的窗前活动，2—3 个月的婴儿可开始户外活动。

（4）空气浴同时可配合抚触，也可与日光浴相结合进行。

（5）注意室内通风换气，每天开窗通风至少 30 分钟。

（6）开窗睡眠也是空气浴锻炼的方法，室温应维持在 16 ℃左右，避免对流风直吹婴儿。

（三）水浴

1. 水浴的好处

（1）通过水温和水压的机械作用刺激皮肤，提高神经系统的兴奋性，促进血液循环。

（2）锻炼体温调节能力，增强皮肤对冷热变化的耐受能力。

2. 水浴的方法

（1）温水浴：室温 20 ℃以上，水温 35～40 ℃，在水中的时间为 7～12 分钟。每次浴后用较凉的水（33～35 ℃）冲淋，随即擦干。

（2）冷水擦浴：室温 20 ℃以上，开始时水温稍高，为 35 ℃，每隔 2～3 天降低水温 1 ℃；较小的婴儿，水温可逐渐降至 20 ℃左右，较大的婴儿，水温可降至 17～18 ℃。擦浴动作要快而温柔，每次 3～5 分钟。

3. 水浴的注意事项

（1）每天洗脸、脚和臀部以及每周 2～3 次洗澡是日常水浴锻炼的主要内容；根据婴儿的适应情况，逐渐将洗澡水温度降低 1～5 ℃。

（2）洗澡时用小水杯等容器往婴儿身上冲洒，既增加了乐趣，又刺激了婴儿皮肤。

（3）在成人的带领下，夏天室外游泳是集“三浴”为一体的最好形式。注意水温应不低于 20 ℃，开始时每次 1～2 分钟，逐渐延长。

（4）冷水浴从夏季开始，生病时应暂停或减少次数。

三、婴儿被动操

视频：婴儿被动操操作步骤

被动操适用于1—6个月的婴儿，在成人帮助下进行，婴儿每天做几分钟被动操，可以促进婴儿大动作的发育。

婴儿被动操的一般顺序为：

（1）第一节准备活动。

（2）第二节上肢运动。

（3）第三节扩胸运动。

（4）第四节下肢运动。

（5）第五节举腿运动。

（6）第六节抬头运动。

（7）第七节翻身运动。

（8）第八节放松运动。

四、婴儿主被动操

视频：婴儿主被动操操作步骤

婴儿主被动操适用于7—12个月的婴儿，每天可做1~2次，做时少穿些衣服，注意不要操之过急，要循序渐进。做操时，动作要轻柔而有节奏，可配上音乐，也可在户外锻炼。

婴儿主被动操的一般顺序为：

（1）第一节起坐运动。

（2）第二节起立运动。

（3）第三节提腿运动。

（4）第四节弯腰运动。

（5）第五节托腰运动。

（6）第六节游泳运动。

（7）第七节跳跃运动。

（8）第八节扶走运动。

反思提高

一、思考

婴儿抚触和婴儿主被动操对婴儿生长发育有哪些积极促进作用？

二、讨论分析

随着婴儿年龄的增长，婴儿的体格锻炼应如何循序渐进地进行？

三、技能操作

练习婴儿抚触、婴儿主被动操，要求能熟练操作。

本章能力训练、自我测试、推荐阅读

第二章　婴儿营养及相关问题

着重关注：

婴儿营养的基础知识；
婴儿喂养的三种方式；
婴儿辅食添加的顺序。

难点理解：

婴儿的各营养素需求。

名词术语：

基础代谢、必需氨基酸、蛋白质的互补作用、维生素、膳食纤维、人工喂养、混合喂养、婴儿拍嗝的三种方式、配方奶粉、辅食。

核心知识一　营养学基础知识

【课前任务】现今素食者越来越多，他们主要以谷类、豆类、蔬菜、水果等为食，你是否赞成素食？请说明理由。

婴儿正处于快速生长发育阶段，营养与婴儿生长发育有密不可分的关系。营养是机体摄取食物，经过消化、吸收、代谢和排泄，利用食物中的营养素和其他对身体有益的成分满足自身生理需要的过程。

一、能量

（一）能量单位与食物来源

能量的国际单位是焦耳（J），生活中人们一般用卡（cal）或千卡（kcal）作为单位进行能量的计算。两种能量单位的换算关系如下：1 kcal=4.184 kJ；1 kJ=0.239 kcal。

能量是生命中一切生理功能的基础，由三大产能（热）营养素蛋白质、脂肪、碳水化合物提供。1 g 蛋白质产能约 17 kJ，1 g 脂肪产能约 38 kJ，1 g 碳水化合物产能约 17 kJ。

（二）婴儿的能量消耗

婴儿每日所需能量主要用于以下 5 个方面。

1. 基础代谢

基础代谢是指人体在基础状态下的能量代谢。即人体在清醒、静卧、空腹、禁食 12 小时后，思想放松、室温适宜（18～25 ℃）时维持呼吸、心跳、体温、循环、腺体分泌、肌肉的一定紧张度等生理过程所消耗的能量。发热时体温每升高 1 ℃，基础代谢约增加 10%。婴儿每日基础代谢所需能量约占人体所需总能量的 50%～60%。

2. 生长发育

此项需求为儿童所特有，其需要量与生长发育的速度成正比。1 岁以内的婴儿此项需要量约占总能量的 25%～30%，以后逐渐降低，到青春期又增多。

3. 活动所需

此项需求量与儿童的活动强度、活动持续时间有关，占总能量的 15%～25%。好哭、多动的婴儿比安静的婴儿所需的能量高 3～4 倍。

4. 食物特殊动力作用

食物特殊动力作用也称食物的热效应，是指由于摄取食物而引起的机体能量消耗额外增加的现象。蛋白质的热效应为 30%；碳水化合物的热效应为 5%～6%；脂肪的热效应为 4%～5%。

5. 排泄

未经消化的食物排泄至体外所损失的能量，通常不超过总能量的 10%。

以上 5 部分的总和为婴儿总能量的需要量，不同年龄所需能量不同（表 2-1-1），年龄越小，生长发育越快，需要的能量越多。

表 2-1-1　0—3 岁婴儿每日能量推荐摄入量

年龄 / 岁	男婴每千克体重摄入量 /kcal	女婴每千克体重摄入量 /kcal
0—0.5	95	95
0.5—1	95	95
1—2	1 100	1 050
2—3	1 200	1 150

二、营养素

营养素是指食物中所含的、能维持生命和健康，并促进机体生长发育的化学物质。人体所需的营养素主要包括蛋白质、脂肪、碳水化合物（糖类）、矿物质、维生素五大类。其中碳水化合物、脂肪和蛋白质因为需要量多，在膳食中所占的比例大，被称为宏量营养素。矿物质和维生素因相对需要量较少，在膳食中所占比例较少，被称为微量营养素。除了这五类营养素外，食物中还含有许多其他膳食成分，例如水、膳食纤维和若干生物活性物质，这些成分也都有重要的生理功能或一定的保健作用。

（一）蛋白质

蛋白质的生理功能

蛋白质是构成人体一切细胞和组织结构的重要成分，是生命的物质基础，在生命现象中起着决定性的作用。

1. 蛋白质的生理功能

（1）构成和修复机体组织。

（2）调节生理功能。

（3）供给能量。

2. 蛋白质的组件——氨基酸

氨基酸是组成蛋白质的基本组件，共二十多种。食物中的蛋白质在消化道中，经胃和胰液中蛋白酶的作用，分解形成氨基酸后被机体吸收，在体内再合成蛋白质。除了人体自身可以合成多种氨基酸以外，还有 8 种氨基酸必须由食物中的蛋白质供给，这 8 种氨基酸被称为“必需氨基酸”，它们是：蛋氨酸（亦称甲硫氨酸）、色氨酸、赖氨酸、缬氨酸、异亮氨酸、亮氨酸、苯丙氨酸、苏氨酸。

组氨酸也是儿童必须从食物中获取的必需氨基酸，故儿童有 9 种必需氨基酸；对于婴儿这个特殊群体来说，婴儿所需氨基酸的量比成人多 5～10 倍。除了组氨酸，婴儿早期还需要半胱氨酸、酪氨酸以及牛磺酸。

半胱氨酸和酪氨酸在体内可分别由蛋氨酸和苯丙氨酸转变而成，当膳食中半胱氨酸和酪氨酸充足时，可以节约 30% 的蛋氨酸和 50% 的苯丙氨酸。所以半胱氨酸和酪氨酸这类可以减少人体对某些必需氨基酸需要量的氨基酸，被称为条件氨基酸或半必需氨基酸。

牛磺酸具有促进婴儿脑组织和智力发育的作用。牛磺酸在脑内的含量丰富、分布广泛，能明显促进神经系统的生长发育和细胞增殖、分化，且呈剂量依赖性，在脑神经细胞发育过程中起重要作用。另外，牛磺酸与婴儿、胎儿的中枢神经及视网膜等的发育有密切的关系。母乳中牛磺酸含量丰富，若长期单纯的牛奶喂养，易造成牛磺酸的缺乏。

三聚氰胺与蛋白质含量

一般来说，蛋、肉、鱼、奶等动物蛋白质中所含的氨基酸，其组成和比例都比较合乎人体需要，容易被人体吸收利用，从而能促进身体的生长发育；而植物蛋白质如豆类、面粉、小米、玉米等，除黄豆中所含氨基酸比较全面外，不少植物蛋白质所含的必需氨基酸的种类都不全面，因而营养价值不如动物蛋白质，故把鱼、肉、蛋、奶等称为优质蛋白质。

3. 蛋白质的互补作用

蛋白质能被人体利用得越多，它的营养价值越高。几种营养价值较低的蛋白质混合食用，可以相互取长补短，提高营养价值，这就是蛋白质的互补作用。

比如：大米中含赖氨酸较少，含蛋氨酸较多；豆类含赖氨酸较多，含蛋氨酸较少。用大米和红小豆煮成粥，就能起到互补作用，比单独食用大米或红小豆的营养价值要高。“腊八粥”不仅喝起来香甜，还提高了五谷杂粮的营养价值。荤素搭配，则可起到动、植物蛋白质取长补短的作用。将鱼、肉、蛋等分餐食用，细水长流，比偶尔兴起大吃一顿，能发挥出更好的营养效果。

在日常饮食中应注意膳食营养搭配合理，不能只吃肉类，不吃蔬菜水果。否则，婴儿就容易生病。如限于条件而主要食用植物蛋白质，则要多摄取豆类，并在品种上力求多样，数量上也要略多于动物蛋白类食物。

4. 蛋白质的缺乏与过量

蛋白质缺乏在任何年龄段都会发生，但对处于快速生长发育阶段的婴儿来说，若蛋白质摄入长期不足，会导致营养不良、贫血、免疫力低下等；严重者可有生长发育迟缓、营养不良性水肿、智力发育障碍等。

当膳食蛋白质的供给量长期超过人体的需要量时，会加重肝脏和肾脏的负担，并容易导致与代谢紊乱有关的一些疾病。

5. 蛋白质的供给量

由于不同蛋白质所含的氨基酸不同，人体吸收利用率各异，所以每个人对蛋白质的需要量也各不相同，如母乳喂养的0—1岁婴儿每日每千克体重需要2 g；人工喂养则每日每千克体重约需要3.5 g，混合喂养则每日每千克体重约需要4.0 g。蛋白质主要来源于奶、蛋、鱼、瘦肉和豆类等。

（二）脂肪

脂肪为中性脂肪、胆固醇及磷脂等的总称。

脂肪的生理功能

1. 脂肪的生理功能

（1）构成生物膜。

（2）供给必需脂肪酸。

（3）促进脂溶性维生素的吸收。

（4）保护机体。

（5）储存能量。

（6）改善食物感官、增加饱腹感。

2. 脂肪的缺乏与过量

脂肪摄入不足会影响大脑的发育，引发脂溶性维生素缺乏症及婴儿生长迟缓。脂肪过多可能导致消化缓慢、消化不良。体内脂肪储存过多易引起肥胖，增加心脏和其他器官的负担。

3. 脂肪的供给量

婴儿脂肪供给量占每日总能量的比例随年龄的增长而降低（表2-1-2），成人每日膳食中脂肪供应的能量占总能量的20%～30%。脂肪的食物来源分为植物性脂肪和动物性脂肪。植物油含必需脂肪酸较动物脂肪丰富，且不含胆固醇；动物脂肪主要含饱和脂肪酸，胆固醇含量较高。

表 2-1-2　0—3 岁婴儿脂肪供应的能量占总能量的百分比

年龄 / 岁	脂肪供应的能量占总能量的百分比 /%
0～0.5	45～50
0.5～1	35～40
1～2	35～40
2～3	30～35

（三）碳水化合物

碳水化合物由碳、氢、氧三种元素构成，也称糖类。食物中所含的碳水化合物，一部分可被人体吸收；另一部分则不能被消化吸收，又称为“膳食纤维”。

碳水化合物的生理功能

1. 碳水化合物的生理功能（可吸收部分）

（1）提供能量。

（2）构成组织。

（3）维持神经系统的生理功能。

（4）合成肝糖元和肌糖元。

（5）抗生酮作用。

（6）减少蛋白质的消耗。

2. 碳水化合物的缺乏与过量

婴儿碳水化合物摄入不足，会造成婴儿生长发育迟缓、体重轻、低血糖等。碳水化合物摄入过量则会被人体转化成脂肪储存，造成肥胖。

3. 碳水化合物的供给量

因饮食习惯、经济文化水平不同，各地对碳水化合物的摄取差别大，故碳水化合物的供给量没有明确的标准。中国营养学会推荐，除 2 岁以下的婴儿外，碳水化合物供应的能量占全日总能量需求的 55%～60%，其中精制糖应占总能量的 10% 以下。

碳水化合物主要来源于谷类、薯类、根茎类蔬菜、含淀粉较多的坚果（如板栗、菱角等）及食糖。

（四）维生素

维生素是维持人体正常生理功能不可缺少的营养素，其特点是：① 不产生能量，也不是机体的组成成分，而是调节机体新陈代谢所必需的物质。② 人体不能合成或合成不足，必须由食物供给。③ 人体需要量很少，但不能缺乏，供给不足时会引起代谢障碍及特有的表现。维生素分为脂溶性（维生素 A、D、E、K）和水溶性（B 族维生素和维生素 C）两大类。脂溶性维生素的吸收需要脂肪帮助，可储存在肝脏和脂肪内，缺乏时症状出现较慢，而摄入过多时可引起中毒。水溶性维生素可溶于水，不能储存，必须每日供给，缺乏时症状出现较快，而摄入过量一般不会引起中毒。

表 2-1-3 着重介绍 0—3 岁婴儿常见维生素的每日需要量、来源及缺乏时的主要表现。

表 2-1-3　0—3 岁婴儿常见维生素的需要量、来源及缺乏时的主要表现

维生素种类	每日需要量	来源	缺乏时主要表现
A	400～500 μg	肝、牛乳、鱼肝油、胡萝卜、黄色水果及蔬菜	夜盲症、眼干燥症
D	10 μg	紫外线照射皮肤；鱼肝油、动物肝、蛋黄	佝偻病、手足抽搐症
B1	0.2～0.6 mg	粗粮、豆、坚果、肠内细菌合成	神经组织、心肌和骨骼肌损害
B2	0.4～0.6 mg	肝、肉、蛋、乳类、酵母	口角炎、舌炎、皮炎
叶酸	65～150 μg	绿叶蔬菜、肝、肾、坚果	巨幼红细胞贫血
C	40～60 mg	新鲜蔬菜和水果	出血、抵抗力低、伤口愈合慢

（五）矿物质

矿物质又称无机盐，是人体主要的组成物质。碳、氢、氧、氮元素约占人体体重的 96%，钙、磷、钾、钠、氯、镁、硫元素约占 3.95%，以上 11 种元素为常量或宏量元素（各占生物体总质量的 0.01% 以上），其余为微量元素（各占生物体总质量 0.01% 以下），共 41 种，包括铁、锌、铜、锰、铬、钼、钴、硒、碘等。

人体所需矿物质种类很多，婴幼儿营养方面最重要的矿物质有钙、磷、碘、铁、锌等。婴幼儿最易缺乏钙和铁，3 岁以内小儿容易发生佝偻病和营养不良性贫血，故必须关注钙和铁的摄入。

1. 钙

（1）钙的生理作用。人体的无机盐中，以钙量为最多，其中 99% 存在于骨骼和牙齿中，是构成骨骼和牙齿的主要成分；其余 1% 存在于软组织、血液和细胞外液中，可促进血液凝固及腺体分泌，参与心脏和肌肉的收缩与舒张，完成神经冲动的传导，对多种酶有激活作用。钙的代谢受维生素 D、甲状旁腺素、降钙素的调节。

（2）影响钙吸收的因素。膳食中的氨基酸、乳糖和维生素 D 都可促进钙的吸收和利用。食物中的脂肪、草酸盐、磷酸盐、膳食纤维过多，可与钙离子反应生成沉淀并影响钙的吸收。

（3）缺乏症。婴儿长期缺钙会使骨骼、牙齿发育不正常，可引起佝偻病和手足抽搐，表现为肌肉痉挛、牙齿疏松不坚硬、骨骼生长缓慢等。

（4）钙的供给量。0—6 个月婴儿每日需要钙 300 mg，1 岁婴儿每日需要钙为 400 mg，1—3 岁婴儿每日需要钙 600 mg。

奶和奶制品是婴儿补充钙的主要来源，其含钙量丰富，吸收利用率高。含钙较多的食物还有：虾皮、海带、紫菜、绿叶蔬菜、乳类、代乳粉、豆腐粉、黄豆及其制品、粗面、粗米等。食物中钙磷比为 1∶1 至 2∶1 时，有利于钙的吸收。

2. 铁

（1）铁的生理作用。铁是人体必需微量元素，对婴儿来说极为重要，它是人体血

红蛋白、肌红蛋白、细胞色素 C 和多种酶的重要成分，血红蛋白中的铁占人体总铁量的 65%。血红蛋白携带氧输送到全身组织。在新陈代谢过程中每日约损失 1 mg 铁，只要每日从膳食中摄入的铁能弥补该损失，就可以满足机体的需要。足月新生儿体内约有 300 mg 的铁储备，通常可以防止出生后 4 个月内的铁缺乏。早产儿及低出生体重儿的铁储备相对不足，在婴儿期容易出现铁缺乏。

（2）影响铁吸收的因素。铁的吸收利用受食物种类的影响。植物性食物中的非血红素铁，吸收性较差；动物性食物中的血红素铁，吸收性较好。肉类、维生素 C、酸性条件等均能促进铁的吸收；膳食中的植酸盐、草酸盐、磷酸盐、茶碱、纤维素等可与铁形成不溶性的铁盐而抑制铁的吸收。

（3）缺乏症。缺铁时会发生缺铁性贫血，严重者在活动后或大哭时，会出现呼吸困难、心跳过速等症状。

（4）铁的供给量。0—6 个月婴儿每日仅需 0.3 mg，6 个月—1 岁婴儿每日需铁 10 mg，1—3 岁婴儿每日需铁为 12 mg。

食物中的肝类、瘦肉、蛋黄、绿叶蔬菜和某些水果中均含丰富的铁。

3. 磷

无机磷或有机磷复合物，是构成骨骼和牙齿的主要成分。骨骼中的磷占人体磷总量的 70%，其余分布在其他细胞和体液中。磷是体内代谢必不可少的物质，特别是三磷腺苷和磷酸肌酸中的磷，具有贮存和转移能量的作用。磷酸盐从尿中排出，有释放能量的作用，并能保持体内磷的数量和形式，有助于调节体内的酸碱平衡。饮食中钙、磷的比例，3—10 岁儿童以 1.5∶1 为宜，0—3 岁婴儿为 1∶1。但在维生素供应不足时，钙、磷比值并无重要意义。磷存在于乳类、肉类、鱼类、豆类、谷类等大量食物中，一般不致缺乏。

0—6 个月婴儿每日需磷 150 mg，6 个月—1 岁婴儿每日需磷 300 mg，1—3 岁婴儿每日需磷 450 mg。

4. 碘

碘的主要功能是制造甲状腺素。甲状腺素是一种激素，在人体内起着重要作用，对婴儿的生长发育、新陈代谢及精神状态都有重要的生物学作用。婴儿甲状腺素不足，表现为皮肤厚而干燥，头发粗而稀，身材短而肥胖，面宽头大，鼻梁下陷，眉间增宽，唇厚，表情呆滞等症状。

0—3 岁婴儿每日需碘 50 μg。

海带、紫菜内含碘较多，因此，沿海居民正常情况下不缺碘，内陆、山区由于近十来年大规模地普及加碘盐，正常情况下也不会缺碘。

5. 锌

（1）锌的生理作用。锌是人体必需的微量元素之一，主要存在于皮肤、肌肉和骨骼中，以视网膜上相对含量较高。锌在人体内构成 50 多种金属酶，对蛋白质合成和婴幼儿的生殖发育起着重要作用；能维持正常的味觉，促进食欲；促进维生素 A 在体内的代谢转化，维持血液中维生素 A 浓度的恒定，保证人眼的暗适应能力。

（2）影响锌吸收的因素。食物中的乳糖、氨基酸、柠檬酸等促进锌的吸收；植酸、草酸、鞣酸、游离的脂肪酸、纤维素等均能与锌结合生成不溶于水的盐，会抑制锌的吸收。

（3）缺乏症。缺锌可引起生长迟缓、味觉差、食欲不振、创伤愈合不良、性格幼稚及异食癖等病症。如果婴儿在脑发育的关键时期缺锌，会导致不可弥补的损害。造成婴幼儿缺锌的主要原因是膳食结构不合理；其次是儿童挑食，他们多吃零食，如巧克力、冰淇淋、冰棍、雪糕、糖果之类，不肯按时进三餐，以致缺锌；婴儿出生后不吮初乳，也会造成锌的摄入量不足；婴儿病后饮食失调，也会导致缺锌。

（4）锌的供给量。0—6 个月婴儿每日需锌量为 1.5 mg，6 个月—1 岁婴儿每日需锌量为 8.0 mg，1—3 岁婴儿每日需锌量为 9.0 mg。

初乳（婴儿出生后头 7 天的母乳）内锌含量很高。食物中的肉、肝、蛋和海产品含锌较多，其次为乳类、豆类及蔬菜等。

（六）水

水是人类机体赖以维持最基本生命活动的物质，一旦机体丧失水分达 20%，就无法维持生命。成人体内含水量约为体重的 60%，婴儿体内含水量约为体重的 70%~75%。机体内的重要物质代谢和生理活动都需要水参与，所有的物质必须溶于水才可被吸收、被输送到各组织器官，代谢产生的有害废物也必须通过水才能排出体外。

人体水分的来源主要依靠每天摄食饮水。水的需要量与年龄、体重、摄取热量等均有关。婴儿生长发育旺盛，年龄越小，水的需要量相对越大。1 岁以内婴儿每天每千克体重需水 150 mL，2—3 岁婴儿每天每千克体重需水 120 mL。

（七）膳食纤维

1. 生理功能

由于人体消化道中缺乏能消化膳食纤维的酶，因此膳食纤维不能被人体吸收，无营养功能，但可调节肠道功能。膳食纤维的生理作用，包括有利于和不利于机体健康的两个方面。

（1）有利作用。纤维素可吸收和保留水分，使粪便质软，并能刺激肠蠕动，有助于通便，减少便秘。

存在于新鲜水果中的果胶也是膳食纤维的一种，具有降低血浆胆固醇的作用，还可调节脂类代谢，有助于降低动脉硬化的发病率。

根据大量流行病学的研究资料，低膳食纤维和高脂肪的膳食，是诱发直肠癌的重要因素。膳食纤维有助于降低直肠癌的发病率。

膳食纤维能延缓糖的吸收，具有降低血糖、减少机体对胰岛素的需要的功能。

由于膳食纤维体积大，可减少其他食物摄入量，对控制肥胖有积极意义。

（2）不利作用。食入过多的膳食纤维可引起肠胀气，且过分刺激肠黏膜，使粪便中排出的脂肪增多。食入过多的膳食纤维还会影响某些矿物质（如钙、锌）的吸收利用，也会影响铁和叶酸的吸收利用。因此，食入膳食纤维并非越多越好。

2. 膳食纤维的供给量

中国营养学会推荐，2—3 岁婴儿以每日摄入 5~8 g，成人以每日摄入 24 g 膳食纤维为宜。

纤维素主要存在于粮谷及豆类的外皮和植物的茎中，果胶主要存在于水果中。我国的传统饮食习惯注重此类食物，摄入量一般均可达到供给量要求。

反思提高

一、思考

结合中国营养学会的推荐，0—3 岁的婴儿每天最多可以摄入多少克的精制糖？以颗来论，大概是多少颗？

二、讨论分析

有人说："大鱼大肉都是好东西，多吃肉少吃饭！""0—3 岁的婴儿光喝奶就行了。"你认为这些说法对吗？为什么？

三、综合训练

市场上的婴儿配方奶粉，增加了哪些婴儿特需的营养成分？它们对应的功能分别是什么？适合哪一年龄段婴儿？该成分的常规添加量为多少？（如牛磺酸；叶黄素；DHA；ARA；乳酸亚铁；胡萝卜素，要求至少挑三种完成。）请在查阅资料和市场调研后完成调研报告，并说明其中的成分、功能、适宜年龄段、添加量。

核心知识二 0—1 岁婴儿喂养方式

【课前任务】（1）思考：纯母乳喂养能满足婴儿的需要吗？（2）尝试为 6 个月以下的婴儿配制所需的配方奶。

婴儿的喂养方式分为三种：母乳喂养、人工喂养及混合喂养。

一、母乳喂养

母乳喂养的益处

母乳是婴儿最理想的天然食品，是能满足 6 个月以内婴儿生长发育需要的天然营养品，不仅各种营养素含量高、种类齐全，而且各种营养素的比例搭配恰当，最容易被婴儿消化吸收，营养价值高于其他代乳品。母乳的成分会随婴儿的成长而发生改变，并与之相适应。

初乳的重要性

根据产后不同时期，一般常把母乳分为初乳、过渡乳和成熟乳。产后 7 日内的母乳称初乳，产后 8～12 日的母乳称为过渡乳[1]，产后 12 日以后的母乳称为成熟乳。

1. 何时喂奶

正常分娩可在结扎脐带后半小时内开奶，这样既可防止新生儿低血糖，又可促进乳汁分泌。此后应以婴儿饥饿啼哭为准，按需喂哺，日夜喂哺，一般每天 8～12 次或每 2～3 小时喂 1 次，每次喂奶 15～20 分钟即可。“早开奶”和“按需喂哺”已成为提高母乳喂养成功率的有效措施。纯母乳喂养者两次喂奶间不需喂水。

一天 24 小时内喂 8～12 次是平均情况，也许有些婴儿吃的次数多，有些吃的次数少。吃的次数少不见得就不正常，可结合婴儿的体重增加来判断，如果体重增加情况良好，则表示喂养情况正常。

2. 怎样判断婴儿是否获得足够奶水

（1）乳母在哺乳前感到乳房胀满，表明乳汁充裕。

（2）婴儿吸吮乳汁，有连续的咽奶声，大约十几分钟后松开乳头，甜甜入睡，一觉 2～3 个小时，表示“吃得饱”。

（3）乳汁充裕，水分也充足，婴儿尿多。乳汁少，婴儿尿少。

（4）称体重。婴儿每周体重平均增加 120～200 g，满月时体重可增加 500～1 000 g。

（5）婴儿看起来健康，情绪良好，不无故哭闹。

3. 正确的喂哺姿势

（1）坐位喂奶姿势。母亲洗净双手，自然坐下，双脚放在地上，如果嫌腿的位置太低，可在地上摆张小凳子，单脚放在小凳子上，以免引起下肢肌肉疲劳。母亲的背部最好靠在椅背或一些可支撑的物体上。将婴儿放于妈妈的大腿上，妈妈的一只手搂抱着婴儿的头、颈和肩的部位，使婴儿的身体与妈妈的胸腹部紧密贴在一起（图 2-2-1）。用另一只手托起乳房，托乳房的手要将拇指与食指分开呈 C 形，妈妈用乳头轻缓地抚弄婴儿的上嘴唇（图 2-2-2），等到婴儿小嘴完全张开——像打哈欠那样大大张开小嘴时（图 2-2-3），妈妈托住婴儿的手稍微使力，把婴儿往妈妈靠近，将乳头轻轻地送入婴儿口中。在婴儿刚出生的数日，婴儿可能含吮不到乳头，这时可将婴儿的下颌轻轻向下推推，帮助婴儿含吮到乳头及大部分乳晕（如果只含住乳头，既吸不出奶，母亲也会感到疼痛）。当婴儿含吮到乳头和大部分乳晕后（图 2-2-4），便会吸吮乳汁了。如果乳房组织阻塞了婴儿的鼻孔，妈妈可用手指轻轻地向下压迫乳房表面组织，让婴儿呼吸畅通，轻轻抬高婴儿也能提供一点呼吸空间。结束喂哺时，不要强行用力拉出乳头，应让婴儿自己张口，乳头自然从口中脱出。如婴儿咬着乳头睡着，妈妈应终止婴儿吸吮，用小手指（或其他手指）非常小心地插入婴儿的口角让少量空气进入，并迅速敏捷地将手指放入婴儿上、下牙槽突龈缘组织之间，直到婴儿松开乳头再快速地退出乳头（图 2-2-5）。

① 有些笼统的说法把过渡乳也纳入初乳的范畴。

图 2-2-1 坐位喂奶姿势

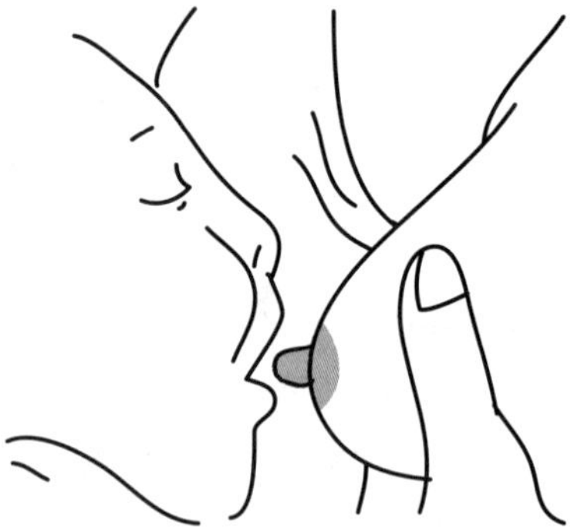

图 2-2-2 抚弄婴儿张开嘴

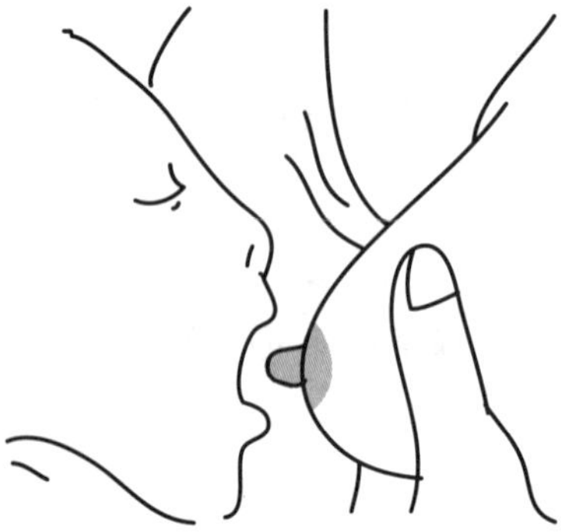

图 2-2-3 婴儿张大嘴

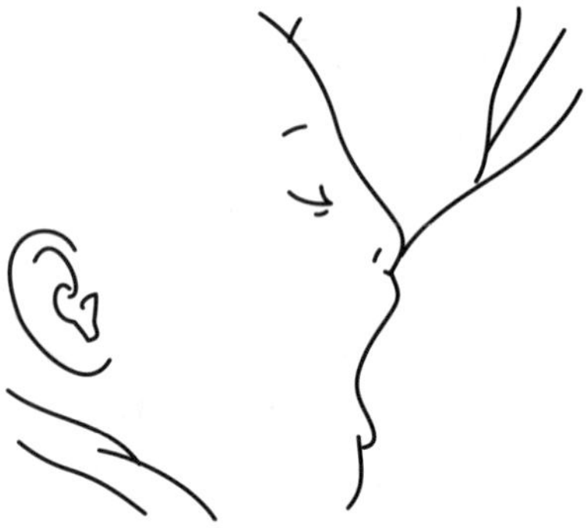

图 2-2-4 婴儿含住乳头和乳晕

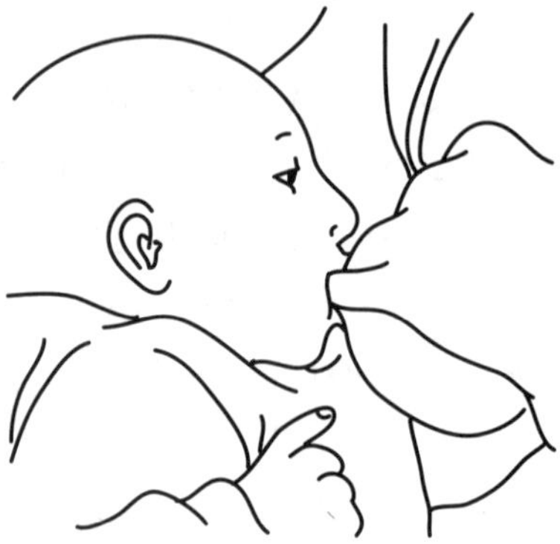

图 2-2-5 结束喂哺

（2）卧位喂奶姿势。母亲侧身躺在床上，用一只手托住婴儿的头颈部，用上述方法帮助婴儿含吮即可（图 2-2-6）。

（3）环抱式喂奶姿势。所谓环抱式喂奶，就是将婴儿抱放在母亲的身体一侧的喂奶姿势（图 2-2-7）。双胎婴儿、剖宫产婴儿均可采用这种姿势。

图 2-2-6 卧位喂奶姿势

图 2-2-7 环抱式喂奶姿势

4. 怎样才能使母乳质高量足

除了“早开奶”和“按需喂哺”以外，乳母乳汁分泌的多少、质量高低，与乳母自身的营养状况、精神和生活情况有着密切的关系。

（1）精神愉快。乳母的生活要有规律，工作、学习、休息、家务劳动要安排适当，睡眠充足，劳逸结合。身体健康、精神愉悦，乳汁分泌才能比较旺盛，过于疲劳，乳汁分泌就少。所以，经一夜的休息，早晨的奶量就多，午后分泌的乳汁就少。乳母应忌用烟、酒、茶等刺激物。烟中的尼古丁会减少乳汁分泌，吸烟喷出的气体对婴儿也不利，酒中的酒精，茶中的咖啡因、茶碱等成分可通过乳汁进入婴儿体内，造成兴奋不安。

（2）排空乳房。每次哺乳，都先后让婴儿吸吮两侧乳房，交替着喂，使两侧乳房都有排空的时候。乳房排空才能增加泌乳量。如果婴儿吃不了，要把多余的乳汁挤出或用吸奶器吸出。

（3）合理营养。乳母从食物中摄取营养成分，要补充母体因怀孕、分娩消耗所造成的损失，还要保证增加乳汁的量和提高乳汁的质，所以乳母的营养应高于一般人。乳母的营养必须量足且品种齐全，这样乳汁的质和量才能达到婴儿需要的水平。

母乳喂养中的其他常见问题

二、人工喂养

由于各种原因不能用母乳喂养婴儿，而完全采用牛乳、羊乳、马乳等动物乳及其制品，或非乳类代乳品喂养婴儿的称人工喂养。

人工喂养虽不如母乳喂养好，但如能选择优质乳品，调配恰当，注意消毒，仍可以满足婴儿的基本营养需要，使婴儿正常生长发育。如果采用的食品营养价值差，配制不当，食具消毒不彻底，容易引起营养不良和消化功能紊乱。

1. 如何选择代乳品

（1）婴儿配方奶粉。目前最常用的婴儿代乳品是婴儿配方奶粉。即调整牛乳中营养成分使之接近母乳制成的奶粉。其主要特点为脱去盐分，降低牛乳中酪蛋白的含量而添加牛乳清蛋白，脱去动物脂肪而代之以植物油，并增加多种维生素及微量元素，从而使其成分更接近人乳。

（2）鲜牛乳。鲜牛乳是以前较为常用的代乳品，但不如人乳适合婴儿，故简单的人乳化方法是加糖加水并煮沸后食用。煮沸可使酪蛋白的颗粒变小，在胃内形成较小的乳凝块，提高鲜牛奶的消化吸收率。因鲜牛奶易被细菌污染，也应煮沸消毒。

（3）羊乳。羊乳的营养价值与牛乳大致相同，羊乳蛋白质较牛乳细软，脂肪颗粒与人乳相仿，但含叶酸、B12 量少，长期吃羊乳易导致巨幼红细胞性贫血。

（4）豆制代乳品。在没有条件得到乳类及其制品的情况下，豆浆及豆制代乳粉可供 3 个月以上婴儿使用，但需补充鱼肝油。豆制代乳粉以大豆粉为主，加米粉、蛋黄粉、蔗糖、骨粉及核黄素等配制而成。

（5）不宜作代乳品的食品。糕干粉、乳儿糕。这类食品一般用米粉或面粉制成，主要成分为谷类淀粉，蛋白质的质和量均较差。如长期作为婴儿主食，可引起营养缺乏病。这类食品只能作为辅食，不能作为代乳品。

麦乳精。主要成分为炼乳、蔗糖、麦芽糖及可可粉，含糖高达 65%~70%，每 100 g 中蛋白质仅 7 g 左右，不能作为代乳品。

甜炼乳。牛奶浓缩到原容量 2/5 后，加 40% 蔗糖制成。食用前须加水稀释至适宜甜度。经稀释后，蛋白质的含量很低，不宜作为代乳品。

2. 代乳品的配制

（1）配方奶粉。选择适合婴儿年龄段的配方奶粉后，严格按照配方奶的说明进行冲泡，才能保证配方奶有适宜的浓度，如果浓度长期过低，会导致婴儿营养不良；浓度过高，会导致婴儿血管壁压力增加，胃肠难以负担，肾脏的排泄能力也难以承受，长期饮用，会引起婴儿消化不良、身体失水、肾衰竭等。

常规配制配方奶的步骤如下。

第一，奶具要提前消毒。由于奶类和其他代乳品易繁殖细菌，食物容易变质，从而引起消化不良，所以要准备好充足的各类工具，并提前做好奶具消毒工作，平时也要把消毒的奶具保存好（表 2-2-1）。

表 2-2-1 婴儿喂养备用用品

备用用品	数量	用途及注意事项
250 mL（大）奶瓶	4~6 个	3~4 小时喂奶一次，用完即消毒
120 mL（小）奶瓶	2 个	用于 4 个月内的婴儿喝温水
奶嘴	6 个	每 3 个月更新一次
奶瓶消毒锅	1 个	用于消毒奶瓶
奶瓶刷	1 只	彻底清除奶瓶及奶嘴处污物
奶瓶保温筒	1 个	外出时方便携带，用于保温

续表

备用用品	数量	用途及注意事项
奶瓶加热器	1 个	婴儿没能一次喝完的奶，可暂时保温
果汁压榨器	1 个	婴儿 4 个月后，喂果汁时使用
奶粉	按需	适合年龄特点的婴儿配方奶

第二，家长要把双手洗干净。为婴儿配制配方奶时，要用肥皂彻底洗净双手，以免脏手污染了奶粉勺子和奶粉，因为在盛奶粉时难免会碰到奶粉袋子或勺子，还要拧奶嘴等。

第三，适宜的水温。冲调奶粉一般推荐使用 50 ℃左右的白开水。由于配方奶含益生菌等活性物质，过烫的水会破坏这些营养物质，也会使奶粉中的乳清蛋白产生凝块，影响消化。家长可提前倒出一些在杯子里试试水温，确定温度适宜后再给婴儿冲奶粉。

第四，掌握好奶粉和水的比例。在冲奶粉时，一定要控制好奶粉和水的比例，按照奶粉的冲调说明来操作。先往奶瓶里倒入所需水量，再用量匙量好奶粉倒入温水中。量奶粉时量匙不要太满，和勺子齐平即可，可用刀背把奶粉刮成平匙，不要刻意压平。

第五，搅匀奶粉。在冲奶粉时，需左右晃动瓶子摇匀，让奶粉彻底溶解。注意晃时要左右轻晃，不要大力地上下摇晃，否则奶粉内会出现许多气泡，婴儿食用后容易发生腹胀或者呕吐。

第六，根据宝宝的年龄冲奶粉。每次配制配方奶的量应根据婴儿的年龄、胃口来确定，不宜过多。因为配好的配方奶在未吃过的情况下，常温存放不能超过 2 小时。如婴儿一次不能喝完，2 小时后只能让大人喝了或者倒掉，以免引起婴儿的不适。

（2）鲜牛乳。按 5%~8% 浓度在牛乳里面加入葡萄糖或蔗糖，以增加代乳品的供热比，每千克体重约需牛乳 100 mL。新生儿采用 2 份牛乳加 1 份水稀释（牛奶：水 = 2∶1），2 个月—4 个月可采用 3 份牛乳加 1 份水；4 个月以后可用全牛乳喂哺。

用小火煮沸 3~5 分钟，可以消毒杀菌，也可以使牛乳中的蛋白质变性，更易于婴儿消化和吸收。牛乳易被细菌污染、变质，每次应重新调配、煮沸后食用。

3. 乳量的掌握

一般情况下，配方奶喂养的婴儿比母乳喂养的婴儿喂食次数要少些，这是因为调配的奶液所需消化时间更长，婴儿不会那么快感到饥饿。人工喂养婴儿在头 2~3 天后，通常采用 4 小时制，因此每天要喂养 6 次，比母乳喂养可能少几次。婴儿刚出生时，一般情况下每次喂奶量不超过 60 mL，可视新生儿饥饿情况而定。但随着婴儿年龄的增长、胃容量的增加，每次喂哺的奶量相继增加，喂哺的次数也就减少了（表 2-2-2）。

表 2-2-2 配方奶的喂哺量

年龄	喂哺次数	每次喂哺量 /mL	一日总奶量 /mL
1 周	7	30~60	200~300
2 周	6~7	60~90	350~500

续表

年龄	喂哺次数	每次喂哺量 /mL	一日总奶量 /mL
3 周	6	90～110	500～650
4 周	6	110～120	650～750
1—3 个月	6	120～150	750～900
4—6 个月	5	150～180	750～900
6—12 个月	3～5	180～210	500～900

4. 用奶瓶喂奶的方法

把婴儿抱在妈妈的怀抱里，让婴儿的上半身倾斜 45° 靠在大人的手腕上，与母乳喂养的坐位姿势相同（图 2-2-8）。喂奶时，为了避免大量空气和奶水一起被吸入，应将奶瓶倾斜 45°，以保证瓶颈和奶嘴部分始终充满奶液，避免奶嘴储存空气。喂奶后应拍嗝帮助婴儿排出胃里的空气，避免溢奶。切忌在婴儿平躺时以奶瓶喂奶，这可能会造成婴儿呼吸不顺，或使牛奶流入中耳等危险。

图 2-2-8 奶瓶喂养的姿势

三、混合喂养

因母乳不足或母亲不能按时给婴儿喂奶，须加喂牛奶或其他乳品，称混合喂养。

1. 补授法

6 个月以内的婴儿，因母乳不足须混合喂养时，宜用补授法，即母乳优先，不足部分用牛奶等补充。每次喂哺，先喂母乳，将乳房吸空，以刺激母乳分泌，不致使母乳量减少。

补授的牛奶量可视婴儿的反应而定。婴儿饱足，会自己放开橡皮奶头，安静入睡，睡得香，体重增长正常，表示奶量充足。

2. 代授法

若母乳充足，只是不能按时喂哺，可用牛奶等代替一次至数次母乳，称代授法。

乳母每次喂奶后应吸空两侧乳房，不使母乳量减少。奶胀时，要把乳汁挤出或用吸乳器吸出。吸出的乳汁可在带盖的消毒瓶内保存，用时再加热到 37 ℃，给婴儿食用。

如果有条件，应在婴儿 2 岁后断母乳。

四、人工喂养和混合喂养注意事项

人工喂养和混合喂养除不完全具备母乳喂养的优越性外，还有其他缺点，如婴儿由于吸吮橡皮乳头，其口腔运动截然不同于母乳喂养，而在母乳喂养时，婴儿就会出现乳头错觉，有拒奶、烦躁等现象，造成母乳喂养困难，这在混合喂养的婴儿身上体现最为明显。在混合喂养和人工喂养时，除要在喂养的食品上讲究营养成分适合婴儿发展需要外，还必须注意以下事项。

1. 奶液要合理储存

消过毒的奶，要用漏斗分装在瓶内，用消毒巾盖好，2 小时内尽早喂服。如需储存，最好放在 10 ℃以下的地方冷藏，吃时用湿水加热即可。

2. 混合喂养要先喂母乳

婴儿混合喂养，在每次喂奶时应先吃母乳，约 10 分钟后加喂牛乳、羊乳或其他代乳品。母乳和其他奶类或代乳品间隔喂，或交替喂。

3. 喂奶时温度要合适

喂前可将奶滴在手腕内侧试温，以微温为宜。

4. 奶头孔大小要合适

市场中可以选购到孔径不同的奶嘴，应结合婴儿的月龄选择。喂奶时要随时注意将奶汁充满奶头，以免婴儿吸入空气。

5. 每次喂奶的量和浓度要适当

人工喂养首选乳品或乳制品为主食，量和浓度应根据婴儿年龄、体重计算，并随时调整。调制太稀，营养不够；调制太浓，可致消化紊乱。一般认为，婴儿能吃多少就是需要多少。

6. 奶粉更换时应循序渐进

婴儿在成长过程中，常因为不同发育阶段所需要的营养成分不同、口味适应等原因而更换奶粉。奶粉是人工喂养婴儿唯一的主食，家长更换奶粉时应当谨慎。婴儿肠道适应能力差，不同婴儿的体质各异，家长随意更换奶粉会引起婴儿消化不良、哭闹等症状，更严重者会造成宝宝便秘、腹泻、长皮疹，甚至拒绝食用奶粉。为了避免这些问题，婴儿奶粉更换时应当循序渐进，切忌突然更换。

比较合理的方式是在原有奶粉的基础之上适当加入新的奶粉，然后逐渐增加新奶粉所占的比例。在开始阶段，添加的新奶粉应约为奶粉量的 1/3；三天左右，如果婴儿没有不良反应，可以将比例增至 1/2；如果婴儿能够适应，三天之后，可以全部替换为新奶粉。如果婴儿在更换奶粉的过程中出现了拒食现象，可以喂少量的葡萄糖水过渡，三天左右婴儿一般就能够适应了。

7. 注意婴儿大小便情况

奶粉糖少、蛋白质多，婴儿容易大便干燥，尿量少而发黄；奶粉糖多，则婴儿大便有泡沫或酸味。了解婴儿大小便情况，有利于喂养调配。

反思提高

一、思考

结合婴儿喂养方式，举例说明三种不同喂养方式的利弊。

二、分析讨论

结合相关知识点，讨论：人工喂养的注意事项有哪些？在混合喂养的情况下，如何帮助乳母提高泌乳量？

三、综合训练

通过查阅资料和市场调研，比较 0—3 岁某一年龄段不同品牌婴儿配方奶粉的优缺点（要求不少于 3 种品牌，其中至少一种国内品牌，一种国际品牌）。

核心知识三　婴儿辅食制作

【课前任务】 结合添加辅食的顺序，为 7—9 个月的婴儿设计一份辅食食谱，包括食物制作原则、制作流程及辅食特点。

无论是母乳喂养、人工喂养还是混合喂养，都应在适当的时候给婴儿添加各类辅助食品。按时添加辅食，可保证婴儿正常生长发育，体重不滑坡，对预防贫血和增强机体抵抗力也有重要作用。

一、添加辅食的意义

1. 补充乳类的不足

母乳虽好，但也有不足。适时添加辅食可以补充乳类的不足。比如人乳（或兽乳）

每升至多含铁 1 mg，而婴儿每日需要铁约 10 mg。出生后 3 个月以内的婴儿因为体内有胎儿期储存的铁，所以只喂母乳也不致缺铁，但这些储存铁经过 2~3 个月会消耗完，此时必须补充铁。

2. 增加营养以促进生长发育

一方面，随着婴儿逐渐长大，其所需要的营养素也在增加，母乳无论是量还是质，都不能完全满足婴儿的需要，光吃母乳，不加辅食，婴儿就会发生营养不良。另一方面，婴儿满 3 个月以后，胃容量大了，五六个月时牙齿开始萌出，各种消化酶也趋完善，为消化谷类等辅食提供了生理上的条件。

3. 为换乳（断母乳）作准备

（1）生理上的准备。从生理上讲，口腔、胃肠以及消化腺，要有相当长的适应阶段才能完成以下的转变：从吸吮无形的流质，到咀嚼有形的固体；从消化单一的乳汁，到消化五谷杂粮、禽肉蛋、瓜果、蔬菜。婴儿的饮食必须从流质过渡到半流质、半固体食物，到 1 岁多能摄取固体食物，适应和成人一样的饮食。否则，就不能适应饮食的变化。

没有认真加过辅食的婴儿，断了母乳，会因不适应固体食物而拒食。塞进嘴里的食物不嚼、不咽，勉强吃下去，会因为消化功能不适应杂食，造成腹泻或便秘。

特别是在农村，6—12 个月的婴儿，往往由于缺乏辅食知识，体重增长不理想，发生过敏现象甚至发生营养不良。

（2）心理上的准备。婴儿吃惯了母乳，从心理上对母乳有一种依恋的情绪。按时为婴儿加辅食，可以冲淡恋乳的心理，为断乳做好心理上的准备，使其逐渐进入社会，寻找自己的社会角色。

二、添加辅食的时间

在通常情况下，4—6 个月时应逐步添加辅助食品，但因婴儿个体差异，也可在婴儿体重增长已达到出生时两倍时开始添加。过早添加，将会增加食物过敏现象发生和肠道感染机会，同时影响母乳中铁的吸收。过晚添加，婴儿营养不能及时补给，影响婴儿生长发育，如味觉发育不良等。

三、添加辅食的顺序

生后最初几个月，婴儿唾液分泌量少且缺乏消化淀粉的酶，肠道也缺乏消化淀粉的酶。婴儿从乳类中获得的乳糖接近葡萄糖，好吸收。对于睡眠多、活动少的小婴儿来说，乳糖所供的能量基本够了（牛奶含乳糖少，要另加蔗糖）。

随着婴儿渐渐长大，睡眠少了，活动多了，唾液腺也逐渐发育完善，唾液增多，内含淀粉酶，一般到生后 4 个月后，就具备了添加辅食的条件。

1. 0—3 个月

人工喂养儿，宜早些添加鲜果汁、青菜水和鱼肝油制剂，以补充维生素 C 和维生素 A、D。

母乳喂养儿，乳母要注意合理营养，乳汁中所含的营养素可基本满足婴儿的需要。

2. 满 4 个月

胎儿离开母体之前，已储存了一定量的铁在体内。出生后，无论吃母乳或牛奶，都不致因含铁甚微而发生缺铁性贫血。可是，经过几个月的消耗，储存铁用尽，如果不补充铁，婴儿就易患缺铁性贫血。

从满 4 个月开始，可适量添加蛋黄、菜泥等辅食，并逐步丰富品种。另外，补充维生素 C 有助于铁的吸收。

总之，添加辅食要根据婴儿的需要和消化功能成熟的程度，按一定顺序进行（可参考表 2-3-1）。

表 2-3-1 添加辅食的顺序

月龄	添加的辅食	供给的营养素
4—6 个月	米糊、烂粥 蛋黄 菜泥、水果泥	热能、B 族维生素 铁、维生素 A 维生素 C、矿物质、纤维素
7—9 个月	烂面、烤馒头片 鱼、蛋、肝泥、肉末 菜末、水果泥	热能、B 族维生素 蛋白质、铁、锌、维生素 A 维生素 C、矿物质、纤维素
10—12 个月	软饭、软面、馒头 碎肉、豆制品 碎菜、水果丁	热能、B 族维生素 蛋白质、维生素、矿物质 维生素 C、矿物质、纤维素

四、添加辅食的原则

逐步适应：预防过敏，由一种到多种。一种辅食应经过 5~7 天的适应期，再添加另一种，然后逐步扩大添加的辅食的品种。添加的第一种辅食是米粉、米糊类，因为大米蛋白质很少引起过敏，容易消化吸收。

由稀到稠：例如，从米汤、烂粥、稀粥过渡到软饭。

由少到多，质地由细到粗：开始的食量可能仅小半勺、半勺、1 勺，以后逐渐增多。食物的质地在开始时要制成泥或汁，以利吞咽和消化；当乳牙萌出后可以适当粗一些、硬一些，以训练婴儿的咀嚼功能。

因人而异，生病不添加。

五、添加辅食的注意事项

第一，添加辅食要采取自然过渡的方法，量与次数由少到多。

第二，要根据天气变化和宝宝身体状况选择合适的添加辅食时机。最好在秋凉时节，不要在最炎热的夏季。夏季天气炎热，宝宝本来就容易发生胃肠功能紊乱，此时添加新的食物有可能加重这种情况，甚至引发疾病。

第三，添加辅食期间一定要注意营养的均衡。婴儿生长发育很快，对营养的需求量也会逐步增大，如果不注意喂养方法而突然减少母乳，婴儿本就不习惯，若再存在营养摄入不足，就很容易引起营养不良以及消化功能紊乱。所以应逐渐减少母乳的喂养量，提供营养丰富、均衡的辅食，同时应培养婴儿用勺和小碗吃食物的习惯。

第四，辅食不能代替乳类。如果从三四个月就以五谷作为婴儿的主食，因缺少优质蛋白质，婴儿会体质差，虚胖，容易生病。婴儿乳牙萌出后，可以给婴儿一些手拿食，既可以磨磨牙龈，止痒，并促进牙齿萌出，又可以锻炼眼、手、口的协调能力和抓握动作。

第五，婴儿期不宜添加以下食物：

（1）腌制食品：腌制食品通常含有较高含量的钠，会增加肾负荷。

（2）蜂蜜：蜂蜜中可能含有肉毒梭菌芽孢和（或）肉毒毒素，它们会严重危害婴儿健康。

（3）脱脂牛奶（奶粉）：脱脂牛奶（奶粉）因脱去脂肪，能量和必需脂肪酸含量低，不适宜作为婴儿的主要食品。

（4）爆米花、整粒的葡萄、各种豆、花生、果冻布丁等：这类食物不能被婴儿安全地咀嚼与吞咽，容易进入气管导致窒息。

（5）含小刺、小骨或碎骨的食物：如鱼类、禽类食物必须小心地剔除全部小刺和碎骨，以免刺伤咽喉及食管。

（6）糖果：除了偶尔给予外，不适宜日常给予婴儿糖果。一是可能导致窒息；二是婴儿的胃容量小，进食太多纯热能食物容易导致营养素缺乏；三是太多的甜味刺激使婴儿不容易接受非甜味食品，并养成偏食、挑食等不良饮食习惯；四是容易导致龋齿。

常见辅食制作

反思提高

一、思考

婴儿辅食添加的必要性有哪些？

二、技能操作

自备材料，为8—12个月月龄的婴儿制作一份适合该年龄段的辅食，并说明其制作方法、该辅食的营养特点。

核心知识四 1—3 岁婴儿喂养基础知识

【课前任务】 现在的孩子生活条件好了，想吃什么，就能吃到什么，各种洋快餐、零食、营养品（补钙、补铁、补锌、补脑）等，应有尽有。在这样的饮食环境下，如何给婴儿提供合理的膳食？如何培养婴儿良好的饮食习惯？先小组内交流，各组选出一名代表在课堂上发言。

一、1—3 岁婴儿进食特点

1. 食欲较 0—1 岁婴儿差

随着年龄的增长，生长速度减慢，与 0—1 岁婴儿期相比，1—3 岁婴儿食欲略有下降。

2. 食欲波动大

1—3 岁婴儿一日三餐进食量可能有差别，如某天早餐吃得少，午餐可能会吃得多，而晚餐又变少；也可能某天早餐吃得多，次日早餐什么都不吃等。研究显示：1—3 岁婴儿每餐摄入量的差别可达 40%，但一日的总能量摄入差别不大，只有 10% 的变化。

3. 心理行为影响大

1—3 岁婴儿好奇心强，探索性行为较突出，有强烈的自我进食欲望，若不让自己进食，会产生不合作与违拗心理；对食物的注意力降低，注意力易分散，易被电视节目、玩具等吸引，食欲下降。

4. 进食技能影响明显

1—3 岁婴儿的进食技能与前期的训练有关，若 0—1 岁婴儿期添加辅食过程中错过了训练吞咽、咀嚼的关键期，食物长期过于精细，1—3 岁婴儿会出现不愿吃固体食物的现象。

5. 家庭成员的影响明显

进食的氛围可影响婴儿以后接受食物的类型，如在积极、愉快的情景下给其食物，婴儿对该食物的偏爱会增加；若强迫 1—3 岁婴儿进食某种食物可使其不喜欢该食物。

二、1—3 岁婴儿的膳食安排

1. 营养的需要

一般 1—2 岁婴儿每日能量的供应为 4 600 kJ（1 100 kcal），2—3 岁婴儿为 5 000 kJ（1 200 kcal）；蛋白质每日 40 g 左右，其中优质蛋白应占总蛋白的 1/3～1/2。蛋白质、脂肪和碳水化合物供能分别占总能量的 10%～15%，25%～30% 和 50%～60%。

2. 食物的选择与搭配

食物应多样化，烹调应注意色、香、味、形，以增进婴儿食欲，让婴儿有选择食物的自由。具体在配膳时，可以按以下方法进行搭配。

粗细粮搭配。细粮容易消化，口感好；粗粮含丰富的矿物质和维生素，如谷物表皮维生素 B1，耐嚼。粗细粮搭配着吃，可以兼顾婴儿的食欲和营养需要。

米面搭配。米比面食耐嚼，多嚼有益。但面食花样多，易巧做、细做，形态、色泽丰富，可以引起婴儿的食欲。

荤素搭配。动物性食品多属酸性食物，蔬菜为碱性食物，荤素搭配不仅不油腻，还可以使体内酸碱基本平衡，也能更好地进行蛋白质的互补，促进食物的消化和吸收，提升食物的营养价值，有利于婴儿的健康发育。

谷类与豆类搭配。豆类食物为优质蛋白质，谷类中的蛋白质营养价值相对较低。豆类与谷类混合食用，可起到蛋白质的互补作用，提升食物的营养价值。

蔬菜五色搭配。各色蔬菜进行组合搭配，颜色丰富，更易引起婴儿食欲。另外，绿色、红色、黄色等深色蔬菜，与浅色蔬菜相比，含有更丰富的胡萝卜素、铁、钙等营养素。

干稀搭配。主食有干有稀、有菜有汤，水分充足，有利于吞咽，婴儿吃着也比较舒服。

3. 制订合理的膳食计划和食谱

每日进餐以 4~5 次为宜，以早、中、晚三餐为主，上午、下午各安排一次间餐。全日能量分配为：早餐占 20%~25%，午餐 30%~35%，晚餐 25%~30%，两次间餐共 10%~15%，遵循早餐吃好、中餐吃饱、晚餐吃少的原则。早餐时婴儿经过一个晚上的消耗，食欲旺盛、消化力强，故早餐应提供含优质蛋白质、丰富糖类和少量脂肪的食物。中餐应提供富含蛋白质、糖类和脂肪的食物，食物的数量应充足。晚餐应清淡易消化，不宜安排过多脂肪和蛋白质含量高的食物。

家长可将能满足 1—3 岁婴儿营养需要的各种食物按名称、数量和烹调方法编成食谱，分配在一日各餐中，制成一日食谱。一般拟定食谱以一周（7 天）为一阶段，每日各种营养素不一定都要满足，但在一周食谱表内应相互补充。

4. 食物的烹调

应为婴儿选择较细、软、新鲜、清洁、易咀嚼和消化的食物，适应婴儿的消化能力。花生米、瓜子、大豆和核桃等有呛入气管的危险，不宜整粒食用，应磨碎后食用；带刺的鱼，带壳的虾、蟹、蛤类，带骨的禽、兽类，经去刺、去壳、去骨后，再供食用。含粗纤维多的蔬菜，如黄豆芽、金针菜、荠菜等，2 岁以下小儿不宜食用，2—3 岁可少量食用。

2—3 岁婴儿一周食谱示例

三、培养良好的饮食习惯

1. 饮食要定时，食前有准备

进食前，家长要明确告诉婴儿要吃饭了。对 1—2 岁婴儿，要求他们洗好手，带好围嘴，坐在自己的小椅子上。要防止婴儿边吃边玩或边吃边听故事、边看电视等。吃饭过慢不能迁就，要及时撤走食物。进食要定点，最好在饭桌旁喂食，婴儿也可与大人一起在桌上用餐。

2. 饮食定量，控制零食

饮食要有一定的饱腹量，保证吃好正餐，不随意给零食、糖果。但在两次正餐间可给 1～2 次水果、点心。

3. 适时训练婴儿自己使用杯子、勺子、碗、筷等就餐工具

10 个月左右，可以训练婴儿自己拿杯子喝水；1 岁左右的婴儿可由成人协助用汤匙吃饭，1 岁半起应学习自己用匙进食，2 岁后可在大人协助下独立进食；2—3 岁可培养婴儿使用筷子吃饭。

4. 营造良好的进餐氛围

安排良好的进餐环境，适合幼儿的桌、椅及餐具；进食前避免吃糖果或剧烈活动；保持精神愉快，不在进餐时责骂婴儿，不强迫其进食，以免引起厌食。鼓励婴儿吃多样食物，不挑食、不偏食、不贪食，少吃零食，保持正餐有良好的食欲。

婴儿模仿性强，家长要以身作则，不挑食、不偏食，并以旺盛的食欲影响婴儿吃好正餐，吃饭时要避免大声说笑，以免引起婴儿呛咳。

反思提高

一、思考

1—3 岁婴儿喂养方法和 0—1 岁婴儿喂养方法有哪些不同?

二、咨询答疑

你认为本核心知识可以解决家长育儿的哪些困惑?

三、综合训练

1. 随着经济的发展，家长对 1—3 岁婴儿进食零食有了不同的看法，请通过查阅资料和个案调研，撰写一篇关于 1—3 岁婴儿进食零食看法的小论文（要求文字在 500 字左右）。

本章能力训练、自我测试、推荐阅读

2. 请通过查阅资料和个案调研，列举 1—3 岁婴儿进餐的典型行为，如喜欢用手抓饭、不嚼就吞咽、不会咀嚼；家长急于给孩子喂饭每次都不等孩子咽下去就喂下一口；家长总希望孩子多吃，造成积食、脾胃虚弱；等等。分析原因，给家长提出合理建议。

第三章　婴儿日常生活照料

着重关注：

婴儿睡眠和大小便的特点；

婴儿进餐照料、睡眠照料、更换尿布的技能；

婴儿身体清洁与护理技能、“四具”消毒技能。

难点理解：

婴儿睡眠和大小便的特点。

名词术语：

清洁、消毒、灭菌。

核心知识一　婴儿进餐、睡眠照料

【课前任务】对幼儿园托班、小班婴儿的进餐环节（餐前准备、餐中照料，餐后整理）、睡眠环节（睡前准备，睡中照料、睡后照料）进行观察并详细记录，针对观察中出现的问题提出合理化的改进建议，探讨帮助婴儿建立良好的进餐、睡眠习惯的方法和途径。

一、进餐环节的照料

进餐对成人来讲是比较轻松容易的事情，但对婴儿来讲就不那么简单了，托幼机构托班、小班婴儿的进餐照料，由生活老师和带班教师相互配合完成。

（一）餐前准备工作

1. 生活老师的准备

生活老师应在餐前 20～30 分钟擦桌子、分发餐具、分发食物。

（1）擦桌子。擦桌子时采用几字形的擦拭方法（图 3-1-1）。餐桌需要擦拭 2～3 遍。先将抹布对折，第 1 遍用清水毛巾擦拭，擦半张桌子翻一个面。第 2 遍用消毒毛巾擦拭。第三遍再用清水毛巾擦拭。再按以上顺序擦拭桌子四周边沿。

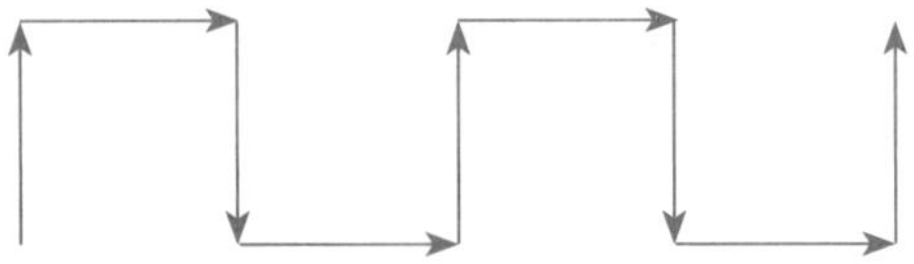

图 3–1–1　擦桌子

（2）分发餐具。按座位的次序发放，保证一人一碗一盘。碗摆放的位置应对着椅子的中间，离桌边约一横拳的距离，盘子应摆放在碗的前面；分发勺子和筷子时，手应捏在勺柄处或筷子的尾端，勺子或筷子应放在盘子上，摆放整齐。每张桌子的中间摆放一个杂物盘。

（3）分发饭菜。应本着公平对待、少盛多添的原则分发饭菜。饭、菜分别盛在碗和盘中，先盛少量的汤，再盛饭菜。对饭量小、吃饭慢、身体弱的婴儿可先盛先吃，饭菜的量要少一些，多添几次，可以让他们坐在食欲好的婴儿旁边。对肥胖儿可少添主食、多添蔬菜和粗纤维的食物。

2. 教师的准备

进餐前 20～30 分钟让婴儿做一些安静的活动。组织婴儿如厕、盥洗后两只小手扣合着回到座位，在等待进餐时，教师可组织婴儿进行手指游戏，介绍当天的饭菜等。

（二）进餐过程的照料

进餐过程的照料包括营造良好的进餐氛围、促进食欲、指导进餐等。

1. 营造良好的进餐氛围

如整洁、明亮的餐厅，摆放整齐的餐具，播放轻松悦耳的轻音乐等。教师应态度和蔼、亲切、周到地照顾婴儿进餐。

2. 促进食欲

当饭菜端出来后，成人可以采用灵活多样的方法，提高婴儿的食欲。如用猜谜的方式让婴儿猜猜饭菜的名称，还可采用讲故事的方法引导婴儿产生对某种食物的想象。例如，教师可故意用夸张的语言说："好香呀，黄瓜炒鸡蛋、胡萝卜炒肉末，有绿有黄，有红有白，真好看，太香了，我都忍不住要吃了。"

3. 指导进餐

（1）指导婴儿正确使用餐具。教会婴儿正确使用勺子，平时可用"喂娃娃吃饭"等游戏引导婴儿逐步掌握正确的用勺方法。

（2）指导婴儿正确咀嚼食物。鼓励婴儿细嚼慢咽，一口一口地吃，咽下一口后，再吃另一口；告知婴儿吃每一口食物时不能过多，口中食物过干时，可喝一口汤。

（3）指导婴儿养成良好的进餐姿势。进餐时要求婴儿脚平放在地面上，身体可略微前倾，不向左、右倾斜，不躬背、不耸肩，前臂自然地放在餐桌的边缘处。左手扶碗，右手拿勺或筷子，如需将碗端起，应双手端。生活老师应随时纠正婴儿不良的进餐姿势，如托腮、趴在餐桌上、身体倾斜倚靠着餐桌、身体后仰靠在椅子背上、蹲坐在椅子上等。

（4）培养良好的进餐习惯。进餐要定时，让婴儿每天在固定的时间进餐，正餐间隔时间 3.5～4 小时，每餐进餐时间 20～30 分钟；进餐要定位，婴儿应在自己的座位上进餐，不可端着碗四处走动，走到哪，吃到哪；进餐要定量，婴儿的胃容量小，对热能和蛋白质的需要量大，因此要少食多餐，可根据婴儿的年龄段及活动量等安排每餐的食量；进餐要专心，情绪愉快、平静、注意力集中地进餐，婴儿在进餐时玩耍、看书、看电视等，都会降低食欲，影响食物的消化；进餐要文明，咀嚼和喝汤不出声，餐具相互碰撞不应发出过大的响声，不敲碗筷，夹菜不挑挑拣拣，餐桌上要礼让，不应独占好吃的食物等。同时培养婴儿不挑食、不偏食、不暴饮暴食的好习惯，让婴儿尝试多种类食物，从食物性状、花色、口味上进行合理的搭配，让婴儿品尝各种食物味道，提高婴儿对食物的喜好与进食兴趣。

（三）进餐结束的整理

餐后要保持碗内、桌面、地面、衣服干净。请婴儿将用过的碗、盘、筷子（勺）分别放在教师指定的容器内，督促婴儿漱口、擦嘴、洗手，将自己的椅子放于固定位置，餐后安静活动或散步时间 10～15 分钟。

（四）进餐环节卫生要求

培养婴儿饭前饭后、便前便后洗手的习惯。吃饭时尽量做到不撒饭、不剩饭、不用手抓饭、不吃不洁食物、不吃汤泡饭，餐前可先喝两口汤，湿润口腔，刺激消化液的分泌。

（五）注意事项

在进餐过程中，应尽量避免婴儿说笑打闹，防止异物进入呼吸道；不在进餐中批评婴儿，不催促进餐，不比赛进餐；及时解决进餐中出现的意外问题，如呕吐、打翻饭碗、牙痛、肚子疼、哭泣等；对于挑食的婴儿应进行耐心细致的引导，可让婴儿少量尝试该种食物；当婴儿吃带骨和带刺的食物时，更应提前把骨和刺处理好，在婴儿吃的过程中密切观察，进行必要的指导。

二、睡眠环节照料

睡眠是一种生理状态。睡眠时体温、心率、血压下降，呼吸减慢，肢体活动减少。充足的睡眠可使婴儿全身组织器官，尤其是中枢神经系统得到休息，是恢复精力最有效的生理措施。

（一）婴儿睡眠的特点

1. 睡眠状态

睡眠分为浅睡和深睡两种状态，不断循环。1 岁之内，每一循环维持 40～45 分钟，在两次循环之间，会有短暂的清醒状态，如果婴儿在半夜醒来是正常的事。

浅睡状态时，会出现一些面部表情或肢体运动，如微笑、皱眉、四肢伸展、发出哼哼声等，呼吸快慢不均匀，容易被周围的声音惊动，此阶段婴儿大脑正在对清醒时获得的信息进行“回忆”或巩固，建立和发展脑细胞新的功能联系，所以浅睡对婴儿大脑的发育有促进作用。

浅睡状态不受打扰时可进入深睡，深睡状态能解除疲劳，有助于婴儿体格生长发育。在婴儿深睡阶段，超过 70% 的生长激素分泌以促进婴儿生长。婴儿大部分尿床都发生在深睡时期，此时大多会被唤醒或是因为纸尿裤不够干爽而自然醒来。因此，睡前应给婴儿更换可保持整夜干爽的纸尿裤及柔软衣物，避免打断婴儿睡眠周期。

2. 睡眠时间和次数

不同月龄婴儿的睡眠时间和次数依婴儿的生理特点、生理需求不同而有所不同（表 3-1-1）。年龄越小，睡眠时间越长，睡眠次数越多。

表 3-1-1 不同年龄婴儿的睡眠时间和次数

年龄	每天睡眠时间 / 小时	日间小睡次数 / 次	说明
新生儿	18～20	若干	大多数时间在睡觉，每个睡眠周期约 45 分钟，每隔 2～4 小时要吃奶，并睁开眼睛觉醒几分钟到 1 小时，昼夜规律尚未建立
1—3 月	18	3～4	白天睡 3～4 次，每次 1.5～2 小时；夜间睡 10～11 小时
4—6 个月	15～16	2～3	睡眠逐渐规律，睡眠时间逐渐集中在晚上，一般上午睡 1 次，每次 1～2 小时，下午睡 1 次，每次 2～3 小时
7—12 月	14～15	2～3	一般上午睡 1 次，每次 1～2 小时，下午睡 1～2 次，每次 1～2 小时，夜间睡 10 小时，此月龄的婴儿很少一觉到天亮，一般夜间要醒来 2～3 次
1—3 岁	12～13	2～3	白天觉醒时间长，有固定的 2～3 次小睡时间，夜间能一觉睡到天亮

3. 婴儿睡眠充足的标准

（1）婴儿清晨自动醒来，精神状态良好。

（2）白天精力充沛，活泼好动，不觉疲劳。

（3）食欲正常，体重、身长能够按正常的生长规律增长。

（二）婴儿睡眠照料

1. 睡前准备

（1）为婴儿营造一个温馨、舒适、安静的睡眠环境，是保证婴儿高质量睡眠的前提。应提前做好卧室的通风换气，调节好卧室的温度，确保卧室空气清新、温度适宜；拉上窗帘，使卧室内光线柔和；睡前放轻柔的音乐，音乐有安抚和帮助放松的功能，可帮助婴儿入睡。

（2）睡前不要让婴儿玩得太兴奋，不要饮水太多，不喝刺激性饮料，不看惊险故事片，睡前最好排 1 次尿；睡前洗净婴儿的脸、脚和臀部。晚饭不宜吃得过饱，清淡为好。

（3）睡前为小婴儿换上宽松、舒适、柔软的睡衣，每天应定时哄小婴儿入睡。帮助并指导大婴儿正确脱衣服。婴儿脱衣服时，应坐在床边或小椅子上，按顺序脱：先解上衣扣子，再解鞋带、脱鞋、脱裤子、脱袜子、脱上衣。请婴儿将衣服放在固定的地方。

2. 睡中照料

婴儿入睡后，照料者应在旁陪伴，并观察婴儿的睡眠状态。

（1）盖被厚度适宜。婴儿穿得太多或太少都会影响入睡，看护者可将手伸入婴儿后背，感到温热没有汗即可。

（2）注意睡眠姿势。睡眠姿势有三种：仰卧、侧卧和俯卧。5个月以内的婴儿因自己不能翻身，睡眠姿势主要由成人决定，6个月以后可由婴儿自己选择。

一般看护者都习惯于让婴儿采用仰卧睡姿，这样婴儿的内脏器官受压较小，四肢能够自由地活动，也便于看护者直接观察婴儿脸部的表情。但由于婴儿容易发生呕吐，仰卧时，由胃反流到食道的食物吐出后，会聚积在婴儿的咽喉处，不易由口排出，较易呛入气管而发生危险。

婴儿侧卧时双腿弯曲，有利于肌肉组织充分休息，消除疲劳。最好让婴儿采用右侧卧，可以避免心脏受压，有利于胃内食物顺利进入肠道，可以预防吐奶，特别是刚吃完奶后更应让宝宝右侧卧。但如果总是侧睡，容易发生脸部两侧发育不对称以及歪扁头。

过去人们认为婴儿俯卧位睡觉会压迫胸部，引起呼吸困难。现在医学家提倡俯卧位睡，认为俯卧位睡不但不会影响胸廓和肺部的发育，反而有助于胸廓和肺的生长发育。因为俯卧位睡时婴儿的胸部压迫床，床会给一个反作用的压力，正好按摩婴儿的胸廓，能提高宝宝的肺活量，促进呼吸系统的发育成熟。婴儿如果发生吐奶，呕吐物也会顺着嘴角流出，不会因呕吐物吸入气管而发生危险。如果婴儿已能抬头，则可允许其俯卧位睡眠。但婴儿俯卧位睡，看护者不容易观察婴儿的肤色和表情；易造成口水外流；口鼻容易被被褥等外物阻挡而造成呼吸困难；婴儿的四肢活动不方便。

总之，三种睡姿各有利弊，婴儿不能总固定一个姿势，照料者要根据婴儿特点和不同的情况，有意识地帮助婴儿变换睡眠姿势，仰卧、俯卧、侧卧交替进行。易吐奶的婴儿，喂哺后最好右侧卧睡。

（3）照料者要经常巡视，进行安全检查，防止蒙被综合征、溢奶窒息。婴儿左右侧卧时要当心不要把婴儿耳郭压向前方，耳郭常受折叠易致变形。

（4）睡眠中的异常问题的处理。发现有遗尿、在被子下玩玩具、拆弄被褥、玩弄生殖器等现象时要及时帮助与引导。密切关注感冒、咳嗽的婴儿。

3. 睡后照料

婴儿起床时要关上窗户，要提醒婴儿及时小便，帮助、指导婴儿穿衣服，

（1）帮助、指导婴儿穿衣服。穿衣服的顺序：上衣、袜子、裤子、罩衣、鞋。照料者要检查及帮助婴儿整理领口、袖口、裤口、扣子、鞋子、鞋带。

（2）照料者整理床铺。整理床铺顺序：翻（晾）被、叠被、铺平床单和枕巾、检查和整理床铺。

叠被子的方法：先将被子靠近自己的一端向中间折，再折另一端。将折好的长条形

被子的两端向中间折，然后再对折，被子叠好后的宽度应与床铺的宽窄相一致，且呈现出豆腐块形状。铺平床单和枕巾后检查幼儿是否将异物放在床上、褥子下、枕头下、被子里，有尿湿的被褥应及时拆洗晾晒。

（三）培养婴儿良好的睡眠习惯

睡眠虽然是人体的生理过程，但婴儿依赖性强，不能独立决定自己的睡眠，很大程度上取决于家庭的哺育环境。因此每个家庭都要创造良好的养育环境，促进婴儿建立良好的睡眠习惯。

1. 按时入睡、醒即起床

婴儿刚出生时，没有昼夜之分，甚至日夜颠倒，随着大脑皮层的发育，白天外界刺激较多，在生活中逐渐分清了白天与黑夜。要合理安排婴儿日间小睡，从小培养婴儿按时入睡、醒即起床的习惯。

2. 分床独睡

从新生儿起，最好让其单独睡自己的婴儿床。这样既卫生又安全，并且婴儿和父母都能得到充分的休息，也有利于培养婴儿良好的独自睡眠的习惯。

3. 自行入睡

婴儿睡前不拍、不摇、不抱，从小培养自行入睡的习惯。当婴儿还不能自动入睡时，0—2 个月的婴儿可轻轻安抚拍打，3—6 个月的婴儿可在他似睡非睡时，放在婴儿床内使其自行入睡，7—12 个月的婴儿睡前应有成人陪在身边，让他有足够的安全感，不要过度哄他。亦可让婴儿听轻柔的催眠曲，使曲子和睡眠建立起联系，形成条件反射，逐步自行入睡。

反思提高

一、思考

婴儿睡眠质量与生长速度的关系如何?

二、讨论分析

如何培养婴儿良好的生活自理能力?

三、技能训练

操作内容：餐前照料，包括擦桌子、分餐具。

操作准备：抹布（3 条），餐具（碗、盘、勺、食物残渣盘）。

操作要求：（1）保证抹布是清洗干净的，循序进行擦拭，擦拭后无水痕。（2）分发餐具要熟练，轻拿轻放，摆放整齐。

四、综合训练

如何布置婴儿房?

核心知识二 婴儿大小便照料

【课前任务】根据已有的关于营养、喂养的基础知识，分析不当的喂养行为及不良饮食习惯对婴儿大便的影响，写出分析报告（不少于500字）。

一、婴儿大小便的特点

大小便的颜色、气味、形状、次数等特点，反映了婴儿消化系统和泌尿系统的生理与病理状态。不同的饮食摄入也会影响婴儿大小便的变化，通过观察婴儿的大小便，可以及时调整婴儿饮食及科学哺乳。

（一）婴儿大便

1. 婴儿大便的特点

（1）胎便。新生儿多数在出生后24小时内排胎便，如果新生儿在24小时内无胎便的排出，应检查该新生儿是否患有先天性消化道疾病。胎便一般呈墨绿色，无臭味，由肠道分泌物、脱落上皮细胞、胆汁及胎儿时期吞入的羊水组成。胎便一般在2~3天内排尽。

（2）母乳喂养婴儿的大便。未加辅食母乳喂养的婴儿，大便呈黄色或金黄色，稍有酸味，但不臭，黏糊状，有时会比较稀薄，微带绿色，每天排便3~6次，加辅食后大便会减少。1岁以后每天大便次数减至1~2次。

（3）人工喂养婴儿的大便。颜色淡黄，略干燥，质地较硬，有臭气味，有时可见酪蛋白凝块，每天大便1~2次，个别婴儿隔天一次。

（4）混合喂养婴儿的大便。4个月以后，若添加了淀粉类食物，则婴儿大便量增多，大便的硬度比单纯牛奶喂养婴儿的稍软，呈轻度暗褐色，臭气增加。若增加蔬菜水果等辅食，则婴儿的大便接近成人。

2. 异常大便的识别

（1）绿色稀便。绿色稀便多在天气变化、着凉或吃了难以消化的食物后发生，婴儿每天大便次数多达5~10次。如为母乳喂养的新生儿，粪便量少、次数多、呈深绿色黏液状，也可能表示母乳喂养不足，婴儿处于半饥饿状态，需增加母乳量。

（2）深棕色泡沫状便。深棕色泡沫状便多见于人工喂养的婴儿，可能是由于摄入过多的淀粉类食物或奶粉中加糖过多，糖分过度发酵使婴儿出现肠胀气，大便多泡沫，酸味重，通过适当调整饮食大多能恢复正常。

（3）大便恶臭。大便呈灰色，质硬，恶臭如臭鸡蛋味，这主要是婴儿蛋白质摄入过量，或蛋白质消化不良，应注意配奶浓度是否过高，进食是否过量，可适当稀释奶液或限制奶量1~2天。如果已经给婴儿添加蛋黄、鱼肉等辅食，可以考虑暂时停止添加此类辅食。

（4）油性大便。粪便呈淡黄色，液状，量多，像油一样发亮，在尿布上或便盆中如油珠一样可以滑动，表示食物中的脂肪过多，多见于人工喂养儿，可考虑暂时改喂低脂奶粉等。

（5）蛋花汤样大便。每天大便 5～10 次，含有奶块，表示消化不良，可适当减少每次的喂奶量而增加喂奶次数。如果 2～3 天大便仍未正常，则应请医生诊治。

（6）水样便。大便呈水样，每天排便次数多达 10 次以上，量较多，这是病态表现，多为肠炎、秋季腹泻等病，多由肠道病毒感染引起。由于婴儿丢失水分多，常常出现脱水表现，如口唇干燥，眼窝凹陷，眼泪少或无眼泪，小便少或无小便，皮肤弹性差等，应及早就诊。

（7）血便。肛门裂的患儿大便带血，但血与便不相混；菌痢患儿拉脓血样便，便次多，刚拉完又想拉，总有排不尽的感觉，并伴有发烧；肠套叠的患儿大便呈“红果酱”样，并伴有阵阵腹痛、频繁呕吐；如果大便呈柏油样黑，可能是消化道出血，如果是鲜红色血便，大多表明血液来源于直肠或肛门。以上情况均需立即到医院诊治。

（二）婴儿小便

1. 婴儿小便的特点

（1）颜色、气味。婴儿正常尿液呈淡黄色；出汗多、尿少时颜色呈深黄色，应该给婴儿补充水分。正常新鲜尿液无特殊气味，静置一段时间后有氨臭味。

（2）尿量。婴儿尿量有很大的个体差异，主要与液体摄入量、食物种类、气温、湿度和活动量有关。新生儿每千克体重每小时正常尿量 1～3 mL，1 岁内婴儿每天正常尿量 400～500 mL，1—3 岁婴儿每天正常尿量 500～600 mL，新生儿每千克体重每小时尿量少于 1 mL，婴儿每天尿量少于 200 mL 为少尿。

（3）排尿次数。99% 的新生儿在出生 24 小时内开始排尿，最初几天因摄入少，每日排尿仅 4～5 次，一周后增至每日 20～25 次；1 岁时每日排尿 15～16 次，1—3 岁每日排尿 10 次，3 岁后每日 6～7 次。

2. 识别异常小便

（1）小便次数较多，每次尿量较少，小便时疼痛哭闹，可能尿道有炎症。

（2）小便呈金黄色或橘黄色，可能受维生素 B2 等药物影响。

（3）小便呈啤酒色或红色，为血尿，多见于肾炎，此病多见于 3—8 岁的儿童，2 岁以下婴儿少见。有的新生儿由于盐结晶把尿布染红，不算病态。

（4）小便呈棕黄色或茶色，摇晃尿液时，黄色粘在尿盆上，泡沫也发黄，多见于黄疸型肝炎。

（5）小便在寒冷季节排出后变为白色混浊，是由于尿中盐类结晶所致，如加热后溶解为正常现象，如加热后变混则不正常。

婴儿大小便状况能够很好地反映其身体健康状况，如果需要带婴儿去医院就诊，可以在家中提前留取婴儿的大便样，以便到医院能够及时进行化验，尽早得到诊治。

二、更换尿布

（一）尿布的选择

就材质而言，尿布可分为棉布尿布与纸尿裤。棉布尿布柔软舒适、透气性强、不易引起皮肤过敏或尿布疹，而且价格较低，还可重复使用，但清洗、携带不方便。纸尿裤吸收性强、渗透快、方便携带、不必清洗，但透气性较差，长时间使用容易引起皮肤过敏、尿布疹。因此两者可结合使用，婴儿白天使用棉布尿布，晚上睡眠时再用纸尿裤。

（二）棉布尿布的叠法

常用的棉布尿布有长方形和正方形两种，长方形尿布一般为 40 cm 长，16～20 cm 宽，厚度以 3～4 层为佳。正方形尿布一般为 60～65 cm 见方。

棉布尿布可对折成三角形或风筝状，前者适合新生儿及小婴儿；后者适合渐渐长大了的婴儿。

视频：棉布尿布的叠法与更换

（三）更换尿布的方法

1. 准备

提前准备好干净的尿布、湿纸巾、婴儿隔尿床垫、软毛巾、一小盆温水、护臀膏。护理人员清洁、温暖双手。

2. 清洁婴儿的臀部

解开尿布或纸尿裤，如果是尿湿了，轻提婴儿双足，用尿布清洁端自上而下擦净会阴及臀部，如果尿布上有粪便或婴儿会阴部、臀部被污染时，将脏尿布对折于臀下，用湿纸巾自上而下地轻轻擦拭，用温水自上而下清洗会阴、腹股沟、肛门周围，用软毛巾拭干。

3. 更换尿布

（1）更换棉布尿布。

更换时，轻提婴儿双腿，将三角形尿布的底边放于婴儿臀下，女婴容易尿湿后面，将加厚部分垫在臀下，男婴容易尿湿前面，将加厚部分放在会阴部的上方。将干净尿裤的前片向上拉起盖住婴儿的腹部，放下双腿，用尿布带或尿布扣固定布尿布。如果是新生儿，注意要让尿布的后片比前片长一些，以免前片摩擦宝宝的脐带残端。

（2）更换纸尿裤。

轻提婴儿双腿，将有粘胶纸的一边放在婴儿的后腰处，另一边要从婴儿的两腿间搭过来。粘好纸尿裤两侧的粘扣，确保不松不紧。整理好尿布，尤其是大腿根部和腰部位置的尿布。

新生儿的大小便完全是无条件反射。由于新生儿皮肤防御功能差，皮肤柔嫩，易感染，尿布湿后应及时更换，大便后应及时清洗，预防尿布疹。

三、培养婴儿良好的排便习惯

1—2 岁的婴儿在固定时间训练坐盆：睡前睡后、哺乳前后、外出前后，每次坐盆不超过 5 分钟。帮助 2 岁以后的男孩站立排尿。3 岁婴儿可训练自己脱裤子、坐盆、擦屁股。

婴儿良好的排便习惯应随着身心的发展逐步建立。婴儿的便盆设计要安全，且便盆要远离婴儿游戏的地方，防止分散婴儿的注意力。当婴儿意外大小便时，不要责怪，应正确引导，逐渐培养独立性和生活自理能力。

反思提高

一、思考

如何训练婴儿使用坐便器?

二、讨论分析

如何正确选择和使用尿布?

三、技能操作

操作内容：婴儿便后的清洁操作。

操作准备：婴儿娃娃、棉布尿布、尿布桶、湿纸巾、婴儿隔尿床垫、软毛巾、一小盆温水、护臀膏。

操作要求：按规范要求对女婴进行便后清洁的操作。

核心知识三　清洁与卫生

【课前任务】 观摩月嫂培训机构的培训内容，分析培训内容的优劣，写出分析报告（不少于 500 字）。

一、婴儿身体的清洁与护理

清洁不仅是为了保持皮肤的卫生与健康，同时还要培养婴儿谦让、讲卫生的好习惯，提高婴儿的生活自理能力。婴儿身体的清洁主要包括：洗手、洗脸、洗脚、洗臀部、洗澡等。

视频：教婴儿洗手

（一）洗手

1. 0—1 岁婴儿

可用软毛巾轻擦婴儿的手指，把指头轻轻分开，擦净里面的污垢。

2. 1—3 岁婴儿

教会婴儿七步洗手法。

洗手儿歌

（二）洗脸

将洗脸的小毛巾放入温水中，轻轻拧干，对折两次，呈四角重叠的“近似正方形”。

（1）先清洗眼睛：用小毛巾两个小角分别清洗宝宝眼睛，从眼角内侧向外轻轻擦拭（图 3-3-1）。

（2）换毛巾一角，清洗鼻子、口周。

（3）换毛巾一面，由内向外清洗前额、脸颊、颈部。

（4）换毛巾一角，清洗两个耳朵、耳郭及耳后。

（三）洗头

操作者左臂及腋下夹住婴儿臀部及下肢，左前臂托住婴儿背部，左手掌托住婴儿的头颈部，使婴儿脸朝上，左手拇指与中指分别将婴儿双耳郭向前按住，防止水流入耳内。右手将婴儿的头发蘸湿，取适量浴液于掌心并在洗澡水内过一下，然后在婴儿头上轻轻揉洗一段时间，再用清水洗净，最后擦干头发（图 3-3-2）。

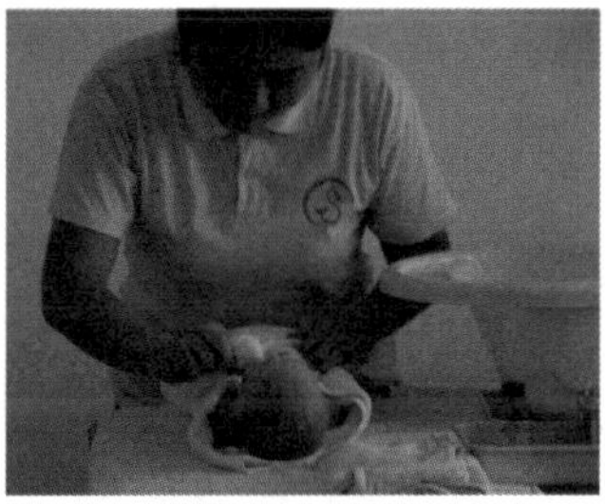

图 3-3-1　清洗眼睛

图 3-3-2　洗头

（四）洗澡

1. 洗澡的益处

（1）清洁皮肤。婴儿皮肤娇嫩，分泌多，代谢旺盛，皮肤的皱褶处，如颈部、腋下、腹股沟处（大腿根部），有许多污垢，需要及时清洗皮肤破损还容易引起细菌感染。

（2）促进新陈代谢。洗澡不仅对宝宝皮肤产生良性刺激，还能促进全身血液循环，有利于新陈代谢。

（3）有利于体温调节。水的热传导能力比空气高 30 倍，对新生儿体温调节中枢的逐渐成熟起很大作用。新生儿皮肤与水的全面接触，可改善皮肤的触觉能力和对温度、压力的感知能力，对提高宝宝的环境适应能力很有益处。

2. 洗澡前的准备

（1）操作者的准备。操作者应衣帽整洁、穿戴工作服，指甲应剪短，并取下手表、戒指等，前胸口袋内避免有坚硬尖锐物，以免划伤婴儿。操作者还应清洁、温暖双手。

（2）环境准备。洗澡前应关闭门窗、空调、电风扇，使室内温度达到 26~28 ℃。

视频：给婴儿洗澡

水温应保持在37~39 ℃，先放冷水，然后再放热水调试，最好用水温表测温度，如不具备可用肘部皮肤试水温，以不烫为好。可播放柔和的音乐营造愉悦的洗澡气氛。

（3）婴儿的准备。给新生儿洗澡应在喂奶前后1~1.5小时进行，婴儿哭闹时需要暂停洗澡。

（4）沐浴用品准备。准备专用浴盆；准备护理用品，如清洁干燥的包被、大浴巾一条，小毛巾两条（一条洗脸、一条洗臀部）、婴儿换洗衣物及尿片、水温计。准备洗浴用品，如专用洗发液、沐浴露、润肤露、护臀膏、爽身粉等。准备治疗用物，如75%的酒精、消毒棉签（新生儿用）。

3. 洗澡的步骤

给婴儿脱去衣服，去掉尿布，露出全身，裹上浴巾，先按前述要求洗脸和头，然后按下述步骤进行。

（1）洗前身。洗完头面部后，去掉浴巾，操作者左手横过婴儿肩后固定于婴儿左腋下，婴儿的头枕在操作者左臂上，右手握住婴儿左腿及腹股沟处，轻轻将婴儿放入浴盆。用清水打湿婴儿上身，右手用小毛巾蘸上少许沐浴露，让婴儿头微微后仰，依次清洗颈下、前胸、上肢、腹部、下肢、皱褶处（腋窝腹股沟等）、生殖器（图3-3-3）。

（2）洗后背。换右手横过婴儿胸前，固定于婴儿左腋下，让其趴在右手臂上，依序清洗背部、臀、下肢等部位，然后用清水将泡沫冲洗干净（图3-3-4）。

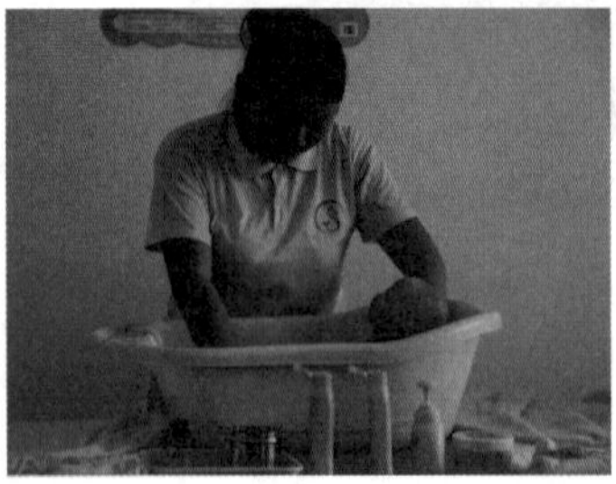
图3-3-3 洗前身

图3-3-4 洗后背

（3）蘸干。将婴儿抱出浴盆，用大浴巾将全身擦干（尤其是耳后、关节及皮肤皱褶处），将婴儿放在铺有干净床单的床上或桌子上，盖上小被子，准备做浴后护理。

整个洗澡时间为5~10分钟。

4. 浴后护理

图3-3-5 脐部护理

（1）脐带护理。若为新生儿洗澡，可用75%酒精沾湿无菌棉签2支，于脐根部由内向外做环形消毒（图3-3-5）。

（2）眼护理。用棉签轻轻清除眼部分泌物。

（3）耳护理。检查耳孔有无分泌物，若有，则轻轻用棉签清除。

（4）鼻护理。鼻孔中若有鼻痂，可用棉签蘸温开水，轻轻擦拭。

做完浴后护理后即可给婴儿放置尿片、穿上衣服。

二、照料婴儿穿脱衣服

（一）穿衣服

1. 穿开衫衣服

将衣服平放在床上，将婴儿轻轻放在衣服上，脖子对准领口处，将一只袖子卷成圆圈状，成人一手从袖圈中穿过，另一手握住婴儿肘关节使肘关节自然弯曲，将小手伸向袖子中，并轻轻把婴儿的小手拉出来，另一侧以同样的方式进行，如果是有带子的衣服，将带子系上，如果是系扣子的衣服，应依序由下往上将扣子扣好。

视频：给婴儿穿衣服

2. 穿套头衣服

将衣服卷成圆圈状，双手撑开领口，然后从婴儿头部（先头后面，再头前面）套过。可一边和婴儿说话一边进行，以分散婴儿的注意力。然后把一只袖子卷成圆圈状，成人手从袖圈中穿过后握住婴儿的手腕从袖圈中轻轻拉出，再以同样的方式穿另一只袖子。最后将衣服拉平。

3. 穿裤子

先将一只裤腿折叠成圆圈状，手从圆圈中穿过去后握住婴儿的足腕，将脚轻轻地拉过来；另一只裤腿以同样方式进行。穿好两只裤腿之后抬起婴儿的双腿，把裤子拉直，轻轻抱起婴儿把裤腰提上去包住上衣，并把衣服整理平整。

4. 穿连体衣服

应先把所有的扣子都解开，让婴儿平躺在衣服上，脖子对准衣领的位置，先穿手臂，再穿裤腿。

注意给婴儿穿衣服时动作一定要轻柔，要顺着其肢体弯曲和活动的方向进行，不能生拉硬拽，以免伤到婴儿。

（二）脱衣服

给婴儿脱衣服时，先脱裤子，再脱上衣。

1. 脱裤子

让婴儿平躺在床上，松开上衣下摆，一手将婴儿双腿轻轻提起，另一手将裤腰退至臀下，然后再轻轻将裤子完全脱下。

2. 脱上衣

如果脱开衫衣服，可将衣带解开或将扣子从上往下依次解开，将一侧袖子卷成圆圈状，轻轻拉出婴儿的小手，另一侧以同样的方式进行。

如果脱套头衫，要先把衣服卷到颈部，轻抓婴儿肘部，将手臂从袖中轻轻拉出；最后撑开领口，先从头部前面，再从头部后面脱下衣服。

（三）打襁褓

1.“蜡烛包”的危害

婴儿的小腿稍向外弯曲，是子宫内的环境造成的，属于正常的生理现象，随着生长发育会自然变直。把婴儿的双臂紧贴躯干把腿拉直，用毯子或棉布包裹在外面并且用带子捆绑起来，俗称打“蜡烛包”。“蜡烛包”会限制婴儿胸部的运动，影响胸廓和肺的发育；使婴儿四肢活动失去自由，肌肉和关节的神经感受得不到应有的刺激，影响大脑和全身的发育。

视频：给婴儿打襁褓

2. 打襁褓的方法

先把包被完全打开放在平坦的地方，让宝宝仰面躺在包被的对角线的顶部。再将一侧的角拉起，贴着宝宝的一侧肩膀，包住宝宝后对折后放在宝宝的臀下。然后叠起宝宝脚下包被的末端，折向胸前，注意脚下留出一些空余，让宝宝腿脚有活动空间。最后将包被另一侧角拉起，折放于身体另一侧身下。

三、物品的清洁与消毒

婴儿的抵抗力弱，适应外界环境能力较差，对各种疾病容易感染，因此保持婴儿卧具、餐具、玩具、家具（简称“四具”）的清洁，做好消毒工作，预防疾病，是保护易感婴儿的有效措施，能够促进婴儿健康成长。

（一）清洁、消毒与灭菌

1. 清洁

清洁是指通过除去尘埃和一切污秽以减少微生物数量的过程。清洁是在物品消毒灭菌前必须经过的处理过程，有利于提高消毒、灭菌的效果。常用的清洁方法有水洗、清洁剂或去污剂去污、机械去污、超声清洗等。

2. 消毒

消毒是用物理、化学或生物的方法清除或杀灭环境中、媒介物上除芽孢以外的所有病原微生物的过程。

3. 灭菌

灭菌是指用物理或化学方法杀灭或消除传播媒介上的一切微生物。

（二）常用的消毒方法

1. 机械性消毒法

机械性消毒法就是用机械的方法，如清扫、洗刷、擦拭、通风等清除病原体，是最普遍、最常用的消毒方法。

2. 物理消毒法

物理消毒法是利用物理方法将病原微生物清除或杀灭的方法。常用的有日晒、紫外线灯、煮沸和高压蒸汽消毒法。

（1）日晒法：是利用阳光中的紫外线对物品进行消毒的方法。日晒时间以3~6小时为宜，应不断地翻晒，因为日光中的紫外线穿透力很弱。日晒法适用于衣物、被褥、书籍、玩具等物品的消毒。

（2）紫外线灯消毒法：可用于玩具、室内空气的消毒。紫外线灯可直接照射在物体的表面，也可用于空气消毒，对被污染的房间需照射 2 小时，紫外线杀菌的效果与距离成正比，距离越近，杀菌力越强。用紫外线灯消毒，必须注意室内应清洁无尘土，因紫外线被尘土吸收后，杀菌能力就会减弱。紫外线灯消毒应在无人的场所使用。

（3）煮沸法：是最简便可行的消毒方法。将被消毒的物品全部浸入水中，水开后再煮 10~30 分钟。此法适用于不怕高温、潮湿的物品消毒。

（4）高压蒸汽灭菌法：是将金属器械、器皿、敷料、被服等放入高压灭菌器中消毒的方法。

3. 化学消毒法

在疾病的预防工作中，常用化学药品的溶液来进行消毒。常用的化学药品有酒精、碘酒、84 消毒液等。

（三）“四具”的清洁与消毒

1. 卧具的清洁与消毒

每周清洗及晾晒一次被褥。清洗时应使用检验合格的中性、无磷洗衣液（最好是婴儿专用）。如果是被大小便污染过的被褥，应先清除污物后再进行清洗。应每天用清洁的湿布擦拭婴儿床。

2. 餐具清洁与消毒

（1）奶具的清洗。给婴儿喂完奶后，应立即将奶瓶、奶嘴清洗干净。清洗时先用热水涮洗，再用奶瓶刷刷洗奶瓶内部，特别要注意仔细刷洗奶瓶颈部及螺纹处。清洗奶嘴时，要用水冲过洞孔，如果有奶渍凝结在奶嘴上，可先用热水浸泡，等奶渍变软后再用奶瓶刷刷掉。最后用流动的自来水反复冲刷干净。

（2）奶具的消毒。

① 煮沸消毒法：准备一个清洁的不锈钢煮锅，内盛冷水，水面要完全覆盖所有已经清洗过的奶具。玻璃奶瓶要与冷水一起煮沸，等水烧开后 7 分钟后再放奶嘴、瓶盖，盖上锅盖再煮 2~3 分钟后关火，放至水稍凉，用夹子取出。瓶盖、奶嘴在水中沸腾 3 分钟时取出，奶瓶在水沸腾 10 分钟后取出。若为塑料奶瓶，要等水沸腾后，再与奶嘴、瓶盖一起放入消毒。

② 微波炉消毒法：奶瓶、奶嘴分开放置，采用蒸汽微波法，用最高温加热 2 分钟，取出后放置在消毒的碗柜中，盖上干净纱布备用。

③ 紫外线消毒法：可将洗净后的奶具放入带紫外线或臭氧功能的消毒柜中，开启相应功能 30 分钟即可完成消毒。

（3）碗筷的消毒。一般用流动水洗净后将碗筷放到沸水中煮 15~20 分钟或放入消毒柜消毒。

3. 玩具的清洁与消毒

婴儿玩具必须是经国家有关部门检验合格的玩具，不仅安全性能要达标，而且要符合卫生标准，不宜携带细菌、病毒。婴儿很容易通过抚摸、啃咬玩具而受到病菌的感染，所以要经常定时对婴儿的玩具进行清洗和消毒。

婴儿的玩具可由各种材料制作的，如塑料、橡胶、金属、木制、棉布及绒毛等，不同材料制作的玩具有不同的消毒方法，可根据实际情况决定。如对塑料、铁或木制的玩具可先清洗，然后用 0.5% 的 84 消毒液浸泡；对棉布、绒毛类的玩具可在洗净后拿到太阳下暴晒，以达到消毒的目的，每周 1 次。图书的消毒主要是通过阳光暴晒 3~6 小时，每两周至少通风晾晒一次。

4. 家具清洁和消毒

婴儿的手、口动作较多，自我控制能力较差，所以在婴儿活动范围内的家具每天都需要进行清洁和消毒。一般在用干净的湿布擦拭灰尘后，用专用消毒液擦拭 2~3 遍，滞留 10 分钟，再用清水抹两遍将消毒剂的残余去除。

反思提高

一、思考

如何营造和选择有益于婴儿健康和生长的环境？

二、讨论分析

宝宝不喜欢洗头怎么办？

三、技能训练

操作内容：指导 3 岁婴儿洗手。

操作准备：婴儿肥皂，流动水，擦手小毛巾。

操作要求：能够按照完整的洗手流程进行洗手操作，重点突出七步洗手法。

四、咨询答疑

请收集能用本核心知识回答的 20 个家长育儿问题，并写出答案。

本章能力训练、自我测试、推荐阅读

第四章　婴儿常见疾病与意外伤害的护理

着重关注：

婴儿常见疾病的护理及预防措施；
婴儿常见传染病的护理及预防措施；
婴儿常见意外伤害的应急处理方法。

难点理解：

婴儿常用护理技术；
心肺复苏急救术。

名词术语：

脉搏、维生素D缺乏性佝偻病、营养性缺铁性贫血、单纯性肥胖、上呼吸道感染、肠套叠、鹅口疮、手足口病、惊厥、晕厥、心肺复苏。

核心知识一　常用护理技术

【课前任务】尝试为0—3岁婴儿测体温、测脉搏、测呼吸、喂药，在课堂上交流操作中出现的问题及注意事项。

一、测体温

体温表是用来测量体温的仪器，又叫体温计，常见的种类有水银体温计（图4-1-1）、电子体温计（图4-1-2）、可弃式体温计等。

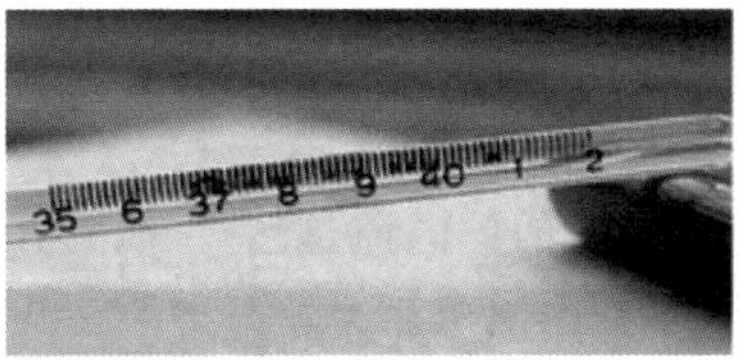

图4-1-1　水银体温计

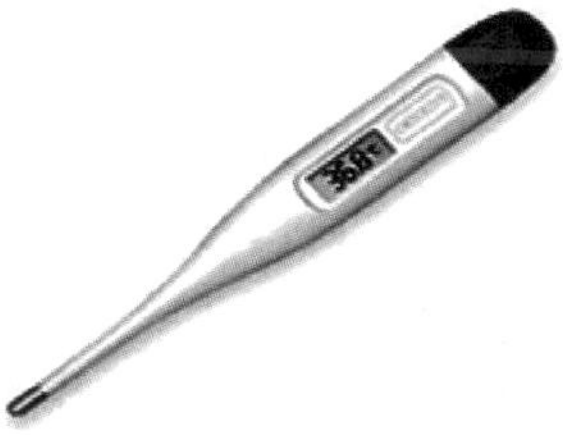

图4-1-2　电子体温计

水银体温计由玻璃制成，玻璃棒外标有摄氏温度值，自 35 ℃到 42 ℃，每一摄氏度用短线标出十个小格，在 0.5 ℃和 1 ℃的地方用较粗且长的线标记，在 37 ℃处有一醒目标志。玻璃棒的一端为水银槽，里面装有水银，水银遇热会上升到某一刻度，测体温的人把体温计夹在腋下，以水银上升后的读数来确实体温。电子体温计采用电子感温探头测量体温，测得的温度直接由数字显示。

1. 测量方法

常见的体温测量方法有三种，分别为腋下测量法、口腔测量法和直肠测量法。腋下测量法既安全又卫生，是最常用的体温测量方法。

测量前，先要查看体温表的水银线是否在 35 ℃以下，查看读数时，用一只手捏住体温表的上端（即没有水银球的一端），使表和眼睛平行，轻轻来回转动体温表，就可清晰地看出水银线的度数。如果水银线的度数超过了 35 ℃，可捏住没有水银球的那一端，向下、向外轻轻甩几下，使水银线降到 35 ℃以下。

先擦去被测婴儿腋窝下的汗，然后把体温计的水银端放在婴儿腋窝正中，水银端不能伸出腋窝外，让婴儿屈臂过胸，成人可扶着他的手臂以夹紧体温计。5 分钟后取表、读数、记录。

2. 注意事项

婴儿刚洗过澡、哭闹时、吃奶后、吃饭后，不宜马上测体温。测体温最好在进食 30 分钟以后，在婴儿安静状态下进行。对于发热的婴儿，每 1～2 小时测一次体温，待体温正常后，每日可测两次体温。体温计用后，要用 75% 的酒精消毒，以备下次再用。

3. 异常体温的护理

一般而言，当腋下温度超过 37 ℃或口腔温度超过 37.3 ℃，一昼夜体温波动在 1 ℃以上可称为发热。以口腔温度为例，发热程度可分为：低热 37.3～38.0 ℃，中等热 38.1～39.0 ℃，高热 39.1～41.0 ℃，超高热 41.0 ℃以上。

当婴儿出现低热时，一般不需要特别处理。给患儿多喝温开水、青菜水和水果汁，多排尿、注意休息，均可帮助降温。当体温达到 38 ℃以上时，可考虑物理降温或药物降温。

（1）物理降温。物理降温是发热常用的降温方法，物理降温的方法很多，包括头部冷敷、温水擦浴、使用退热贴等。

头部冷敷是将湿毛巾敷在患儿的前额部，每 5～10 min 更换一次。温水擦浴是用 32～34 ℃的温水，擦拭患儿的腋窝、肘部、腹股沟、腘窝等血管丰富的部位。胸部、腹部等部位对冷刺激敏感，最好不要擦拭。出疹的婴儿发热时不要用温水擦浴降温。

退热贴目前已成为我国家庭的常备降温品。

（2）药物降温。如果经过物理降温处理，患儿的体温还是超过 38.5 ℃，可选用药物降温。药物降温主要是服用退热药或打退热针。服退热药应间隔 4 小时以上。

二、测脉搏

在每个心动周期中，由于心脏的收缩和舒张，动脉血管内的压力发生周期性的变化，导致动脉管壁产生有节律的搏动，称为动脉脉搏，简称脉搏。每分钟脉搏搏动的次数称脉率。

1. 测量方法

凡是靠近骨骼的表浅大动脉均可作为测量脉搏的部位。如小儿腕部脉搏不宜扪及，可测颈动脉或股动脉搏动。测时可用食指、中指、无名指指端轻轻按于颈动脉或股动脉处，压力大小以清楚触到脉搏为宜（图 4–1–3）。一般情况下测 30 秒钟，测得数值乘以 2，脉搏异常者应测 1 分钟。正常脉率为：新生儿 120～140 次 / 分；1～5 岁 90～120 次 / 分；6～9 岁 80～100/ 分。一般体温每升高 1 ℃，成人脉率增加 10 次 / 分，儿童增加 15 次 / 分。

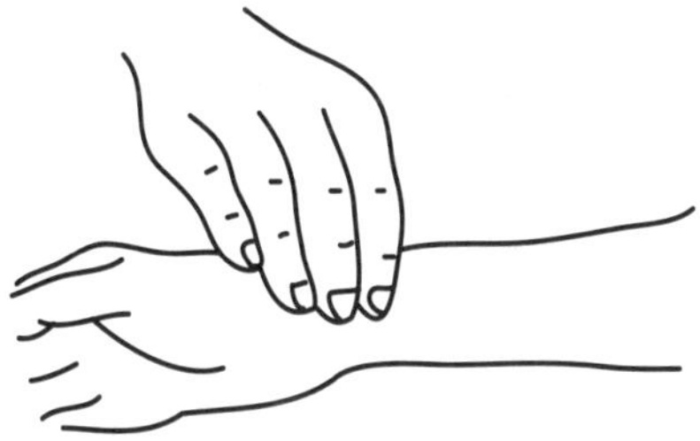

图 4–1–3　桡动脉脉搏测量法

2. 注意事项

脉搏受活动、哭闹、情绪变化等因素的影响，为减少误差，应在婴儿熟睡或安静时测量。

三、测呼吸

呼吸是维持机体代谢和生命活动所必需的基本生理过程之一。呼吸与脉搏的比例为 1∶4。成年男性及儿童以腹式呼吸为主，成年女性以胸式呼吸为主。

1. 测量方法

测时可将手放在婴儿胸、腹部，或直接观察呼吸时胸腹起伏次数，一起一伏为一次呼吸，测 1 分钟，记录结果。若因种种原因，呼吸微弱，可用棉线贴近鼻孔外边缘，观察棉线的摆动次数。正常呼吸频率为：新生儿 40～45 次 / 分，1—5 岁 25～30 次 / 分，6—9 岁 20～25 次 / 分。体温每升高 1 ℃，呼吸频率增加 3～4 次 / 分。

2. 注意事项

呼吸频率受运动、啼哭、精神变化等因素影响，应在婴儿安静时测量。

四、翻眼皮

1. 方法

翻上眼皮：让婴儿眼向下看，用拇指及食指轻拉上眼皮中部皮肤，在食指向下压的同时，拇指向上卷，即可将上眼皮翻转。

翻下眼皮：让婴儿向上看，用拇指向下牵拉下眼皮即可。

2. 注意事项

翻眼皮前要把手洗干净。

五、滴眼药

1. 方法

（1）眼药水滴用法。操作者操作前应先洗手，核对药名及婴儿姓名。婴儿取坐位或仰卧位，让其头稍向后仰，并向患眼侧倾斜，如果眼部有分泌物，先用消毒棉签拭净，再用棉签或左手食指轻轻向下拉开婴儿下眼睑，眼向上看。右手拿滴药瓶，距眼 2~3 cm，将药液滴在下眼睑内的结膜囊内，每次 1~2 滴。滴药后，可以轻轻提起上眼睑，防止药液马上流出来，然后让婴儿轻闭双眼 2~3 分钟。

（2）眼药膏涂用法。可将装在软管内的药膏挤出少许，自双眼外侧（颞侧）轻轻挤入眼皮内，合起上下眼皮，用手轻揉数秒钟，以助药膏在眼内扩散，再用消毒棉球将溢出的药膏擦掉。

2. 注意事项

（1）滴眼药前先核对药名、用药时间、婴儿姓名。

（2）操作者要洗净双手，若婴儿眼部有分泌物，可用棉签将眼部分泌物擦净。

（3）若刚从冰箱内取出的眼药水，要在室温下放一会儿再用。

（4）勿将眼药水直接滴在角膜（即黑眼珠）上。滴时药瓶口不能接触到眼睑。

六、鼻腔滴药法

1. 方法

（1）协助婴儿清除鼻内分泌物，清洁鼻腔。

（2）让婴儿仰卧，肩下垫枕头或头悬于床缘，头尽量后仰，使头部与身体成直角；或取坐位，背靠椅背，头后仰，鼻孔朝上。

（3）在距鼻孔 2~3 cm 处将药液滴入鼻孔，每侧 2~3 滴，轻轻按压鼻翼，使药液均匀分布在鼻腔黏膜上，并进入鼻道。

（4）滴药后保持原姿势 3~5 分钟。

2. 注意事项

（1）滴药后提醒患儿暂时不要擤鼻子。

（2）滴药后药液可能会流入咽后部，婴儿会因药液的异味而感到不适，可用温水漱口。

七、滴耳药

1. 方法

（1）让婴儿侧卧，使病耳向上，用消毒棉球轻轻擦净外耳道分泌物。

（2）一手轻轻向后下方牵拉耳郭，将外耳道拉直，另一手将药液顺外耳道后壁滴入2~3滴，轻按耳屏，使药液流入耳道四壁及中耳腔内。

（3）让患儿保持原姿势3~4分钟。

（4）在外耳道口塞入干棉球，以免药液流出。

2. 注意事项

（1）若刚从冰箱内取出滴耳液，要在室温下放一会儿再用，药液温度以接近体温为宜，否则会引起眩晕、恶心、呕吐等不良反应。

（2）如果双耳均需用药，在滴完一侧几分钟后再滴另一侧。

（3）对婴儿要严格掌握药物剂量。

八、喂药

1. 方法

（1）给婴儿喂药可将药片研成细小粉末，放在小勺里，用温开水或糖水调匀。

（2）将婴儿抱在怀里，使其呈半仰卧位，头部稍高些，婴儿面部稍偏向一侧。

（3）用拇指和食指轻捏婴儿双颊，把小勺从婴儿的嘴角伸进去，轻轻压住他的舌头，趁其下腭往上抬时慢慢将药喂下，待其将药咽下去后再取出小勺，松开双颊。

（4）喂完药后，可喂少量糖水，免得药物刺激胃黏膜，引起呕吐。

2. 注意事项

（1）对2岁以上的儿童，要鼓励他自己吃药，不要吓唬他，不要捏着鼻子硬灌，也不要把药掺菜里，饭菜变了味不仅会引起呕吐，还会影响食欲。

（2）婴儿大声哭叫或吸气时不能喂药，以免发生呛咳；如果婴儿服药后不久吐了，则应视情况补服药物的半量或全量，以免因药量不足而影响治疗效果。

九、简易通便法

当婴儿出现便秘时，可用以下三种方法为其通便。

1. 肥皂条通便法

将普通肥皂削成圆锥形，蘸少许温水以增强其润滑度，而后轻轻塞入肛门，利用肥皂的机械刺激，引起排便。

2. 开塞露通便法

开塞露内装甘油。使用前将管口的瓶盖拧开，挤出少许液体，先润滑管口，然后轻轻插入肛门，再挤压后端使药液射入肛门内，起到润滑作用。让婴儿尽量憋一会，再排便。

3. 手抠干大便法

如婴儿长时间不能排便，多量干硬大便堆积在直肠内，用以上方法通便都无效时，可用塑料薄膜裹上食指（也可戴橡皮手套），用油润滑手指轻轻插入肛门，抠出积存在肛门中的硬粪块。

反思提高

一、思考

婴儿高热如何降温?

二、讨论分析

婴儿发热了需不需要输液?

三、技能操作

操作内容：测体温（2 岁的婴儿）。

操作准备：体温表 1 支，酒精棉球，手表。

操作要求：给婴儿测体温，测后读数，判断发热情况，阐述护理方法。

核心知识二　婴儿常见疾病的护理及预防

【课前任务】 学生每 3~5 人组成一个小组，访谈 10 个 0—3 岁婴儿家庭，了解婴儿患病情况（疾病名称、年发病次数、典型症状、治疗方法、护理措施、预防方法）。在课堂上交流。

一、常见营养性疾病

（一）维生素 D 缺乏性佝偻病

由于缺乏维生素 D，体内钙、磷的吸收和利用受到影响，会产生一种以骨骼病变为特征的全身慢性营养性疾病，即维生素 D 缺乏性佝偻病。多见于 2 岁以下的婴儿，北方佝偻病的患病率高于南方。随着我国社会经济文化水平的提高，此病的发病率逐渐降低，病情也趋于轻度。

1. 病因

（1）日光照射不足。人体所需的维生素 D，主要是由皮肤中的 7- 脱氢胆固醇受紫外线照射后产生。婴儿若缺少户外活动，尤其是北方冬季日光照射不足及紫外线不能通过玻璃窗，机体缺乏维生素 D，可致此病发生。

（2）生长速度过快。骨骼生长速度与维生素 D 和钙的需要量成正比。婴儿出生后生长速度快，易发生维生素 D 缺乏性佝偻病，早产、双胎、低体重儿更易发生。

（3）疾病影响。胃肠道（如患慢性腹泻）或肝胆疾病等会影响机体对维生素 D 的吸收。

（4）喂养不当。人工喂养的婴儿佝偻病的发病率多于母乳喂养，牛奶中钙、磷的比例不当，机体吸收较差。另外，过多进食含有大量植酸的谷类食物，植酸与钙结合形成不溶性的植酸钙，也影响钙的吸收。

（5）先天因素。若孕妇缺乏维生素 D，导致胎儿体内贮存维生素 D 不足，也会造成婴儿的维生素 D 缺乏性佝偻病。

2. 症状

（1）早期症状。以神经兴奋性增高为主要表现，易激动、睡眠不安、夜间哭闹、多汗。多汗与室温、季节关系不大，因头部汗水的刺激，头皮痒，患儿经常摇头擦枕，致枕部头发脱落，称“枕秃”（图 4-2-1）。

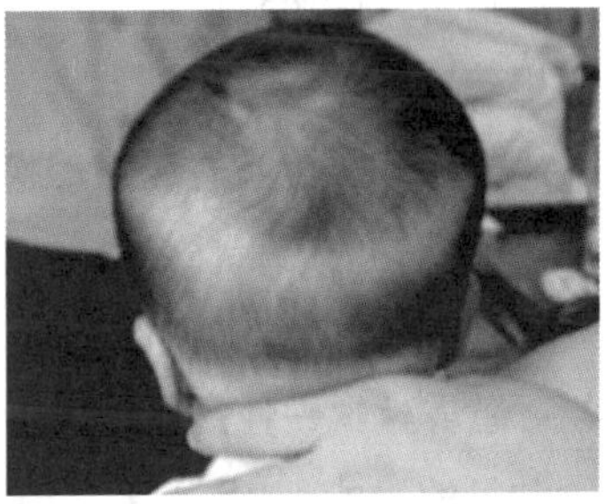

图 4-2-1　枕秃

（2）骨骼改变。

① 头部。6 个月以内婴儿可见颅骨软化，即用手固定婴儿头部，指尖稍用力压顶骨后部或枕骨中央部，可有压乒乓球的感觉，故称乒乓头；7~8 个月时出现方颅；前囟闭合较晚，1 岁半尚未闭合；乳牙萌出较晚。

② 胸部。胸部畸形多见于 1 岁左右婴儿。肋骨和肋软骨交界处突起像串珠，称串珠肋；胸骨柄向前突出形成鸡胸；若剑突内陷则形成漏斗胸。这些胸廓畸形均可影响呼吸功能。

③ 四肢。6 个月以上患儿腕、踝部肥厚的骨骺形成钝圆形环状隆起，称佝偻病手镯（图 4-2-2）、脚镯（图 4-2-3）；开始行走后下肢弯曲，呈 O 形腿、X 形腿。

图 4-2-2　佝偻病手镯

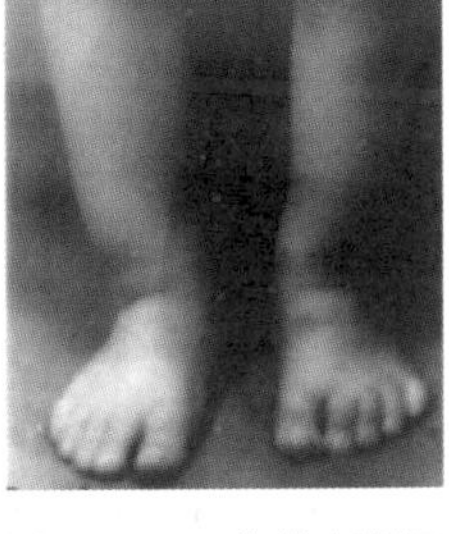

图 4-2-3　佝偻病脚镯

④ 脊柱。患儿久坐后可引起脊柱后凸或侧弯，重者会引起骨盆畸形。

（3）肌肉改变。由于肌肉、韧带松弛，婴儿坐、立、行等动作发育较正常婴儿晚。

3. 治疗

治疗佝偻病需要注意日常饮食及护理，供给足量的维生素 D，多晒太阳，避免负重，防治并发症。

4. 护理

（1）病儿体弱、多汗，应注意冷暖，随气温变化增减衣服。

（2）按医嘱用药，不可滥用鱼肝油或维生素 D 针剂，以免过量中毒。

5. 预防

（1）增加户外活动。多在户外活动，接受阳光中紫外线的照射，夏季可在阴凉处活动，尽量暴露皮肤，但应避免暴晒；冬季也要保证每天 1~2 小时的户外活动时间，冬季在室内活动时要开窗，让紫外线透过。

（2）补充维生素 D。增加富含维生素 D、钙、磷和蛋白质的食物。提倡母乳喂养，及时添加蛋黄、肝泥等辅食，可获得一部分维生素 D。北方因冬季寒冷漫长，婴儿出生两周后可开始服鱼肝油，用量遵医嘱。2 岁以后，常在户外活动且生长发育正常，可不再服药。

（3）积极治疗胃肠道等疾病。

（4）预防先天性佝偻病。孕妇应多吃含钙丰富的食物，多晒太阳。

（二）营养性缺铁性贫血

营养性缺铁性贫血是由于体内缺乏铁，致使血红蛋白合成减少导致，是婴儿贫血中最常见的一种，3 岁以下发病率较高。

1. 病因

（1）先天储铁不足。胎儿从母体所获得的铁足以满足出生后 4~5 个月造血之需。如果孕母患有严重的缺铁性贫血等可致胎儿储铁不足，容易发生缺铁性贫血，早产儿及多胎产儿先天储铁少。

（2）饮食铁摄入不足。饮食铁摄入不足是小儿缺铁性贫血的主要原因。乳类含铁甚微，单纯母乳喂养如不及时添加含铁丰富的辅食，可致贫血。另外，稍大些的孩子能可因挑食、偏食，致铁摄入量不足。

（3）生长发育过快。婴儿生长迅速，对铁的需要量相对较多，如不注意供给富含铁的食物，容易发生贫血。

（4）疾病影响。慢性腹泻、营养不良会导致铁的吸收发生障碍，肠道寄生虫、慢性失血等导致铁过多丢失，也易造成贫血。

2. 症状

（1）面色苍白、乏力、精神不振，较大婴儿可诉头晕、眼前发黑、耳鸣等。

（2）呼吸、脉搏次数加快，活动后心慌、气促。

（3）食欲减退，少数可有异食癖（嗜食泥土、煤球、生米等）。

（4）长期贫血影响身体发育和智力发展。

3. 治疗

主要治疗方式为饮食治疗和补充铁剂。

4. 护理

（1）休息。要安排好患儿的休息和日常生活，居住环境要安静、空气要新鲜。可适当安排室外活动和体育锻炼。

（2）合理饮食。要多给患儿吃含铁和蛋白质的食品，如鸡蛋、瘦肉、肝、绿叶蔬菜、水果、豆浆等。

（3）治疗中的护理。患儿口服铁剂时可引起胃肠道反应，所以要先从少量开始，在饭后服用，以减少刺激。铁剂不能和钙片、牛奶等同时服用，以免影响吸收。

5. 预防

注意孕母的营养，多吃含铁丰富的食物；合理喂养乳儿，及时添加含铁较多的辅助食品，如动物血、内脏等；纠正婴儿偏食、挑食的习惯；积极预防腹泻及感染性疾病；提倡用铁制炊具烹调食物。

（三）单纯性肥胖

单纯性肥胖是由于能量的摄入长期超过人体的消耗，导致体内脂肪蓄积，体重超过一定范围的一种营养障碍性疾病。常见于婴儿期、5—6 岁和青春期。小儿单纯性肥胖在我国呈逐步增多趋势，目前占 5%～8%。

1. 病因

（1）能量摄入过多是肥胖症的主要原因。长期过多摄入淀粉类、高脂肪的食物，超过机体代谢需要，剩余的能量转化为脂肪储存于体内而导致肥胖。

（2）活动量少或者缺乏适当的体育锻炼是发生肥胖的重要因素，虽然摄入不多，但消耗少，也可导致肥胖。

（3）遗传因素。肥胖具有高度的遗传性。

（4）其他原因，如进食过快、精神创伤或心理因素，可导致小儿过量进食。

2. 危害

（1）肥胖不仅会导致行走笨拙，形体不美，且易被嘲笑，导致心理障碍。

（2）肥胖易致扁平足，行走时容易腰痛、腿痛。

（3）因肥胖形成腹部脂肪堆积，横膈上升，使呼吸不畅。

（4）儿时肥胖会增加心血管的负担，为成年后患高血压、冠心病、脂肪肝、糖尿病等埋下隐患。

3. 预防

坚持母乳喂养至少 6 个月，最好 6 个月前不喂除母乳之外的任何食物。在出生后 4 个月时，如果婴儿已肥胖，应注意避免过度喂养，特别是在出生后 6—8 个月时对肥胖儿应适当减少奶量，代之以水果、蔬菜。1—3 岁期间饮食须规律，不要用哺乳的方法制止非饥饿性的哭闹；控制婴儿动物性脂肪和糖类的摄入，注意及早锻炼身体，多活动。

二、常见呼吸系统疾病

（一）上呼吸道感染

上呼吸道感染简称上感，主要指鼻、鼻咽和咽部的急性感染，是婴儿最常见的疾病。该病一年四季均可发生，以冬春季节及气候骤变时多见。一次患病后产生的免疫力不足，可导致重复患病。

1. 病因

由病毒引起的占 90% 以上，少数由细菌引起。病毒感染后可继发细菌感染。气候无常、婴儿受凉、受热、营养不良、体弱及慢性疾病等因素均可诱发此病。

2. 主要症状

（1）局部症状：主要是鼻咽部症状。轻者仅有鼻塞、流涕、打喷嚏、头痛伴咳嗽、咽部不适等症状，经 3~7 天可痊愈。重者经检查可见咽部充血，扁桃体可出现脓性分泌物。新生儿和小婴儿可因鼻塞而出现张口呼吸或拒乳。

（2）全身症状：发热、乏力、烦躁不安、呕吐、腹泻等，3 岁以下患儿可因高热（体温达 39 ℃以上）引起惊厥。

（3）并发症：当炎症扩散时，可引起鼻窦炎、中耳炎、支气管炎及肺炎等。

3. 治疗

（1）一般治疗：充分休息，多饮水，补充维生素 C。

（2）药物治疗：应遵医嘱使用抗病毒感染药物、抗菌药物。

（3）对症治疗：高热可给予物理降温或药物降温，高热惊厥者给予镇静、止惊处理；咽痛者可口服咽喉片。

4. 护理

（1）一般护理：注意休息，减少活动。做好呼吸道隔离，患儿与其他病儿或正常儿分室居住，接触者应戴口罩。保持室内空气新鲜，但应避免空气对流。

（2）发热护理：衣被不可过厚，以免影响机体散热，引起体温进一步升高。体温超过 38.5 ℃时给予物理降温或药物降温。

（3）注意饮食：饮食要以清淡、易消化的食物为主。不要给患儿吃油腻、辛辣的食物和冷饮。

（4）补充水分：因发热、呼吸增快而增加水分消耗，应多喝开水。

（5）提高舒适度：及时清除鼻腔及咽喉部分泌物和干痂，保持呼吸道通畅。鼻塞严重时可借助生理盐水清除鼻腔分泌物，使鼻腔畅通，保证呼吸。

（二）呼吸系统疾病的预防

1. 增强体质

加强体格锻炼，保证充足的户外活动时间，多接触阳光和呼吸新鲜空气。

2. 饮食均衡

保证婴儿得到各种营养素和足够的热量，多饮水。

3. 加强护理

应根据天气变化随时增减衣物。

4. 预防疾病

要保持活动室、卧室空气流通。远离传染源，在呼吸道疾病发病季节，不带婴儿到拥挤的公共场所。

5. 空气消毒

有条件的可用紫外线灯消毒。

三、常见消化系统疾病

（一）腹泻

腹泻是婴儿最常见疾病，是由多病原、多因素引起的，以大便次数增多、大便性状改变为特点。严重腹泻是造成婴儿营养不良、生长发育障碍的原因之一。腹泻多在夏季和秋季发生，以病毒感染的多见。

1. 病因

（1）非感染性腹泻：因喂养不当引起，如喂养不定时，食物的量过多或过少；辅食添加过早、过于突然；对牛奶、大豆过敏；食物不易消化；腹部受凉等。

（2）感染性腹泻：因食物或餐具等被病菌污染而引起，因上呼吸道感染、中耳炎、肺炎、急性传染病等，致消化功能紊乱，均可引起腹泻。

2. 症状

（1）病情轻者，一日泻数次至十余次，大便呈黄色或黄绿色，稀糊状或蛋花汤样，体温正常或低热，尿量、食欲尚正常。

（2）病情重者，一日泻十至数十次，大便呈水样，尿量明显减少或无尿，食欲减退、伴有频繁呕吐。因机体丢失大量水分、无机盐而发生脱水、酸中毒。表现为眼窝凹陷、口唇及皮肤干燥，精神极差，严重时可危及生命。

3. 治疗

治疗原则为预防和治疗脱水、合理用药、调整饮食。

4. 护理

（1）注意腹部保暖。可用暖水袋热敷腹部。便后用温开水洗净臀部。

（2）调整饮食。可适当进食，但量要少，忌生冷、油腻、不易消化食物。母乳喂养儿可继续哺乳，减少哺乳次数，缩短每次哺乳时间，少量多次喂哺，暂停辅食。人工喂养儿可喂米汤、脱脂奶等，腹泻次数减少后，给予流质或半流质饮食，如面条、粥等。严重呕吐者，可暂时禁食 4~6 小时（不禁水），待好转后继续喂食。

（3）及时补液。轻、中度脱水者可口服补液盐，严重脱水者应及时输液，先盐后糖。

5. 预防

（1）合理喂养。提倡母乳喂养，合理添加辅食，合理断奶。

（2）注意饮食卫生。生吃瓜果和蔬菜时要洗净。培养儿童良好的饮食卫生习惯，如饭前便后洗手，不喝生水，不咬手指等。

（3）做好消毒隔离工作。严格做好食具、用具的日常消毒。患儿用的尿布、便盆等要彻底消毒，以免交互感染。

（二）肠套叠

肠套叠是指肠管的一部分套入另一部分，常见为小肠末端套进与它相连的大肠的前端。肠套叠是婴儿时期常见的急腹症，多发生在 4~12 个月内的健康胖婴，且男婴发病率高于女婴。多在夏季发生。

1. 病因

病因尚不完全清楚，可能与饮食的改变（如婴儿对增加辅食不适应），婴儿回盲部系膜未完全固定、活动度较大，肠道内腺病毒、轮状病毒感染有关。

2. 症状

（1）阵发性哭闹。婴儿突然出现阵发性有规律地哭闹，持续 10~20 分钟，伴有手足乱动、面色苍白、拒食、异常痛苦表现，然后有 5~10 分钟或更长时间的暂时安静，如此反复发作。

（2）呕吐。初为奶汁及乳块或其他食物，后转为胆汁样物，1~2 天后转为带臭味的肠内容物，提示病情严重。

（3）腹部包块。在两次哭闹的间歇期检查腹部，可在右上腹缘或脐上触及肿物、稍活动并有轻压痛感。

（4）果酱样血便。婴儿肠套叠发生血便者达 80% 以上。家长往往以血便为首要症状就诊，多在发病后 6~12 小时排血便，早者在发病后 3~4 小时即可出现，为稀薄黏液或胶冻样果酱色血便，数小时后可重复排出。

因此当婴儿出现阵发性的腹痛、啼哭及呕吐时，或是婴儿排出果酱般血便后，要立即带婴儿到医院检查。

3. 护理预防

（1）注意饮食卫生，进食要定时定量，勿过食生冷、寒凉食物。

（2）注意保暖，保护腹部勿受寒冻。

（3）未明确病因之前，不可轻易用止痛药，以免误诊。

（4）灌肠复位后要防止复发。

（三）鹅口疮

1. 原因

鹅口疮的发生多因妈妈怀孕期间阴道白色念珠菌的感染，在分娩时使新生儿受感染；也可能因使用污染的奶具、哺乳时乳头不洁，导致新生儿娇嫩的口腔黏膜发生感染。

2. 症状

口腔黏膜出现白色小点，开始见于舌面或颊黏膜，逐渐融合成大片白膜似的奶块，轻者无明显症状，重者周围充血水肿、疼痛，影响吃奶。

3. 护理预防

（1）可用 2% 苏打水清洗新生儿患处，再用制霉菌素甘油涂于口腔内；每日需坚持 3~5 次，轻症者一般涂药 2~3 次就可治愈。

（2）母亲哺乳前要清洁乳头，新生儿所用食具、奶具、擦嘴毛巾应煮沸消毒后才可使用。

（3）注意口腔护理，每次哺乳后，可给新生儿喂些温开水以清洁口腔。不要用棉签或纱布用力去擦新生儿稚嫩的口腔黏膜。

四、常见皮肤病

（一）湿疹

1. 原因

湿疹是一种比较常见的过敏性皮肤病。引起过敏的原因很多，可因食物引起过敏，如牛奶、羊奶、鱼、虾、蛋等；也可因灰尘、羊毛、化纤等引起过敏。

2. 症状

湿疹多见于两三个月的婴儿。最初在前额、两颊、头皮等处出现小米粒大小的疹子，有痒感，以后有液体渗出，干燥后形成黄色痂皮。因皮肤刺痒，婴儿睡眠不安、烦躁哭闹。湿疹一般在乳儿断奶后可自愈。

3. 护理预防

（1）乳母尽量少吃鱼虾及刺激性食物，多吃含维生素丰富的食物，以免将致敏原经乳汁带给乳儿。怀疑婴儿对牛奶过敏的，可试用其他乳类或乳制品。

（2）选择透气、吸汗的纯棉衣服，不用化纤、羊毛制品做贴身的衣服、帽子等。

（3）保持面部清洁，避免湿疹感染。不要用碱性肥皂给婴儿洗脸。

（4）保持家居清洁，减少室内尘埃飞扬，避免用地毯。

（5）避免饲养有毛的宠物，不种植有花粉的植物。

（6）勤给婴儿剪指甲，以免抓伤皮肤引起感染。

（二）尿布疹

1. 原因

新生儿尿布疹主要是由于大小便后未及时更换尿布，粪便中的脂肪酸、尿中的尿酸等经常刺激臀部皮肤而发生红臀，俗称“腌屁股”。

2. 症状

多发生在新生儿的肛门附近，表现为臀部、会阴部等处皮肤发红，继而出现红斑、丘疹，较重时发生糜烂、溃疡。

3. 护理预防

（1）保持臀部清洁干燥，勤换尿布。

（2）便后用温水清洗臀部及外阴部，并轻轻擦干，薄薄涂一层护臀霜。

（3）局部可涂鞣酸软膏，严重时可理疗。

（4）选用细软、吸水性强的白色或浅色纯棉布作尿布。

（三）痱子、痱毒

1. 病因

痱子是皮肤汗腺开口部位的轻度炎症。夏天气温高，出汗多，使表皮浸软，污垢堵塞汗腺口，形成痱子。痱子会引起皮肤瘙痒，可因搔抓后感染而形成痱毒。多见于肥胖儿童。

2. 症状

（1）痱子多发生在多汗或容易受摩擦的部位，如头皮、前额、颈部、胸部、腋窝、腹股沟等处。痱子初期表现为皮肤出现红斑，继之为针尖大小至米粒大小的红色丘疹或丘疱疹，刺痒。

（2）痱毒初期是小米粒大小的脓疱，逐渐形成豆粒大或杏核大，渐变软、破溃，流出黄稠的脓液。

3. 护理

（1）每日可用温水洗浴，擦干，浴后涂上痱子水。

（2）如果已抓破感染，可用抗生素治疗。

4. 预防

（1）保持通风。夏季注意保持室内通风散热。

（2）皮肤清洁。夏天用温水勤洗澡，勤换衣；及时擦汗。

（3）合理穿衣。婴儿衣服宜宽大、柔软、吸水性强；夜间不让婴儿赤膊睡觉。

五、传染病

（一）传染病概述

传染病是由各种病原体（如细菌、病毒、寄生虫等）引起的，并且能够在人与人、动物与动物、人与动物之间相互传播的一类疾病。

1. 传染病的特性

传染病与一般疾病不同，它的特点是有病原体，有传染性和流行性，感染后常有免疫性，有些传染病还有季节性或地方性。

传染病的病程发展有一定的规律性。每种传染病从发生、发展到恢复一般要经过以下 4 个时期。

（1）潜伏期。从病原体侵入人体到出现最初症状，称为潜伏期。因病原体的种类、数量、毒性及人体免疫力的不同，潜伏期的长短不同。有的数日，如麻疹；有的数月，如狂犬病；有的可达数年。多数传染病的潜伏期较恒定。根据某种传染病的最长潜伏期，可以确定这种传染病的检疫期限。

（2）前驱期。前驱期已具有传染性。急性传染病可能不会出现前驱期，而慢性的传染病有一般性的症状，如头痛、发烧、乏力。

（3）症状明显期。患病后逐渐出现某种传染病特有的症状，如猩红热会出现细密皮疹。

（4）恢复期。主要症状逐渐消失，体温、精神、食欲逐渐恢复正常。但此期间病情有时会恶化或发生并发症。因此恢复期仍需加强护理，直至完全康复。

2. 传染病流行的三个基本环节

传染病的传播和流行必须同时具备传染源、传播途径和易感人群这三个基本环节，缺少其中任何一个环节，传染病就流行不起来。

（1）传染源：指被病原体感染，能够散播病原体的人或动物。传染源一般可分为病人、病原携带者、受感染的动物。

（2）传播途径：指病原体离开传染源后传染给其他易感者所经过的途径。传染病可经过一种或多种途径传播。传染病的常见传播途径主要有空气传播、饮食传播、虫媒传播、日常生活接触传播、医源性传播、土壤传播、自身传播等。

（3）易感人群：指对某些传染病缺乏免疫力，容易受感染的人。易感人群的数量对传染病的发生和流行有很大影响。

3. 传染病的预防

（1）控制传染源。多数传染病在疾病早期传染性最强。要做到早预防、早发现、早报告、早诊断、早隔离、早治疗。

（2）切断传播途径。做好经常性的预防工作。平时注意环境清洁、饮食卫生，培养婴儿良好的卫生习惯；消灭传播疾病的媒介生物，做好经常性的消毒工作。

应根据每种传染病的不同传播途径，采取不同的防御措施。

呼吸道传染病：室内定时通风，保持空气新鲜；有条件的可用紫外线灯对空气进行消毒；传染病流行季节，不带婴儿去公共场所。

消化道传染病：培养良好的卫生习惯，饭前、饭后、便前、便后用肥皂流动水洗手；生吃瓜果最好削皮，不吃生、冷、腐败、变质、不清洁的食物；消灭蚊、蝇、老鼠等传染病的媒介。

日常生活接触传染的疾病：婴儿日常用品，如毛巾、衣被、玩具、学习用品、餐具、桌椅等可分别采用清洗、暴晒、拆洗、消毒液擦拭等方法切断传播途径。

（3）保护易感儿。有计划地进行各种疾病的预防接种，是提高机体免疫力、保护易感儿的有效措施；合理安排婴儿一日生活，培养婴儿良好的个人卫生习惯，提供合理的营养，保证充足的睡眠，坚持体育锻炼和户外活动，增强婴儿的体质，也可提高婴儿对传染病的抵抗力。

（二）常见传染病

1. 水痘

水痘是由水痘病毒引起的呼吸道传染病，传染性较强。以发热，皮肤黏膜分批出现斑丘疹、疱疹、结痂且各期皮疹同时存在为特征。

（1）流行特点。水痘多发于冬春季，水痘患者为主要传染源，主要通过空气飞沫传播，当皮肤疱疹溃破后，可经衣物、玩具、用具等传播。易感者多为 6 个月以上的婴儿。病后终身免疫。

（2）症状。婴儿常无症状或病初有 1~2 天低热、食欲不振等症状。随后出现皮疹。皮疹先见于躯干、头皮，逐渐延及面部，最后到达四肢。最初皮疹为细小的红色斑丘疹，1 天左右变为水疱，3~4 天后水疱干缩，结痂，脱落。干痂脱落后皮肤上一般不留疤痕。皮疹为躯干多、四肢少、成对出现。在患病后一周内，由于新的皮疹不断出现，而旧的皮疹已经结痂，也有的正处在水疱阶段，所以患儿的皮肤上可同时见到三种类型的皮疹：斑丘疹、水疱、结痂。在出疹期间皮肤瘙痒，若因患儿抓挠继发感染，可在皮肤上留下轻度凹痕。

（3）护理。保持皮肤清洁，勤换洗内衣、被单；皮肤瘙痒时，可用止痒药液涂擦皮肤。勤给婴儿剪指甲，防止婴儿搔抓皮肤引起感染；婴儿发烧时要卧床休息，多喝水。

（4）预防。① 控制传染源。隔离病儿至皮疹全部干燥、结痂、没有新皮疹出现。隔离时间不少于 2 周。接触者检疫观察 3 周左右。② 切断传播途径。加强对空气和物品的消毒，如使用室内紫外线灯照射，每天一次，每次以 1 小时为宜；病儿停留过的房间应开窗通风 3 小时。③ 保护易感儿。没有出过水痘的婴儿要避免和病儿接触。

2. 急疹

急疹又称婴儿玫瑰疹，是由病毒引起的呼吸道传染病，传染性不强。以小儿突发高热、热退出疹为主要特征。

（1）流行特点。一年四季都可发生，尤以秋、冬两季较为普遍。多发于 6—18 个月的婴儿。

（2）症状。起病急，突发高烧可达 40 ℃，病儿食欲差，但精神较好。高烧 3~4 天后，体温骤降，随之出现玫瑰红色斑疹或斑丘疹，1~3 日后皮疹全部褪尽。

（3）护理。高热期间应卧床休息，多喝开水，适当服退热药降温，以免因高热而惊厥。

3. 麻疹

麻疹是由麻疹病毒引起的急性呼吸道传染病，传染性很强。以发热、咳嗽、流涕、眼结膜充血、颊黏膜上有麻疹黏膜斑及皮肤出现红色斑丘疹为特征。

（1）流行特点。病毒大量存在于发病初期患儿的眼泪、鼻涕、唾液中，主要经空气飞沫传播。6 个月—5 岁的儿童发病率最高，病后终身免疫。

（2）症状。典型麻疹的病程可分为潜伏期、前驱期、出疹期、恢复期 4 个阶段。① 潜伏期。一般为 6~18 天，平均为十天左右。有轻度体温上升症状。② 前驱期。一般为3～4天。主要症状为发热、咳嗽、流涕、流泪、怕光；发烧2～3天后，在两侧乳磨牙旁的颊黏膜上可见麻疹黏膜斑，为灰白色小点，周围有红晕，并有黏膜充血。这是早期诊断麻疹的重要依据，皮疹出现后逐渐消失。③ 出疹期。发热3～4天后开始出疹，3～5天出齐。皮疹自耳后、颈部沿着发际边缘，24小时内向下发展，遍及面部、躯干及四肢，最后出现在手心、脚心。皮疹初为稀疏淡红色斑丘疹，逐渐增多，融合呈暗红色，但疹间可见正常皮肤。随着皮疹的出现，全身症状加重，体温可高达40℃，患儿常伴有惊厥。④ 恢复期。出疹3～5天后皮疹开始消退，消退顺序与出疹时相同，体温渐恢复正常。在无并发症发生的情况下，食欲、精神等其他症状也随之好转。疹退后，皮肤留有糠麸状脱屑及棕色色素沉着，7～10天可恢复正常肤色。

（3）护理。① 维持正常体温，卧床休息至皮疹消退、体温正常为止。② 保持室内空气新鲜，避免直接吹风。③ 注意患儿的皮肤、眼睛、鼻腔、口腔的清洁。患儿应勤洗脸、勤漱口。④ 饮食以清淡、易消化、营养丰富的流质、半流质食物为主，多喝开水。⑤ 注意观察病情，及早发现并发症。麻疹常见并发症有肺炎、喉炎、心肌炎及脑炎等。

（4）预防。采取以预防接种为主的综合性预防措施。① 控制传染源。麻疹流行期间要密切关注，及早发现患儿，隔离患儿至出疹后5天，合并肺炎者隔离期延长至10天。接触者应检疫观察3周。② 切断传播途径。患儿所在的亲子园、幼儿园、班级应彻底消毒。③ 保护易感者。接种麻疹疫苗，麻疹流行期间少带婴儿去公共场所。

4. 手足口病

手足口病是由肠道病毒引起的传染病，传染性强。以手、足、口腔疱疹为主要特征，故称手足口病。

（1）流行特点。夏秋季多发，通过直接接触传染源感染或病毒通过食物、水、唾液、空气等媒介经肠道、呼吸道传播。5岁以下的儿童多见。

（2）症状。起病急，患儿常有发热、口痛、厌食。发热1～2天后，口腔可见小疱疹或溃疡，舌、颊黏膜、硬腭等处较多，手、足掌背可见几个至几十个斑丘疹，后转为疱疹，比水痘疹小，2～3天后被吸收，不留痂。也可见于臂、腿及臀部，躯干少见。病程短，症状轻，多在一周内痊愈。少数患儿可并发脑膜炎、脑炎、心肌炎和肺炎等重症，个别重症患儿病情进展快，易发生死亡。少年儿童和成人感染后大多不发病，但能够传播病毒。

（3）护理。① 病儿发烧时应卧床休息，多饮水，吃有营养、易消化的流质、半流质食物。② 饭后漱口，保持口腔清洁。

（4）预防。① 控制传染源。发现患儿应立即隔离治疗至皮疹消退，一般须隔离2周。② 切断传播途径，保持良好通风。对患儿的鼻咽分泌物、粪便及污染物随时消毒处理，病愈后进行终末消毒。③ 保护易感者。养成良好的卫生习惯，勤洗手足。

5. 流行性腮腺炎

流行性腮腺炎是由腮腺炎病毒引起的急性呼吸道传染病，传染性强。以发热、一侧或两侧耳下腮部肿大、疼痛为主要特征。

（1）流行特点。流行性腮腺炎多发于冬春季节，主要通过空气飞沫传播，也可经直接接触唾液污染的食具、玩具等途径传播。易感者为 2 岁以上的学前儿童，病后终身免疫。

（2）症状。① 潜伏期。通常为 14～21 天。② 前驱期。有发热、头痛、咽痛、肌肉酸痛、食欲不振等症状。但多数患儿症状较轻、不明显。③ 腮肿期。1～2 天后腮腺肿胀，常一侧腮腺先肿大，后波及对侧。肿胀以耳垂为中心向周围弥漫肿大，边界不清。表面灼热，有轻度压痛，张口或咀嚼时感到腮腺部位胀痛，尤以吃硬的或酸的食物时疼痛加剧。约 4～5 天消肿。④ 并发症。常并发睾丸炎、脑膜炎等。

（3）护理。① 注意口腔清洁，用淡盐水漱口。② 饮食以流质或半流质食物为宜，避免吃酸、硬、辣食物。③ 腮腺肿胀时，可局部冷敷，或用中草药外敷。

（4）预防。① 控制传染源。隔离患儿至腮腺完全消肿，对接触者检疫 21 天。② 切断传播途径。注意通风，保持空气流通，托幼机构加强消毒工作。③ 保护易感者。按时接种腮腺炎疫苗。腮腺炎流行期间应尽量少带儿童到人群密集的公共场所。

（三）常见肠道寄生虫病

1. 蛔虫病

蛔虫病是婴儿较为常见的肠道寄生虫病。蛔虫寄生于小肠内，摄取营养，影响儿童的生长发育。

（1）感染途径。感染性虫卵污染了食物、饮水、土壤、手，婴儿吸吮手指或进食前不洗手，生吃未洗净的瓜果、蔬菜，喝生水，都可能将虫卵吞入而患病。

（2）主要症状。① 成虫在肠道内寄生，由于机械刺激常引起脐周围阵发性疼痛，片刻可自行缓解。患儿常有食欲减退、恶心、呕吐等症状。② 蛔虫的代谢产物或死亡后所产生的毒素刺激神经系统，可引起低烧、多汗、夜惊、磨牙等症状。

（3）防治。① 驱虫治疗。托幼机构可于每年的九十月间集体驱蛔虫。因六七月间最易感染蛔虫卵，九十月间已长为成虫。应遵医嘱选用驱虫药。② 注意个人卫生、饮食卫生。饭前便后要洗手，勤剪指甲，不吸吮手指，生吃瓜果蔬菜要洗净，不喝生水。搞好环境卫生，粪便无害化处理，消灭蛔虫卵，防止感染。

2. 蛲虫病

蛲虫病是由蛲虫寄生于人体盲肠引起的肠道寄生虫病。以夜间肛门及会阴附近奇痒并见到蛲虫为主要特征。

（1）感染途径。蛲虫卵污染手、食物、餐具等后，经口进入人体，引起感染，导致蛲虫病。感染期的虫卵也可散落在衣裤、被褥、室内用具上造成传染。若婴儿穿开裆裤，也可使虫卵散布在滑梯、木马、玩具等处造成传播。

（2）主要症状。蛲虫的雌虫常在夜间爬到肛门周围产卵，引起婴儿肛门周围和会阴部奇痒，患儿常哭闹不安，影响睡眠，同时还可出现烦躁不安、夜惊磨牙、食欲减退、腹痛、恶心等症状。由于搔伤，可能引起肛门周围皮肤发炎。

（3）防治。① 避免自身重复感染。夜间睡前可在儿童肛周涂蛲虫药膏，以粘住虫卵并止痒，早晨用温水洗净臀部。患儿的内裤及被单应清洗干净并煮沸消毒。② 培养婴儿良好的卫生习惯，如饭前、便后洗手，勤剪指甲，不吮吸手指等。③ 婴儿应及早穿整裆裤，避免虫卵侵入。要勤换衣服，勤晒被褥。

反思提高

一、思考

如何鉴别麻疹、风疹、婴儿急疹？

二、讨论分析

1. 亮亮近来夜里常常惊起，还老是出汗，头枕部也有一圈毛发稀疏。妈妈听人说，这是因为缺钙造成的。于是，给亮亮买来了钙片，还给亮亮订了牛奶，每天一斤，想给亮亮补钙。半个月过去了，亮亮还是那样，症状没见减轻。请你帮亮亮分析一下原因，并说明在生活上该如何护理与预防。

2. 某患儿 8 个月，发热 4 天，体温 39 ℃，但精神较好。发热 4 天后，早晨热退，面、颈及躯干皮肤有红色斑丘疹。该患儿可能患了哪种出疹性疾病？应如何护理？

三、技能训练

1. 如何护理鹅口疮的患儿？

2. 选择你最了解的一种传染病，分析：这种传染病由什么引起？传播途径是什么？如何预防？

四、综合练习

针对水痘、手足口病的流行，请说一说托幼机构应开展哪些预防工作。

核心知识三　婴儿常见意外伤害的预防及应急处理

【课前任务】到社区、早教机构、幼儿园等场所对 0—3 岁婴儿易发生的意外伤害的类型、发生地点、处理方法进行调查，归纳总结 0—3 岁婴儿发生意外伤害的主要原因、正确的处理方法及预防措施。

意外伤害又称意外事故，是指因各种意外而引起的人体损伤。意外伤害已取代传染病和呼吸系统疾病，成为导致儿童死亡的首要原因，也是导致儿童严重疾患和残疾的主要因素之一。意外伤害的发生，不但会使儿童蒙受很大的痛苦，也给儿童家庭带来巨大的不幸。因此，家庭、托幼机构、社会都应加强安全意识，预防意外伤害的发生，及时、妥善处置突发的意外伤害。

一、婴儿常见意外伤害的预防

1. 防窒息

（1）婴儿睡眠时要注意观察有无口鼻被堵。

（2）不给婴儿玩体积较小的玩具和物品，如小珠子、纽扣、棋子、别针、图钉、硬币等，以免塞入耳、鼻或放入口中误吞，造成耳、鼻、气管及食管有异物。

（3）4岁以下最好不吃花生、瓜子、豆类、小果冻等食物。

（4）培养婴儿良好的饮食习惯，如细嚼慢咽，进餐时避免哭、笑、闹及异物进入呼吸道。

2. 防跌伤

（1）户外活动防跌伤。当婴儿进行户外自由活动及有组织的活动时，由于各种原因可引起跌伤，因此，在组织婴儿进行户外活动前，应检查器械和活动场地，清除活动场地的砖头、石块、碎玻璃、树枝等。检查婴儿的衣服是否符合活动时的要求，必要时挽起过长的裤腿，裤腿过宽可用皮筋扎住，提醒婴儿提裤子、系紧鞋带等。

（2）室内防跌伤。活动区尽量宽敞，少障碍物，防止婴儿游戏时因拥挤发生绊倒跌伤，因争抢玩具发生摔伤。在盥洗室内应注意婴儿的安全，防止婴儿跌倒、滑倒，造成事故。婴儿居室的窗户、楼梯、阳台、睡床等都应设有栏杆，防止发生坠床或跌伤。家具边缘最好是圆角的，以减少碰伤。

3. 防烫伤

给婴儿的水和饭菜都须是温热的；热水瓶、热粥、热锅等不要放在婴儿伸手能摸到的地方；暖气片应加罩，避免婴儿直接接触造成烫伤；给婴儿洗澡时应先倒凉水，后加入热水，以免烫伤；教育婴儿不要玩火。

4. 防中毒

有毒物品放置在婴儿无法拿到的地方；保证食物的清洁和新鲜；冬季室内使用煤炉要注意通风，以免一氧化碳中毒；教育婴儿不吃脏东西，不捡食花草种子及落地果；教育婴儿不自己拿药吃，生病时遵医嘱按时服药。

5. 防溺水

托幼机构应远离公路、河塘等，以免发生车祸及溺水。在农村，房前屋后的水缸、粪缸均应加盖，以免儿童失足跌入。教育婴儿不可去无安全措施的池塘、江河玩水或游泳。绝不可将婴幼儿单独留在澡盆中。

6. 防交通事故

教育婴儿遵守交通规则，识别红绿灯；不在马路上玩耍。教育婴儿在街上走路时注意力要集中，注意看路面障碍，不东张西望，遵守交通规则。乘车时遵守乘车安全规则。

二、常见意外伤害的应急处理

1. 小外伤

（1）跌倒蹭破皮肤。婴儿在奔跑、跳跃时不慎跌倒，常蹭破肘部、膝盖等处，尤其在夏季更常见。

处理方法：先观察伤口的深浅，若伤口较浅，仅蹭破表皮，只需用凉开水将伤口处的泥沙清理干净即可；若伤口有渗血，可先清洁伤口并消毒，不需包扎。

（2）划伤。婴儿在使用小刀、剪刀等文具时不慎将手划伤，或被纸边、草叶、玻璃片等划伤。

处理方法：若伤口较深，有出血，应首先用干净的纱布按压伤口止血。止血后在伤口周围由内向外消毒，敷上消毒纱布后用绷带包扎。如果是被玻璃器皿扎伤，应先用清水清理伤口，用镊子清除碎玻璃片，消毒后进行包扎。

（3）挤伤。婴儿手指被门、抽屉等挤伤。

处理方法：若无破损，可用水冲洗、冷敷。疼痛难忍时，可将受伤的手指高举过心脏以缓解疼痛。若有出血，应消毒、包扎、冷敷。若指甲掀开或脱落，应立即去医院。

（4）刺伤。竹刺、木刺扎入皮肤后，一般都有一部分露出皮肤，有刺痛感，应立即取出。

处理方法：先用凉开水或生理盐水将伤口清洗干净，然后用消过毒的针或镊子顺着刺的方向把刺全部挑、拨出来，并挤出淤血，然后再消毒。如果刺扎在指甲里或是金属刺，应送医院处理。

（5）扭伤。多发生在四肢的关节部位。损伤的局部充血，皮肤肿胀，剧烈疼痛，伤处周围青紫。

处理方法：首先检查有无骨折、脱臼。判断无骨折、脱臼后，应在疼痛肿胀部位立即冷敷，不能搓揉，24 小时后再热敷。

2. 异物入体

（1）眼内异物。婴儿眼内异物最为多见的是小沙粒、小飞虫等进入眼结膜，引起流泪、不适、异物感；如异物嵌入角膜，刺激疼痛症状更为严重。

处理方法：用温开水或眼药水滴入眼中，冲出异物；或翻开眼睑用消毒棉签或干净柔软的手帕轻轻拭出异物。异物嵌入角膜时，应立即送往医院处理，忌用手揉眼，以免擦伤角膜。

（2）鼻腔异物。婴儿由于好奇，常把豆粒、小珠子、纽扣、小纸团等较小的物品塞入鼻中，这不仅会影响呼吸，还会引起鼻腔炎症，甚至引起气管异物，因此应仔细观察，及时取出异物。

处理方法：深吸一口气，用手堵住无异物的一侧鼻孔，用力擤鼻子，将异物排出。切勿用镊子夹取圆形异物，否则会将异物捅向鼻子深处，甚至落入气管，危及生命。豆粒等异物在鼻腔内泡胀了，也不容易取出。因此，若异物不能擤出，应立即送医院处理。

（3）咽部异物。以鱼刺、碎骨头、瓜子壳、枣核等较多见，常扎在扁桃体或其周围，引起疼痛，吞咽时疼痛加剧。

处理方法：可用镊子取出。切不可采用喝醋、喝水、吞咽食物的方法，否则会将异物推向深处，加重损伤，若扎破大血管，十分危险。若无法取出异物，应立即送医院处理。

（4）喉、气管异物。婴儿进食或口含小物件时哭闹、嬉笑，就可能将食物或小物件吸入喉部或气管内。异物进入喉部、气管，立即引起呛咳、吸气性呼吸困难、憋气、面色青紫等现象。

处理方法：背部叩击法（0—1 岁婴儿）。让婴儿俯卧在救护者前臂上，用手托住其下巴（手可放在膝盖上），使婴儿身体略向前倾（头部低于躯干），用另一手掌根在婴儿两肩胛骨中间用力向内向上叩击五次，使异物排出。若异物未排出，将婴儿翻转为仰卧位，在婴儿两乳头连线中部下一横指位置用食指和中指快速冲击性按压胸部 5 次。重复进行背部叩击和胸部冲击。

海姆立克手法。① 立位腹部冲击法。对于意识清醒的婴儿，救护者站或跪在患儿身后，用两双臂紧环绕婴儿腰腹部，一手握空心拳，拳眼顶在胸骨与肚脐连线的中点，另一手紧握此拳，快速向内向上冲击 5 次，压后放松，反复操作。患儿应低头张口，以便异物排出。② 仰卧位腹部冲击法。对于无知觉者，让患儿仰卧，救护者一只手的掌跟置于患儿腹部正中线、肚脐上方两横指处，不要触及剑突。另一只手放在第一只手背上，两手掌根重叠，放在上腹部，快速向内向上有节奏地冲击性按压，连续五次，重复操作若干次。检查口腔，如异物被冲出，迅速用手将异物取出。检查呼吸心跳，如无，立即施用心肺复苏急救术。

（5）外耳道异物。常见的外耳道异物有小石块、纽扣、豆类、草棍等，多见于婴儿玩耍时放入。虫类异物多在婴儿睡眠时进入外耳道。外耳道异物常引起耳鸣、耳痛。植物性异物遇水膨胀后，可继发感染引起外耳道炎。昆虫性异物在外耳道内爬动，可引起剧痛。较大的异物可引起听力障碍及反射性咳嗽。

处理方法：小异物入耳可嘱婴儿头偏向异物侧，单脚跳；昆虫入耳可用灯光对着外耳道口或吹入香烟的烟雾，诱昆虫爬出；切不可用小棍捅、镊子夹。若上述方法未奏效时，速送医院急救。

3. 出血的处理

（1）血管出血。

① 毛细血管出血，血液从伤口渗出，量少，色红。

处理方法：一般不需包扎，用常规消毒棉球压迫即可。

② 静脉出血，血液持续不断地缓慢流出，色暗红。

处理方法：可抬高出血肢体以减少流血，然后对出血部位消毒，并盖上几层纱布包扎。

③ 动脉出血，血流速度快，量多，呈节律性喷出，色鲜红。

处理方法：指压止血法。作为临时的止血措施。其方法是用拇指压住出血的血管上端（近心端），压闭血管，阻断血流。

加压包扎止血法。小动脉出血，伤口不大，可用消毒纱布、棉花等作成软垫放在伤口上，以增加压力，再紧紧绷扎止血。

止血带止血法。四肢出血严重时，可将止血带扎在伤口的上端，扎前应先垫上毛巾或布片，然后每隔半小时必须放松 1 次，绑扎时间总共不得超过两小时，以免肢体缺血坏死。作初步处理后，应立即送医院救治。

（2）鼻出血。婴儿鼻出血原因很多，如外伤、鼻黏膜干燥、挖鼻孔、用力擤鼻涕、鼻内异物以及上呼吸道感染、发热等均可引起鼻出血。

处理方法：① 安慰婴儿不要紧张，安静地坐着，张口呼吸，头略向前低，防止血逆流入口腔咽喉。② 捏住鼻翼 5~10 分钟，同时用湿毛巾冷敷鼻部和前额。③ 若不能止血，可用纱布卷、脱脂棉等塞鼻。④ 止血后，2~3 小时内不要做剧烈运动，避免再出血。⑤ 如果常发生鼻出血，且皮肤上常有出血的淤斑，小伤口出血也不易止住，应去医院做全面检查，以诊断是否有血液系统疾病。

4. 烧（烫）伤

在婴儿烧（烫）伤中，因开水、热粥、热汤等烫伤者占首位，火焰烧伤次之，化学烧伤、电器击伤也时有发生。

Ⅰ度烧（烫）伤：表皮红、肿、痛，但不起水疱。

Ⅱ度烧（烫）伤：在皮肤浅层可有水疱、疼痛。烧伤达真皮层为深度烧伤，痛觉迟钝。

Ⅲ度烧（烫）伤：烧伤达真皮深层、皮下组织，神经、血管、肌肉及骨骼等均受到破坏，并伴有全身症状。

处理方法：脱离烧（烫）伤源，立即用冷水浸冲 15 分钟，局部降温，然后脱掉被热源浸透的衣服（若衣服粘在皮肤上，不可强脱，可用剪刀将周边衣服剪掉），再用清洁纱布覆盖创面，以防污染。Ⅰ度烧（烫）伤可在局部涂獾油或烧伤膏。Ⅱ度或Ⅲ度烧（烫）伤可用消毒纱布或干净床单等覆盖创面，不要挑破水疱，不可涂抹烧伤药膏，防止局部感染。迅速送往医院治疗。

5. 惊厥

惊厥俗称“抽风”，发作时表现为突然意识不清，两眼上翻、全身或局部（四肢或颜面肌肉）不自主抽动，部分婴儿大小便失禁。发作时间持续长短不一，短至仅数秒瞬息即止，长数分钟。婴儿高热惊厥发生率较高，另外低钙、癫痫发作也可引起惊厥。

处理方法：① 让病儿侧卧，或平卧头转向一侧，防止吸入呕吐物。松开衣领、腰带。② 掐人中，即唇沟的上 1/3 处。③ 将毛巾拧成麻花状放在上、下牙之间，以免病儿咬破舌头。但如果病儿牙关紧闭，不可硬撬。④ 随时擦去痰涕。⑤ 不要紧搂病儿，可轻轻按住抽动的上、下肢，以免肢体抽动过猛而受伤。⑥ 高热惊厥时可采用物理降温措施。

6. 晕厥

晕厥不是由于外伤引起的，是由于短时间的大脑供血不足而失去知觉，突然晕倒在地。常见于空气闷热、疼痛、精神紧张、站立时间过久等原因。与惊厥不同的是，晕厥没有肌肉抽搐的表现。

处理方法：① 让婴儿平躺，双腿抬高 20～30 cm，以增加头部的血液供应。② 解开衣领、松解衣服。③ 若持续数分钟没有反应或抬高双腿后仍没有恢复神智，应请求急救中心给予急救。

7. 中暑

日光长时间照射婴儿头部，可使婴儿中暑，婴儿会感到头晕、头疼、耳鸣、眼花、口渴、无力、恶心、脉搏加快甚至昏迷。

处理方法：① 迅速将患儿移至阴凉通风处，平卧，解开衣扣。② 用凉毛巾冷敷头部，用扇子扇风，帮助患儿散热。③ 给予清凉饮料，也可口服人丹、十滴水等。④ 中暑严重、病儿昏迷者，除冷敷降温外，速送医院。

8. 头部摔伤

婴儿玩耍时摔伤头部，较为常见，有时出血，有时不出血。

处理方法：出血时，马上用一块清洁的纱布轻轻按压伤口，以达止血的目的，并及时送医院。摔伤后未见出血，成人要对婴儿进行 24 小时的密切观察，如果有嗜睡、恶心、呕吐、头痛、哭闹，眼、耳、鼻周围有出血症状等，应立即送往医院。

9. 脱臼

因牵拉婴儿四肢时用力过猛而引起，多为肩关节、肘关节及桡骨头半脱位，表现为局部肿胀、疼痛、变形及功能障碍。

处理方法：送医院请医生给予复位。

10. 中毒

（1）食物中毒。食物中毒是由于进食被细菌及其毒素污染的食物或摄食含有毒素的动植物，如发芽的马铃薯、未熟透的四季豆等引起的急性中毒性疾病。食物中毒潜伏期短，可集体发病，多以急性胃肠道症状为主，如恶心、呕吐、腹痛、腹泻等症状，严重者可伴有高热、脱水、酸中毒甚至休克。

处理方法：可用压舌板或筷子、勺轻轻刺激咽部，引起反射性呕吐，然后将患儿送往医院。

（2）一氧化碳中毒。冬季室内用煤炉取暖，若室内通风不良、烟囱阻塞或漏气、风倒灌等可能引起煤气中毒。中毒轻者感到头痛、头晕、耳鸣、眼花、恶心、四肢无力。中毒重者呼吸困难、昏迷，甚至死亡。

处理方法：立即将患儿移至通风、空气新鲜处，解开衣扣，清除呼吸道分泌物，保持呼吸道通畅。同时注意患儿的保暖，以促进血液循环。中毒严重者做人工呼吸并送医院急救。

（3）药物中毒。多因药品保管不善或儿童服药时查对不仔细而误服，引起中毒。

处理方法：① 误服腐蚀性很强的药物，对食道和胃黏膜刺激很大，应立即喝生蛋清、牛奶、稠米汤或豆浆之类的东西，它们可以附着在食道和胃黏膜上，起保护作用。初步处理后立即送往医院进一步处理。② 误服非腐蚀性药物时应立即催吐，用压舌板刺激咽部，使其呕吐后送往医院处理。③ 送患儿去医院时要把误服药的药瓶带上，供医生抢救用药参考。

11. 咬伤、蜇伤的处理

（1）狗咬伤。被狗咬伤的伤口深浅不一，轻者有牙痕，重者撕裂皮肉，还可能并发狂犬病。通常人们认为只有疯狗才携带狂犬病毒，其实 15%～30% 的健康狗是带病毒状态，即使打过疫苗的狗也不例外。狂犬病的病程十分险恶，治愈率低，一旦发病，死亡率极高。

处理方法：婴儿被狗咬伤后，应对咬伤的伤口立即挤血，而不是忙于止血。较小的伤口，可用肥皂水冲洗伤口，然后用消毒专用药液冲洗，特别注意对伤口深处的清洗。用纱布擦干后涂上碘酒，包扎一下，立即送医院治疗。

为了预防狂犬病，被狗咬伤后必须注射狂犬疫苗。

（2）虫蜇（咬）伤。被虫蜇伤或咬伤也是婴儿期常见现象，农村较城市更为多发。

处理方法：一般蚊虫咬伤可涂清凉油或局部涂擦 3% 的氨水；若被蜂和洋刺子刺伤，可先用胶布将刺粘出来，然后在伤口处涂弱碱性液体，如肥皂水、碱水或 3% 氨水。若是黄蜂蜇伤，在伤口处涂弱酸性液体（黄蜂毒液呈碱性），如食醋等。

反思提高

一、思考

应如何应对婴儿的冒险行为?

二、讨论分析

某小儿，男，2.5 岁，突然意识丧失，头向后仰、两眼上翻、口吐白沫、牙关紧闭、面色青紫、面部及四肢肌肉不自主抽动，持续 1～2 分钟。

请分析：（1）该小儿是何急症?（2）如何进行应急处理?

三、技能训练

操作内容：狗咬伤后的小伤口处理。

操作准备：婴儿模型，20% 的肥皂水、消毒棉签、消毒纱布、胶布。

操作要求：对小伤口进行清洁、消毒、包扎及后续处理。

四、综合练习

收集资料，归纳总结婴儿常见意外伤害的处理方法。

核心知识四　常用急救技术

【课前任务】从网络中查找并观看“心肺复苏急救技术”相关视频，比较新生儿、1 岁内婴儿、1—8 岁儿童、成人，胸外按压及人工呼吸方法的不同之处。

一、婴儿发生意外伤害的原因及急救原则

（一）发生意外伤害的原因

1. 危险意识缺乏

由于年龄小，对周围环境缺乏正确的认识，自我保护能力差，婴儿经常由茫然无知的行为引来意外伤害事故。如婴儿会突然从跷跷板上跳下；挥舞木棒玩耍时，丝毫考虑不到对别人可能有什么危害等。

2. 好奇、好动、好模仿

婴儿好奇心强，对任何事物都想动手去摸，因此很容易发生意外事故。如：有的婴儿用手指去挖电源插座的小孔，就可能造成触电事故；喜欢模仿和尝试成人的行为，如玩打火机易造成火灾、烫伤；婴儿大多活泼好动，往往喜欢攀高、下跳、爬窗台，跨护栏，容易发生摔伤或坠落。

3. 骨骼和皮肤薄嫩

婴儿的颅骨骨质比成人薄，成人从床上摔下一般不会有严重后果，婴儿则容易发生颅骨骨折、颅脑损伤。接触热水时，婴儿比成人更易烫伤。

4. 运动机能不完善

婴儿的骨骼、肌肉、关节、控制和协调运动的神经系统尚未发育完善，动作的协调性较差，反应不够灵敏，平衡能力低，加上婴儿又好动，因此容易发生跌伤、扭伤、骨折等。

5. 其他因素

各种客观的环境因素常会导致婴儿意外伤害的发生，如房屋过分拥挤，活动场地狭小，地面不平整，家具、墙柱不是圆角，玩具的边角锐利等，都可能是婴儿意外伤害发生的原因。

（二）意外伤害的急救原则

1. 挽救生命

呼吸和心跳是最重要的生命活动。在常温下呼吸、心跳若完全停止 4 分钟以上，生命就有危险；超过 10 分钟则很难起死回生。如果患儿呼吸、心跳已很不规律，快要停止或刚刚停止时，不能机械地等待医生或送医院才作抢救，而应在现场立即实施人工呼吸、按压心脏等急救措施，以期恢复患儿的自主呼吸，维持其血液循环。

2. 防止残疾

发生意外后，在实施急救措施挽救生命的同时，还要尽量避免患儿日后留残疾。如

婴儿发生严重摔伤时，有可能造成腰椎骨折，施救时就不能用绳索、帆布等担架抬救患儿，也不能抱或背患儿，这样会损伤脊髓，造成其终身残疾，一定要用门板之类的硬质平板担架转运患儿。

3. 减少痛苦

意外事故造成的损伤往往是很严重的，常常会给患儿的身心带来极大的痛苦，因而在搬动、处理时动作要轻柔，语气要温和。必要时施以镇痛、镇静药物。

（三）意外伤害程度的判断

1. 依据发生意外的原因判断

可迅速危及生命的意外有溺水、触电、外伤大出血、气管异物、中毒、车祸等，必须在现场争分夺秒地进行正确而有效的急救，尽可能避免死亡的发生，烧伤、烫伤、骨折虽不一定马上致命，但也十分严重，如果迟迟不做处理或处理不当，也可能造成死亡或终身残疾。

2. 依据伤者的情况判断

（1）呼吸的变化。垂危患儿的呼吸已由正常节律变得不规则，时快时慢，时深时浅，再观察鼻翼或胸廓，如果鼻翼翕动，胸廓在吸气时反而下陷，这都说明呼吸已十分困难。一旦呼吸停止，应立即做人工呼吸。

（2）脉搏的变化。可触摸桡动脉和颈动脉检查脉搏。垂危患儿的脉搏由规则节律的跳动变得细而快或节律不齐，说明心脏功能和血液循环出现了严重障碍。一旦心跳停止，应立即做胸外心脏按压。

（3）瞳孔的变化。瞳孔一般直径为 3 mm，遇到光线后能迅速收缩。垂危患儿眼睛无神，瞳孔已不能随光线的增强而迅速缩小。最后瞳孔会逐渐散大，对光线完全失去反应能力。

二、心肺复苏急救术

由于各种原因引起的窒息、溺水、触电、中毒等意外伤害，可造成呼吸、心搏骤停。通过胸外心脏按压和人工呼吸急救，可使中断的心肺功能恢复，即心肺复苏。

2010 年 10 月 18 日，美国心脏协会公布最新心肺复苏指南。最新徒手心肺复苏的步骤为心跳呼吸停止的判断、胸外心脏按压、开放气道、人工呼吸等，适用于成人、儿童，但不包括新生儿。

（一）心跳呼吸停止的判断

（1）判断患者有无反应：轻拍患者并大声呼唤。

（2）判断患者有无呼吸：观察胸廓有无起伏 5～10 秒。

（3）判断有无心跳：触及颈总动脉搏动。

以上三个步骤应在 10 秒钟内完成。

（二）胸外心脏按压法

胸外心脏按压法是简便易行的使心脏恢复跳动的抢救方法。心脏位于胸骨与脊柱之间，于胸骨偏下处即两乳头之间施加压力，使胸骨下陷挤压心脏，使血液排出。压力解除后，胸骨自动恢复原位，心脏舒张，血液回流入心脏，血液循环得以维持（图 4-4-1）。

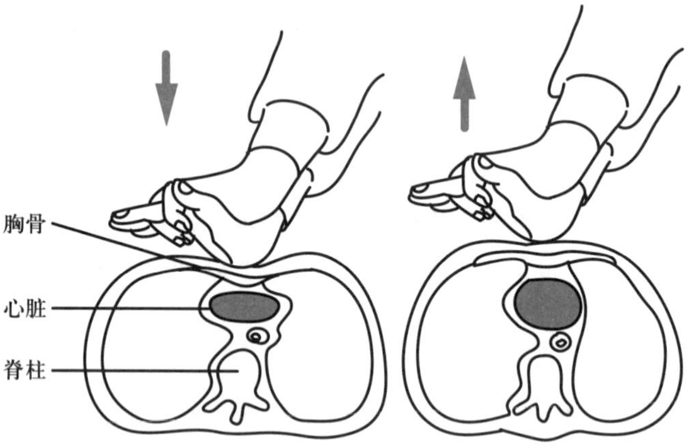

图 4-4-1　胸外心脏按压法

1. 1 个月—1 岁婴儿双指按压法

定位：胸部正中，紧贴两乳头连线下方水平位。

操作：救护者一手食指置于婴儿两乳头连线与胸骨交界处，中指、无名指与食指并拢置于胸骨上；将食指抬起，中指、无名指同时用力垂直向下按压，按压深度使胸骨下陷约 4cm，压后放松，在整个压下与放松的过程中，手指应始终与胸壁接触。这样能够较好地控制施加于胸骨的压力，同时确保定位准确。每分钟至少按压 100 次，按压与吹气之比为 30∶2（图 4-4-2）。

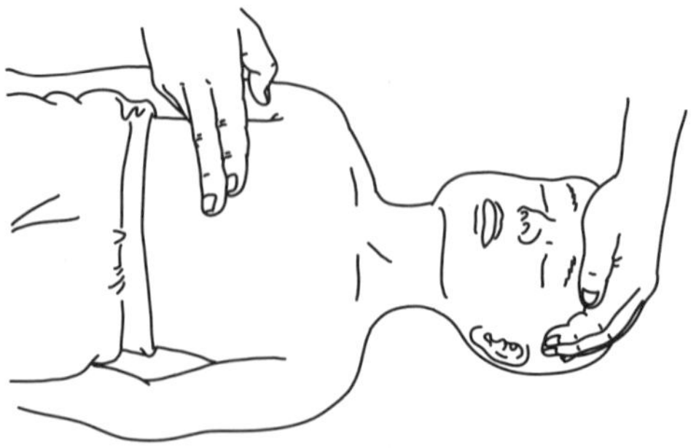

图 4-4-2　婴儿双指按压法

2. 1—8 岁儿童

若被救护者为 1—8 岁儿童，救护者一手掌根在两乳头连线中点按压胸骨（手臂伸直，垂直向下用力），按压深度使胸骨下陷约 5 cm，放松时，掌跟不要离开胸壁，每分钟至少按压 100 次（图 4-4-3）。

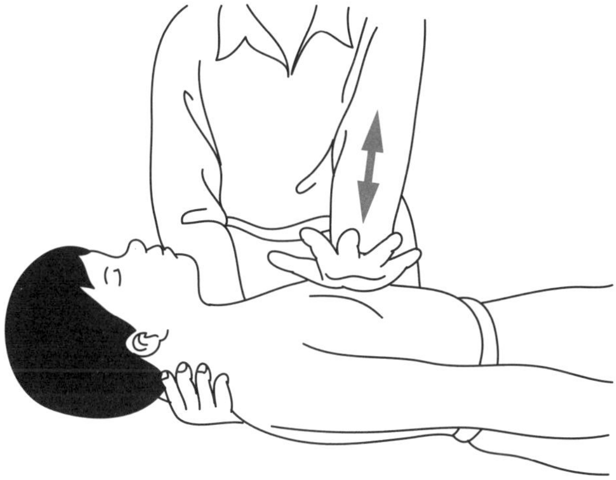

图 4-4-3　单掌按压法

（三）开放气道

开放气道是人工呼吸前至关重要的一步，其目的是维持呼吸道通畅，保障气体自由出入。首先清理口腔，将其头偏向一侧，用手指探入口腔，清除分泌物及异物。

1. 仰头抬颌法

救护者用一手掌外侧缘置于患儿（被救护者）的前额，另一手食指、中指置于下颌将下颌骨上提，使其头部后仰，儿童、婴儿头部后仰时，下颌角与耳垂的连线与地面呈 60°、30°（图 4-4-4）。

2. 托颌法

此法用于怀疑头、颈部有外伤者。救护者将手放置在伤者头部两侧，握紧伤者下颌角，用力向上托下颌，如伤者紧闭双唇，可用拇指将口唇分开。如果需要口对口呼吸，则将下颌持续上托，用面颊贴紧伤者口鼻（图 4-4-5）。

图 4-4-4　仰头抬颌法

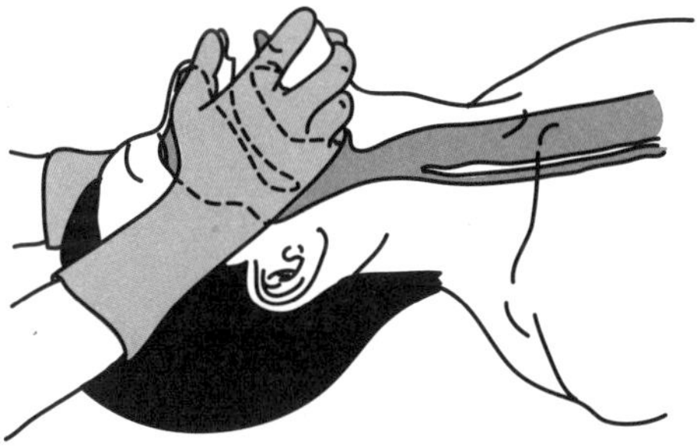

图 4-4-5　托颌法

（四）人工呼吸

婴儿心肺复苏急救流程（1岁内）

开放气道后要马上检查有无呼吸，如果没有，应立即进行人工呼吸。最常见、最方便的人工呼吸方法是采取口对口人工呼吸和口对鼻人工呼吸。

（1）1岁内婴儿。保持气道开放，救护者深吸一口气，用双唇包住婴儿的口鼻，再均匀缓缓吹气，吹完一口气，口松开（图4-4-6），每2~3秒吹气一次，每分钟12~20次。观察到婴儿胸廓微微起伏即可。

图4-4-6 口对口鼻吹气

视频：急救技术（心肺复苏、气管异物）

（2）1—8岁儿童。救护者用放在患儿前额手的拇指、食指捏紧患儿的鼻翼，救护者先深吸一口气，用双唇包严患儿口唇四周（可在口上垫两层纱布），再缓慢持续将气体吹入，吹气时间持续1秒钟，同时观察患儿胸部隆起的情况。吹完一口气，口离开，放开患儿鼻孔。每3~4秒吹一次，反复进行，每分钟12~20次。观察到儿童胸廓微微起伏即可。如果患儿牙关紧闭，采用口对鼻吹气法，方法同口对口吹气法一样。

（五）判断心肺复苏有效的指征

如救护人员实施救护方法正确，又有以下征兆，表明心肺复苏有效：患儿面色、口唇由苍白、青紫变红润；能触摸到动脉搏动、自主呼吸逐渐恢复；瞳孔由大变小，对光反射恢复；患儿眼球能活动，手脚抽动、呻吟。

三、溺水急救方法

婴儿无监护状态下在河边游泳玩水，是造成溺水的最主要原因。

婴儿溺水后，应立即将其救出水面，尽快清除口、鼻内的泥沙、污物，打开气道，保持呼吸道通畅；解开衣领和裤带；将婴儿匍匐在救护者的膝盖上，头朝下按压腹部，将婴儿体内的水倒出来；检查呼吸、脉搏，若婴儿已没有意识，立即实施心肺复苏急救术。同时拨打急救电话或送往医院急救。

四、触电急救方法

婴儿一旦触电，应立即采取各种措施切断和脱离电源，如立即关闭电源或用干木棒等非导电物将肢体与电源接触处分开。切不可用手直接去拉触电者。救护人员自身也要采取相应的绝缘措施。

脱离电源后，应立即检查婴儿是否有意识，若没有意识，要立即实施心肺复苏急救术，同时拨打急救电话或送往医院急救。

婴儿具有强烈的好奇心，对各种事物都充满极大的兴趣，他们喜欢摸摸、尝尝、动动，由于他们缺乏生活经验和安全意识，缺乏自我保护能力，易发生意外伤害。因此，家庭、托幼机构都应有较高的安全意识和对潜在伤害的预见性，关注婴儿生活中的每一细小环节，一旦发生意外伤害，要依据发生意外的原因、伤者的情况判断意外伤害程度。同时，还要掌握意外伤害发生后的急救原则和处理方法，以便进行快速而正确的处理。

反思提高

一、思考

干燥剂、气球对婴儿有哪些潜在的危险？

二、讨论分析

婴儿为什么易发生气管异物？

三、技能训练

操作内容：气管异物的急救操作（0—1岁的婴儿）。

操作准备：婴儿模型。

操作要求：口述并操作。

四、综合练习

请详细写出婴儿溺水后，经检查无意识后的现场救助程序。

本章能力训练、自我测试、推荐阅读

师

中篇　婴儿身心发展与教育

家长困惑

1. 家长什么时候可以让小孩学站呢？
2. 听说爬行对孩子的发展很重要，它的重要性体现在哪些方面？
3. 孩子为什么会口吃？口吃应怎样矫正？
4. 多看电视能提高孩子的语言能力吗？
5. 怎样给孩子选择适合的读物？
6. 1 岁的孩子出门怕生，怎么办？
7. 孩子不把自己的玩具给别的小朋友玩，是自私吗？
8. 我孩子 1 岁了，但除了保姆外，谁都不认，是什么原因呢？
9. 我女儿 2 岁了，分不清红黄绿，是色盲吗？
10. 孩子总是把鞋的左右穿反，也分不清左右手，是怎么回事？
11. 孩子 2 岁半了，能从 1 数到 10，但点数后总说不清物体的总数，此现象正常吗？
12. 1 岁半的孩子见什么扔什么，是什么原因呢？
13. 孩子画画时事先没有目的，只有画出来后才知道画的是什么，如何看待这种现象？
14. 孩子 2 岁前很乖，2 岁后开始不想要大人抱，什么事都要争着自己来，怎么教育呢？

对婴儿心理发展特点和婴儿教育的研究是儿童心理学和学前教育领域中非常重要的部分，也是0—3岁孩子的家长最感困惑和存在误区最多的地方。按照2001—2005年联合国儿童基金会“早期儿童养育与发展项目”提出的“儿童全面发展应包括社会发展、情绪发展、认知和语言的发展、动作发展四大方面”的要求，本篇将当今国内外常用的婴儿心理测量量表中的评价指标和早期教育文献中描述最多的婴儿心理发展内容，归类为认知、动作、语言、社会性（含情感）四个领域。本篇理论部分（第五、六、七、八章）描述0—3岁婴儿在这四个领域的发展趋势、年龄特点、培养途径以及关于各领域核心能力的教育建议，本篇实践部分（第九章）介绍了当前常用婴儿心理测评工具以及婴儿观察评估技术。

本篇思维导图

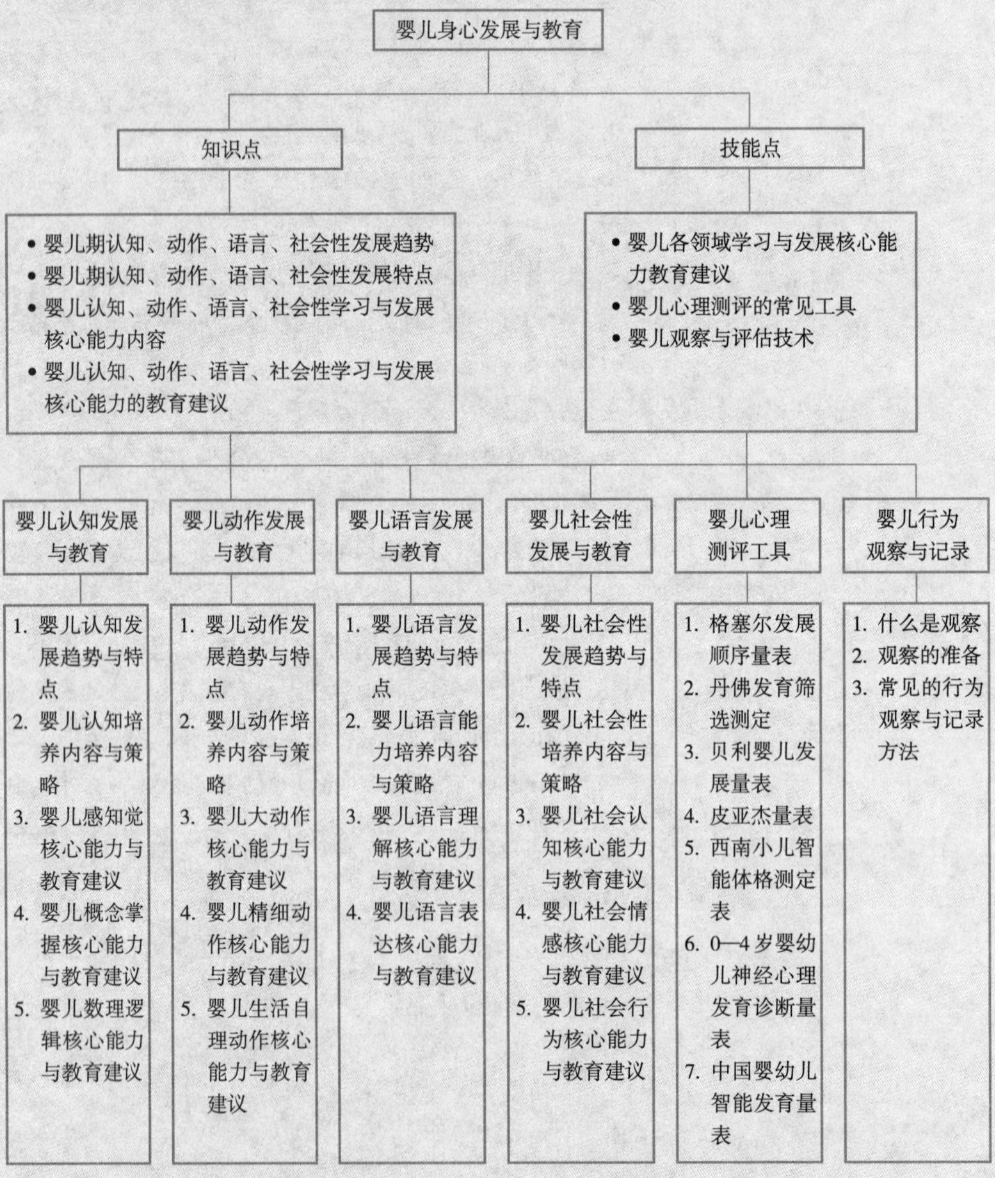

第五章　婴儿认知发展与教育

着重关注：

婴儿认知领域的学习与发展核心能力的内容。

难点理解：

婴儿认知领域学习与发展核心能力培养策略；
婴儿认知领域三大学习与发展核心能力的教育建议。

名词术语：

认知、感知觉、表象、概念、敏感期、自我中心、实物概念、数概念、时间概念、空间概念、一一对应。

核心知识一　婴儿认知发展的趋势与特点

【课前任务】访谈 0—3 岁婴儿家庭，每人搜集 10 个关于 0—3 岁婴儿感知觉、记忆、思维方面的典型表现，分类列出并进行小组交流。各组归纳出 20 个 0—3 岁儿童在认知领域的典型表现，进行课堂分享。

一、什么是认知

认知是大脑反映客观事物的特性与联系，并揭露事物对人的意义与作用的心理活动。具体包括感知、注意、表象、记忆、思维等心理活动。

刘范、张增杰等心理学家把个体的认知活动分为三个过程。首先是感知觉过程，这是认知的开始。感知觉是人脑对直接作用于感官的客观刺激物个别属性和整体属性的反映。感知觉是客观刺激直接作用于人脑引起的认知活动，所以叫直接认知。其次是表象过程，表象是头脑中呈现的，对感知过的事物的映像。最后是概念过程，概念是对事物的概括和抽象，它在不同程度上反映事物的本质属性。表象与概念都是在感知觉的基础上获得的，不是由客观事物的直接刺激产生的，所以也叫间接认知。

人的所有认知活动都涉及这三个过程，个体认知能力发展也主要表现为以上三个认知过程的动态变化。由于认知能展现出个体认识世界的智慧和能力，所以传统的智能开发与训练多集中在对认知能力的培养上。

二、认知发展的趋势①

个体的认知能力经历了一个由简单到复杂、由局部到整体的逐步发展过程，其发展趋势主要表现在以下几个方面。

1. 由分到合地发展

儿童感知觉由单独起作用发展到相互结合。儿童出生后的前半年，主要通过各种单一的感觉去认识事物，随着神经系统的成熟和身体的发展，出现了视觉与听觉的协同活动，以后出现更多视觉、听觉、触觉、动觉的协同活动。我国学前教育专家孟昭兰在总结 20 世纪国内外感知觉研究资料后认为："婴儿的感知觉活动大体经历了三个阶段：第一阶段（0—4 个月），婴儿单一感觉阶段；第二阶段（5—7 个月），视觉 - 听觉、视觉 - 动觉、视觉 - 听觉 - 动觉联合活动阶段；第三阶段（8 个月后），更多感官的协同活动。"伴随各感官由分到合的过程，认知呈现出由局部到整体、由片面到全面的发展趋势。

2. 由近及远地发展

儿童先认识在时空上与自身距离较近、范围较窄的事物，然后再认识在时空上与自身距离较远和范围较宽的事物。比如，儿童对时间的认识过程是：先认识最近的时间"今天"，然后再认识"明天、昨天"等稍远的时间，最后再认识"未来"这种更远的时间。对空间的认识过程是：先认识以自身为参照标准的里外、上下、前后、左右等空间方位，再认识以他人或其他物体为参照标准的空间方位。

3. 由我及彼地发展

儿童的认知发展表现出从"以自我为中心"到"去自我中心"的发展趋势。最初，儿童总是从自身的立场和角度去观察与思考问题，他们看不到别人的立场与自己的差异，其认识往往显得过于主观和片面。在低幼儿童绘画中"画我所想"而不是"画我所见"的特点，就是源于此认知特点。随着儿童年龄的增加与认知水平的发展，认知逐渐地"去自我"。"去自我"的过程使儿童的认知呈现出由主观到客观的发展趋势。

4. 由表及里地发展

儿童最初只能认识事物的表面现象，随着年龄的增长，逐步认识事物内在的本质属性。比如，2.5 岁的孩子涛涛看见隔壁王阿姨牵着她 6 岁的女儿时说"她是王阿姨的小姐姐"，这是涛涛凭借王阿姨和她女儿的外部感知特征做的判断，虽然涛涛已把两个概念"王阿姨"和"小姐姐"联系在了一起，但却没有揭示出两者之间不能由直接感知发

① 方富熹，等. 幼儿认知发展与教育［M］. 北京：北京师范大学出版社，2003：5-6.

现的联系（如，说出“小姐姐是王阿姨的女儿”）。按皮亚杰的分析，0—3岁婴儿的认知活动正处于感知动作阶段，他们的认知能力只能反映自身感知觉和动作能够揭露的东西，其反映材料的组织程度较低，不够灵活。随着认知发展水平的递进，思维才开始在头脑内部进行，当思维变成头脑内部的活动后，感知觉背后的事物关系和联系才会被婴儿逐一揭示。

三、婴儿认知的特点

1. 发展最快、最敏感、最活跃

从图5-1-1可见，与其他系统相比，3岁前，神经系统发育最快，处于加速期，脑和神经系统的迅猛变化，使得婴儿的心理表现日新月异。3岁后，神经系统发展的加速期结束，意味着心理发展减缓、开始形成稳定的心理行为反映模式。所以，俗语“3岁看大”有一定道理。

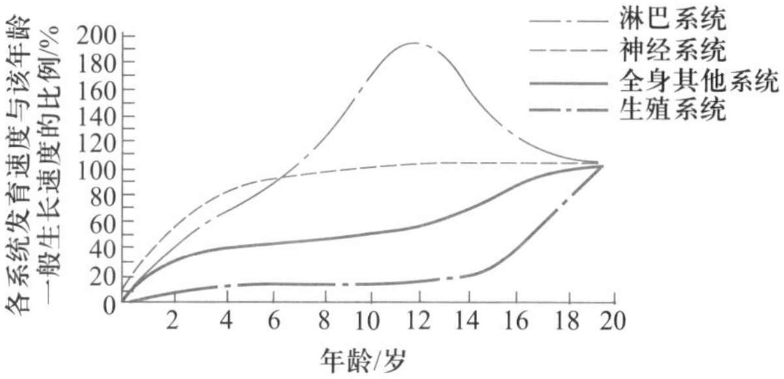

图5-1-1　出生后主要系统的生长规律

神经系统飞速发展，并不意味着各个区域的神经系统按年龄匀速发展。胡腾洛赫尔（Hutenlocher）1979年发现，负责不同认知功能的脑区域的突触数量变化曲线并不相同。突触指神经细胞之间的接触点，突触数量的增长显示了神经系统的发展速度。从图5-1-2可以看出，负责视听、语言及高级认知功能的三个脑区突触数量的增长在3岁前均存在加速现象：视觉/听觉皮层区域的突触数量从出生前的1个月到出生后3个月是增长最快的时期，接受性语言区的突触数量从出生前的1个月到出生后8，9个月是增长最快的时期，高级认知功能皮层的突触数量从出生前的3个月到出生后1—2岁是增长最快的时期。不同脑皮层突触数量的激增必然使婴儿的不同认知功能呈现加速发展和变化的独特特点。

另外，从图5-1-2中可以发现，婴儿期（0—3岁）的突触增长量是整个人生阶段中最多的。突触量多，使婴儿表现出感知觉等认知活动的活跃性高于其他年龄段，导致婴儿出现感觉过敏与感觉倒错。感觉过敏表现为婴儿对外界刺激的感受能力异常增高（较弱的刺激引起很强的反应），所以大点的关门声、突然开灯都会让孩子吓一大跳。感觉倒错表现为婴儿对外界刺激物产生错误的感觉，如婴儿将痛觉误认为触觉、将温热误认为冷等。同时，由于神经联系多，所以婴儿对刺激反应容易出现泛化现象（一处受刺激，全身都有反应）。

从图 5-1-2 中还可以发现，婴幼儿期是突触激增和削减变化最激烈的时期，脑区域中的突触分别从出生后 3 个月到 3 岁开始修剪，当外在的经验转化为神经活动后，决定了哪些突触得以保留，进而决定大脑以何种方式形成永久的通路，事实上认知能力的整体水平由持续的突触修剪期决定。在突触生存斗争的过程中，大脑发展呈现出“敏感期”现象。敏感期可以定义为发展中的一些独一无二的时间段，在这些时间段中神经系统某些特定的结构和功能特别容易受当时经历的影响。有研究证实，在婴儿期，大脑发展确实存在进行某类学习和心理发展的敏感期。因为存在敏感期，所以与成人后的感官损伤相比，婴儿期的感官损伤对其未来认知活动的影响更大。比如，听觉器官受损会使儿童大脑不能对某些音素的神经建立联系，过了 3 岁前语音的敏感期，脑内要再建立这些神经联系就比较困难，所以听觉障碍需要早发现、早治疗，否则对孩子今后语言的发展会造成不可挽回的影响。

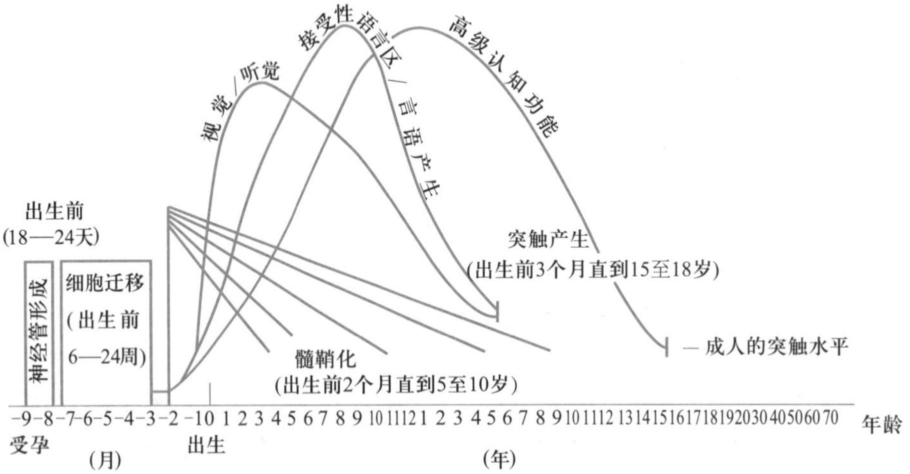

图 5-1-2 突触形成过程

2. 缺乏对事物整体属性的把握

对事物进行感知时，婴儿要么看到事物的个别属性，要么只看到事物的整体属性，部分与整体属性的感知处于分裂局面。心理学家埃尔金德（D.Elkind）研究了儿童整体知觉与部分知觉的问题：研究者给 195 名儿童看一些图片（图 5-1-3），每次看其中的一幅。看图时对儿童说：“你告诉我，你看到了什么？它们看起来像什么？”如果儿童观察时漏看了部分或漏看了整体，就问他：“你看还有别的什么吗？”实验结果表明，71% 的 4 岁前儿童只能看到图片的部分属性，此时孩子要么看到“两只长颈鹿”，要么看到“一个苹果”；极少数 4 岁儿童能说出“抱着个鸡心的长颈鹿”和“由苹果和梨组成的小人儿”这个整体属性。到 9 岁，儿童才能既看到部分，又看到整体。

图 5-1-3　整体知觉与部分知觉研究

3. 直觉行动性

思维的“直觉行动性”表现为思维的进行离不开自身对物体的感知，也离不开自身的动作。婴儿期思维带有很大的直觉行动性，其认知具有狭隘性（思维的范围窄）、表面性（思维的内容浅）和情境性（思维持续的时间短）的特点。认知的直觉行动性使婴儿很难掌握事物的本质和它们之间的复杂关系。

一方面，表现为婴儿的判断与推理极大地受感知信息的干扰，思维缺乏预见性与计划性。比如，如图 5-1-4 所示，让婴儿比较两排数目一样多的棋子，如果两排棋子排列的间隔不同，上一排的排列稀疏些，下一排的排列紧密些，婴儿会认为上一排的棋子比下一排的多；同样的一个木棍，移到不同位置，让婴儿判断木棍的长度是否一样，婴儿会认为长度不一样；当着婴儿的面把两杯相同量的液体的其中一杯倒入一个高度不同的杯子，让婴儿判断液体的量与另一个杯子是否一样，婴儿会认为不一样。婴儿期，直接的感知信息很容易造成错误的判断。因此，0—3 岁婴儿某时的心理活动易受当时婴儿看到、听到、摸到事物后的感觉的影响。在“娃娃家”中，老师如果只给婴儿提供洋

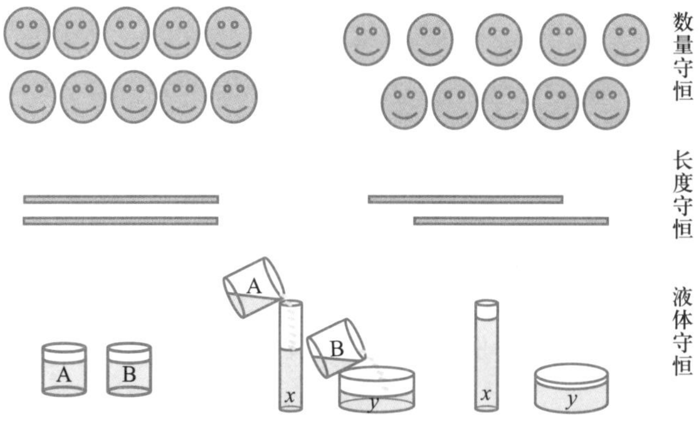

图 5-1-4　守恒概念

娃娃，那么他们就会反复地抱着洋娃娃玩，如果又给他们提供了洋娃娃的衣服、小碗、小勺等物品，那么他们才会给洋娃娃穿衣服、喂饭、喂水。认知活动情境性还使婴儿呈现出注意不稳定的现象。周围任何事情以及事情的变化都容易吸引婴儿注意，如果从积极方面理解，是婴儿积极探索世界的表现，但从消极方面来看，不利于婴儿获得对事物的清晰认知。所以此阶段培养婴儿注意的稳定性是教育的主要内容之一。

另一方面，表现为婴儿只有通过操作才能解决问题。在婴儿期，口腔的探索和手的探索是婴儿认识世界的主要方式。心理学家科普的研究发现，当婴儿面对新的物体时，口腔活动（嘴动）频率高于其他年龄段。比如，1 岁婴儿总是喜欢把抓到的东西放到嘴里，2—3 岁婴儿总是喜欢东摸摸、西摸摸。

4. 自我中心性

瑞士心理学家皮亚杰提出“自我中心”这一术语，指个体不能将自我与外界分开，意识不到自身的存在，不能从客体或他人的角度思考问题的现象。整个婴儿期，孩子都不能从他人或客体的角度去思考或估量事物，因此常常表现出如下思维特点：①“泛灵论”思维，婴儿会将所有的客观事物都视为是和自己一样有生命、有意识的个体，即认为世间万物都有灵性。比如婴儿认为“小草上的露珠是小草流的眼泪、桌子被碰后知道痛”。②“人工论”思维，婴儿认为世界上万事万物都是人造的，比如婴儿认为“湖是被人挖的并灌了水，天上星星是被人抛上去的”。③“主观性”思维，把自己的主观想象附加于客观的物体，混淆想象与现实，比如婴儿会认为“钟在摆动，是它在气愤地摇头；木头浮在水面，是因为它自己想浮起来”。

对于婴儿来说，自我中心的解除需经历一个过程。9 个月之前的婴儿还不存在稳定的客体概念，只感觉到眼前图像时隐时现，不能意识到外物存在不受自身察觉与否的影响。9 个月左右的婴儿学会去寻找被隐藏起来的物体，开始产生“客体永存”的概念。“客体永存”概念的出现意味着婴儿认识到客体“不被自己看到，但仍然存在”这个万物独立于自我而存在的事实。随着动作图式的发展，婴儿逐渐意识到主体自身与客体之间的分离，开始意识到自身的存在。皮亚杰高度评价婴儿这种脱离自我中心意识的出现，认为这是儿童认知发展过程中“哥白尼式的革命”，是整个“感知运动阶段”的最大成就。18 个月时，婴儿开始区别自我与客体，但此时仍不能意识到他人观点的存在。这些都是婴儿思维“自我中心性”的典型表现。

自我中心化与自我中心主义有区别吗?

反思提高

一、思考

结合婴儿认知发展特点，举例说明 1—2 岁婴儿与 4—5 岁幼儿认知特点的差异。

二、咨询答疑

你认为本核心知识可以解决家长育儿的哪些困惑？将你认为可以回答的家长问题及

答案写下来。

三、综合训练

通过查阅资料和个案调研，比较 0—3 岁各月龄段婴儿在认知方面的主要表现特点，填写下表。

月龄段	主要认知特点及个案（要求文字描述在 400 字左右）	
0—12 个月	认知特点：	个案举例：
12—24 个月	认知特点：	个案举例：
24—30 个月	认知特点：	个案举例：
30—36 个月	认知特点：	个案举例：

核心知识二　婴儿认知培养的主要内容与策略

【课前任务】 在托班或 0—3 岁亲子班中，常常看到教师指导儿童做比大小、认形状、认颜色的游戏，有的家长会问："小孩子长大了自然会认识大小、形状、颜色，这么早就教小孩子有意义吗？" 婴儿需要教吗？能教什么？该如何教？请思考这三个问题，并从相关的学术期刊中寻找问题的答案，写出 500 字左右的看法。

本核心知识点将从这三个问题入手，谈一谈婴儿认知领域的学习与发展内容和婴儿认知培养的策略。

一、认知培养对婴儿发展的意义

1. 3 岁前的认知经验影响大脑的结构

过去我们常常认为，脑是非常稳定的，甚至是不可改变的，但是加州大学伯克利分校的神经解剖学家所做的研究改变了我们先前对脑的看法，发现脑具有令人震惊的可塑性，脑完全可以在环境刺激下发生细胞变化和形成新的连接。由图 5-2-1 可见，丰富的环境使得神经元的树突增多了，成熟的神经联系增多了，细胞体也增大了。富足的神经元意味着脑细胞相互间可以更好地交流，也会存在更多的支持性细胞。在脑接收刺激后的 48 个小时之内，上述变化就会发生。

研究发现，随着早期感觉的发展，一些多余的突触被删减了（图 5-2-2）。突触是传送资讯的，为什么会大量死亡呢？其实这就是"去芜存菁，用进废退"的自然法则。突触被删减后逐渐形成了稳定的神经"接线图"，这些接线图是个体今后发展的基础。正因为如此，我们必须遵循一个核心的准则：将有用的、积极的环境因素连接进具可塑性的大脑中，危险和无用的因素需从儿童成长环境中剔除。

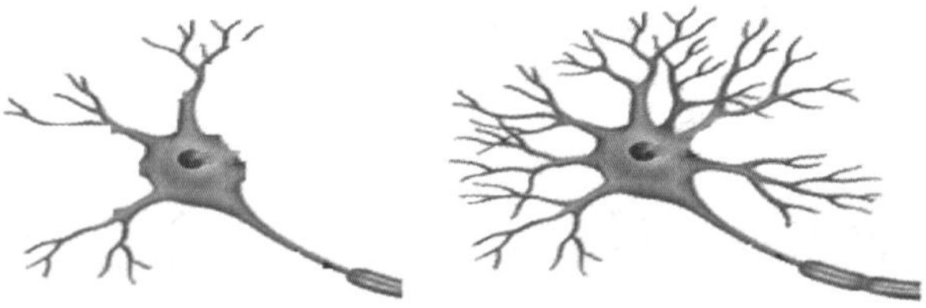

图 5-2-1 贫瘠与丰富环境中神经元发育的区别

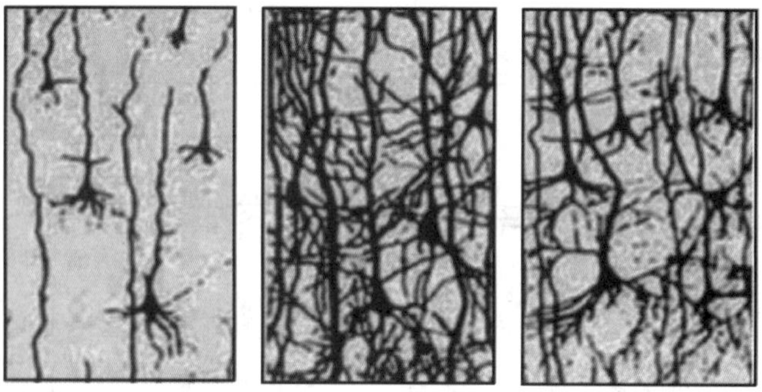

图 5-2-2 神经联系的变化

2. 3 岁前存在最佳的建立某一类行为的“敏感期”

0—6 岁是突触激增和削减变化最激烈的时期。在大脑皮层神经联系你死我亡的斗争过程中，大脑发展呈现出“敏感期”现象。在敏感期内，某一心理机能的发展对内外条件极为敏感，在此时期某些行为极易迅速获取且更容易得到修正。因此，对教育者来说，把握儿童自然发展进程中的敏感期以及儿童学习的最佳期限，及时、合理地给儿童以引导、帮助，意义非同小可。

3. 认知能力关系着儿童了解世界的深度与广度

心理学研究发现，婴儿虽然以直觉行动思维占优势，各种心理活动的有意性还未充分发展起来，对行为的自我调控能力也很差，但我们也要看到婴儿正孕育、形成和发展着更高阶段所具有的认知能力，即婴儿具有抽象思维的潜在可能性。

当婴儿看到一个东西，我们赋予这个东西以一个“概念”（词）的时候，如果没有教育，那么婴儿对这个概念的内涵与外延的把握会非常受局限。比如，婴儿说出“床”，并非就意味着他真正理解了床的本质属性“凡是供人睡觉的家具都是床”，很可能他心目中指的仅是他睡的那张“床”，没有意识到别人家里不同颜色、不同形状的床也叫“床”。如果我们把教育参与进来，提供多种床的变式给婴儿辨认，婴儿的认知可以更快地从具体走向抽象，从片面走向全面。所以婴儿早期认知培养可以促进婴儿认知的深度和广度的发展，能使婴儿更好地把握世界的本质和规律。

二、婴儿认知领域学习与发展的主要内容

认知是人对客观世界的认识活动。人们利用自己的感觉器官首先认识的是客观世界的外观或表面属性，对客观世界本质和规律的认识则需要分析、推理。

分析和推理始于“概念的形成”。概念的基础形式非常简单：我们把事物编成组，列入某种属性相同的类别中，然后给这个类别取一个“名字”，这个名字就是概念。例如，当婴儿看到一把“椅子”时，成人告诉婴儿这是一把“椅子”，婴儿听到的“椅子”名称和这把椅子的视觉形象连在一起，看到另一把颜色的椅子时再次告诉婴儿“这也是椅子”，婴儿又把这把椅子的视觉形象与“椅子”这个名称联系在一起。当颜色、材质、形状不同的椅子的视觉形象都和同一个名称“椅子”联系起来后，婴儿就理解了原来“椅子”是一个“不受各类颜色、材质影响的可以坐的东西”，于是“椅子”概念被婴儿抽象出来了。

为了让婴儿更好地认识“概念”，需要从感知觉能力、概念掌握能力，以及数理逻辑能力入手，这三种能力的训练是婴儿认知培养的主要内容（图 5-2-3）。表中选出的培养指标纳入了婴儿期认知领域学习与发展内容，虽然指标选取不尽准确，也并非完整，但对婴儿期认知领域的主要内容都有所涉及。

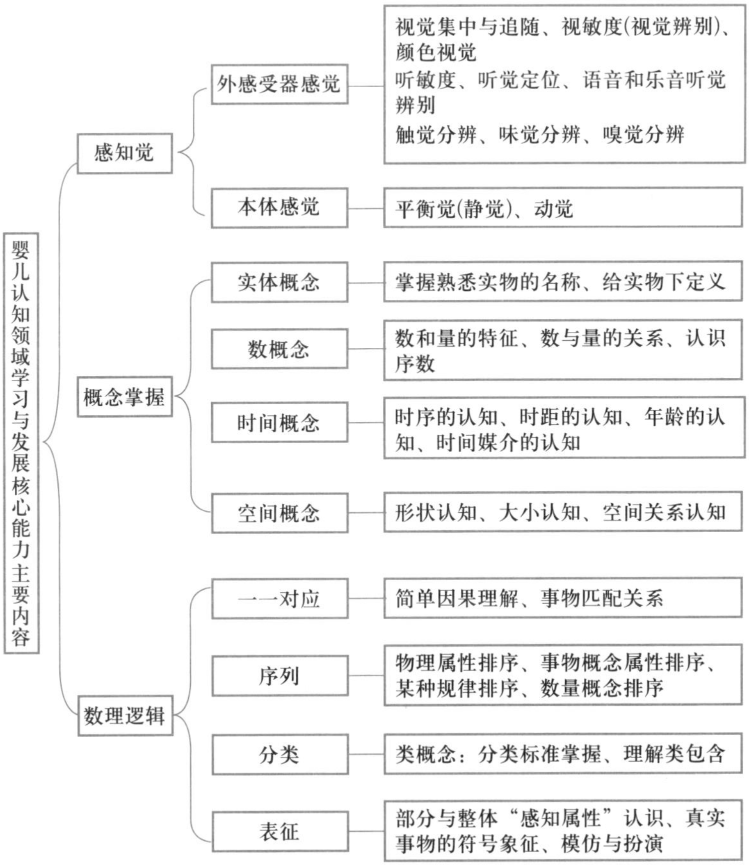

图 5-2-3　婴儿期认知领域学习与发展核心能力主要内容

下面对表中列出的主要能力指标进行简要说明，更具体和更全面的解释将在本章后继描述的“学习与发展核心能力”（本章核心知识点三、四、五）中详加说明，在此不再赘述。

三、培养婴儿认知的主要策略

由于婴儿的认知特点是以直觉行动为主，所以成人应引导婴儿通过直接感知、亲身体验和实际操作进行学习。成人不应对婴儿进行灌输和强化训练。鉴于此，婴儿认知能力培养的主要策略包括以下几方面。

（一）诱发婴儿感知兴趣，教会婴儿观察方法，提高感知觉的敏锐度

1. 利用感知觉特性，诱发婴儿感知兴趣

在环境心理和个体感知觉的研究中发现，当外界刺激物具有以下属性时容易诱发人的感知兴趣：① 强度越大的刺激物越容易引人注意。② 刺激物与周围背景的差异越大越容易引人注意。③ 越新奇的刺激越容易引人注意。④ 活动的刺激物比静止的刺激物容易引人注意。由此可见，利用感知觉的特性，通过刺激物的属性诱发婴儿感知兴趣，从而培养婴儿的观察力。

2. 教会婴儿观察的方法，是发展婴儿感知觉能力的重要途径

观察的方法直接影响感知的效果，如果婴儿掌握有效的观察方法，其感知能力将极大提高。常用的观察方法主要有：① 顺序观察法。即从上至下、从前往后、从左到右、从近到远等有顺序地观察。② 典型特征观察法。即先观察最明显的特征，再过渡到一般特征。例如观察蝴蝶时，先观察其翅膀和美丽的颜色，再过渡到观察其他部分。③ 分解观察。将复杂的物体分成几个部分，各部分仔细观察，再综合起来了解全貌。④ 比较观察。同时观察两种或两种以上的事物，比较异同。例如，可以通过比较观察了解男孩和女孩、鸡和鸭的区别。⑤ 追踪观察。即观察事物的发展与变化过程。例如，观察植物从种子萌芽到生根、长茎叶、开花结果等过程；观察蚕从卵到虫、脱皮、吐丝、结茧、变蛾的过程；等等。

（二）给予婴儿丰富并适宜的感性经验，拓展其认知范围，促进其概括能力发展

“说教”不可能使婴儿的认知能力得到发展，丰富的感性经验才是认知发展的前提。成人需要注意从以下几个方面去积累婴儿的感性经验。

1. 多看、多听、多体验

俗话说“巧妇难为无米之炊”，大脑只有积累了丰富的感性经验，才能更好地运行。一个成天被家长抱着的孩子，动觉经验一定少；只尝过一种味道食物的孩子，味觉和嗅觉经验一定少；总被厚的衣服捂着的孩子，对温度的感知力一定弱。要提高婴儿认知能力，就一定要给婴儿多提供直接感知的机会。赫尔德与海因的一项实验发现：自生运动更利于认知发展。由此可知，成人在让婴儿接触环境时，不能仅仅让婴儿被动地处在环境中，应鼓励婴儿与环境发生直接互动，让婴儿亲身去体验环境与操作物品，这样才能

赫尔德与海因实验

更好地发展认知能力。但也要注意，感性经验的量要适可而止，要有所选择，环境中的刺激物不是越多越好。

2. 注意运用多种变式

变式就是指呈现刺激物的各种方式。缺乏变式呈现，婴儿思维容易被固化，从而缺乏灵活性。比如，在认识数字“3”时，如果成人只用 3 只鸭子的教具去反复强化“3”的概念，婴儿就可能认为只有“3 只鸭子”才叫“3”。事实上，婴儿只有知道了“3”不仅指 3 只鸭子，还可以指 3 只皮球、3 把椅子、小狗的 3 声叫声时，才会将“3”从具体事物中抽象出来，从而理解“3”这个数的实际意义。再如，让婴儿认识三角形时，成人如果只提供等边三角形或水平位置的三角形给婴儿学习，那么当婴儿遇到不等边或被斜放的三角形时，就有可能说不出是什么形状。因此，要提高婴儿思维的抽象水平，成人必须给婴儿提供多种“变式”的学习。

3. 提供真实的经验

对婴儿而言，提供真实而自然的环境经验是最恰当的。如果成人总把瓶子当作“汽车”与婴儿玩“开汽车游戏”，那么婴儿对玩的这个瓶子叫“汽车”还是叫“瓶子”就弄不清楚了。如果当家长做“蛇在地上玩”的游戏时，总把“绳子”称为“蛇”，则婴儿可能始终会把绳子当做蛇。其实，越是真实的环境经验，对婴儿越有价值，越容易让婴儿建立正确的实物概念。那些假想的、模拟的、幻化的情景应尽量减少，比拟的东西应当随着婴儿表征思维的出现才能逐步进入。

4. 鼓励适宜的交往

适宜的交往是婴儿“去自我中心”形成所必需的。只有在相互交往中，婴儿才有机会了解别人的观点，才能学会协商冲突，逐渐减少“自我中心”倾向。相互交往也可以使婴儿的思维变得更为灵活和流畅，因为它给婴儿提供了更多观察别人解决问题的机会，同时学会用不同方式来解决同一问题和学会一个方法可以解决多种问题。

5. 给婴儿提供多感官统合发展的机会

感觉统合是指个体的中枢神经对进入大脑的各种感觉刺激形成有效组合的过程。此概念是由美国加州大学的心理学家爱尔丝博士在 1969 年提出的。她用感觉统合失调来解释儿童种种问题，并设计了一系列感觉统合训练来矫治感觉统合的失调。所以注重各种感官的协调训练是婴儿期不能忽略的教育。

（三）创设“问题情境”，激发婴儿思维动力

古人说：“不愤不启、不悱不发。”意思是只有在解决各种问题的过程中，认知才能得到发展。“问题情境”是激发婴儿进行认知的动力。由于婴儿无法自己创设环境，因此需要成人预设问题环境去激发婴儿的认知。比如，成人可在墙上画上没有尾巴的动物，鼓励婴儿将墙脚篮子里的动物尾巴贴在墙上相应的动物身体上，借此让婴儿领会整体与部分的关系；成人还可以故意提供不完善的环境，通过让婴儿自己补足条件或材料来完成游戏（如在娃娃家的小厨房里，故意少放一个炒菜的勺子，让婴儿自己想象拿什么东西可以代替勺子），借此提高婴儿的想象力。

（四）通过“探索与操作”游戏，培养婴儿独立思考的能力

重视“探索操作”在认知训练中的作用，让婴儿在动手时动脑，在动手中发现，在动手中询问，在动手中提高。成人需要提供大量的让婴儿亲自操作的机会和丰富的操作材料，让婴儿在实践中提高认知。比如：在玩绳的活动中，婴儿通过“把绳变成三角形或长方形”“以几厘米为一等份，把绳分成几等份”“比较两根绳的长短”等游戏，学习几何图形、计数、数量关系等知识。思维能力只有在婴儿操作学具和材料的过程中才能得到充分的发展。

（五）善用“语词”，提高婴儿认知深度

语词是思维的工具，是思维的发动者，又是思维过程的凭借物与物质外壳。借助语词的概括，人脑对事物概括、间接的反映可以上升到更高的水平。例如，有了代表同一类的事物的词“苹果”，婴儿才能把各种颜色、形状、大小不同的苹果概括为一个概念“苹果”。借助词的描述，婴儿能更准确地捕捉事物间的差异与特征。

婴儿阶段不推荐的认知教育方法

如果在婴儿观察时成人辅以语词指导，则可使婴儿思维更加全面与准确。如在婴儿观察鸡和鸭时，成人问：“鸡和鸭的嘴有什么不同？脚有什么不同？叫声有什么不同？活动的地方有什么不同？……”将使婴儿更准确理解鸡和鸭的区别。因此，成人语言表述的正确性、所提问题的有序性，影响着婴儿认知水平。

反思提高

一、思考

为什么说婴儿认知的教育不能简单地等同于认知能力的强化训练？

二、讨论分析

赫尔德与海因的实验在婴儿认知培养中带给你什么启示？你在指导家长时应着重强调什么？

三、技能操作

结合婴儿认知培养的相关知识，举出家庭教育中的3~5个反例，并设计出相对应的正确的教育指导方案。

四、综合训练

熟知婴儿认知领域的内容，围绕此内容写1篇1 000字左右的小论文，题目为《婴儿认知领域培养内容概要》。

核心知识三　婴儿感知觉核心能力与教育建议

【课前任务】 请分别为12个月、18个月、24个月、30个月婴儿选择5个适龄的、

适合家庭使用的感官训练玩具，写明自己选择的理由。

一、感知觉学习与发展核心能力

在人生最初的三年里，婴儿主要依靠感知觉来探索世界、了解自我。个体的认识水平受感官的敏锐性、观察的细致度影响，因此感知领域内学习与发展核心能力的培养是婴儿认知教育中很重要的内容（表 5-3-1）。

表 5-3-1 0—3 岁婴儿感知觉学习与发展的核心能力

感知觉	学习与发展的核心能力	代表性行为（主要观察指标）
视觉	1. 视觉集中与追随 2. 精确辨别物体细微差别 3. 颜色视觉的辨别	1. 眼睛跟随悬环至中央线（横向 0～90°） 2. 头追随摇晃的环向上向下移动 0～180° 3. 随大人手的移动注视任意方位的东西 4. 会辨认生人与熟人（婴儿面部表情有差别） 5. 区别人脸图形差异：能认出养育者的照片 6. 认识黑色和白色 7. 能把相同的颜色找出来 8. 当成人问哪个物体是红（黄 / 橙 / 绿 / 蓝）色的时，孩子能正确指认 3 种以上与颜色匹配物体 9. 能说出物体的颜色名称（红 / 黄 / 蓝）
听觉	1. 对声音刺激的精细分辨能力 2. 判断声源方向的能力 3. 对语言和音乐的节奏、音色的分辨力	1. 听到 2～3 米远处的声音（或耳语）转头 2. 能辨别温和或生气等不同腔调和强度的语音 3. 可以说出或指出是什么东西在发声（门、水、电视等） 4. 成人在一定距离外拍手几次，婴儿能立即模仿拍击次数 5. 对节奏鲜明的音乐做出符合节奏的动作（如抬放脚后跟、点头） 6. 以比较准确的节奏模仿唱出简单歌曲 7. 语言的反应：懂“再见、欢迎”等并做相应动作 8. 懂“不”的含义 9. 能根据歌曲内容，做出相应的行为和表情
本体感觉	1. 感受自身姿势的平衡和运动状态的能力 2. 感受自身空间位置以及空间方向能力	1. 沿着线条，足尖对足跟走 2. 模仿家长单脚站立并保持 10 秒以上 3. 能按成人口令，做出停止或开始动作 4. 能跟着足球调整自己的身体运动速度与位置 5. 能按成人口令，做出向前、向后动作 6. 能按成人口令，做出起立、躺下，往上跳、往下跳的动作

二、关于感知觉学习与发展的教育建议

（一）提升视觉能力的活动

1. 视觉追随

成人可以创设一些有趣的游戏来锻炼婴儿的视觉追踪能力。比如，将婴儿竖直抱在胸前，让婴儿脸朝外看移动的物体（如电扇上的彩色布条、水槽中的流水、移动的人

等）；或者抱着婴儿边走边看不同位置的事物；移动放在婴儿眼前的玩具吸引婴儿眼球移动；让婴儿顺着图片中的线条找物体（图 5–3–1）等。通过物体的移动、婴儿身体位置的移动以及婴儿视线的移动，可以提升婴儿的视觉追随能力。需注意的是，训练婴儿视觉追随能力时，外物的移动速度或成人走动的速度不宜太快。

图 5–3–1 视觉追随训练：顺线找物

2. 视觉 – 动觉协调

成人应尽量创造机会和条件引发婴儿视觉和动觉的配合。地板健身架（指那种放在地上、上面挂有各种玩具的架子，此玩具可引导婴儿视觉和动觉配合）或那种手一按就弹出玩具的“宝藏盒”是提高婴儿“视动协调”能力的好材料。

3. 颜色辨认与配对

不仅可以利用特制的各色色卡提升婴儿颜色辨别力，还可以结合日常生活中婴儿看到的各种实物来进行训练，如让婴儿辨别食物、衣服、花朵、玩具、用具等的颜色。需注意的是：颜色辨认应按“基本色（红、黄、蓝）→间色（橙、绿、紫）→复色（蓝绿、蓝紫等）”的顺序逐步提升。另外，颜色知觉训练的难度应从物体的颜色配对游戏开始，当婴儿能够“对相同颜色进行配对”后，再学习“指认和某色卡一致的实物”，并逐渐能“说出实物的颜色名称”。

（二）提升听觉能力活动

1. 声音分辨与定位

应让婴儿听不同的声音以丰富婴儿的听觉经验。成人在说话时应配合脸部的表情和肢体语言，成人说话或唱歌的内容应该重复而多样；在婴儿手腕和脚踝上系上铃铛，让婴儿去辨认声音的位置以培养其声音的定位能力；在婴儿床的末端贴上一个一压就发声的软垫，让婴儿知道只要脚去压软垫就会出现声音；还可以利用生活中或大自然中的声音（如水的滴答声、不同人的脚步声、开关电灯的声音、钥匙扭动锁孔的声音、风吹树叶的声音、动物的叫声等）提高婴儿声音的辨别力。

2. 音乐感知

包含以下三个方面：一是音高、音色、音强辨别。可选择不同速度、响度的不同乐器或发声玩具让婴儿辨别声音的差异，也可让婴儿辨别家中不同物体的敲击声，如钟声、敲碗声等，来提高婴儿对音高、音色、音强的感知能力。二是语调区分。成人通过改变对婴儿说话的声调来提高婴儿语音分辨力。不同情景下的不同语调，能使婴儿感受到语言中不同的情感和节奏。三是音乐感知。对音乐的感知仍以轻柔、节奏鲜明的轻音乐为主，节奏要有快有慢、有强有弱。可让婴儿听不同旋律、音色、音调、节奏的音乐以提高对音乐的感知能力。

3. 听觉记忆能力

听觉记忆是把别人口头所述的一系列信息按顺序回忆出来的能力。如，可以让婴儿按顺序复述成人说出的数字或事物名称，可以让婴儿向其他人转告电话内容，可以让婴儿按照成人布置的任务做事且做事顺序不能颠倒等。

（三）本体感提升

1. 身体抚触

亲子拥抱可以帮助婴儿建立基本信任，也可以促进婴儿多感官的整合。织物（硬的、柔软的、湿的、干的）是触觉训练的好材料，成人可用人工毛料、天鹅绒、缎布、棉布等织物触碰婴儿的面部、背部、手臂、手、腿、脚等身体部位。也可以让婴儿用身体或手去触摸室内外不同材质的墙面、地面、门面、桌面、书面或各种有纹路的物品，以此来增加婴儿的触觉感受力。抚触操是很好的触觉运动，成人配合抚触音乐的旋律，轻揉或轻敲婴儿头面部、背部或摆动婴儿的手脚，可以增加婴儿的触觉经验。

2. 平衡感训练

利用专业器具，对婴儿进行跳、摇、旋转训练。大陀螺、圆形旋转盘、大弹力球、平衡板、踩踏石、跳床、踩踏跷跷板、平衡板等教具，都是平衡能力训练的专用教具。

促进婴儿感知能力发展的游戏案例

3. 前庭觉训练

成人要让婴儿尽量多作颈部运动和爬行运动，可利用滑板、圆形滑车摇滚圈、吊缆、太极平衡板、88 轨道、沙袋、荧光颗粒球等教具对婴儿实行训练。

各月龄段感知觉核心能力训练重点提示

4. 本体感训练

本体感是在追、跑、赶、跳、碰中逐渐成熟的。轻微地左右摇晃婴儿或改变婴儿的空间位置（如滚动婴儿身体、把婴儿举高放下、抱着婴儿转圈等）都可以增强婴儿的本体感（图 5-3-2）。

图 5-3-2　本体感训练案例图示

反思提高

一、思考

何谓感觉统合失调？请简单分析感觉统合失调与教保环境的关系。

二、案例分析

一岁半的微微最喜欢用蜡笔在纸上画画了，他比较喜欢用红、黄、蓝、绿等颜色。妈妈想寓教育于色彩之中，一遍遍地向微微讲这是什么颜色，那是什么颜色，很快就教了四种颜色，妈妈着实高兴了一阵。但接下来的几天，妈妈再问："这是什么颜色？"微微要么张冠李戴，要么避而不谈，妈妈迷惑了：微微已经学会了，怎么又不会了？请帮助微微妈妈解决她的疑惑。

三、咨询答疑

请收集能用本核心知识回答的20个家长育儿问题，并写出答案。

核心知识四　婴儿概念掌握核心能力与教育建议

空间概念学习

【课前任务】观看视频"空间概念学习"，思考：教师在哪些方面做得好？哪些方面还需要调整？写出300~500字评论。

一、概念掌握学习与发展的核心能力

概念是人脑对客观事物本质属性的反映。掌握以"词"为标志的概念是婴儿思维发展的基础。婴儿掌握概念的主要方式，是向成人学习社会上业已形成的概念，婴儿并非简单机械地接受成人所教的概念，他们往往把成人传授的概念纳入自己的经验系统中，经过概括形成自己理解的概念。

从概念的内涵来看，概念可分为实物概念和抽象概念。实物概念是关于事物的整体的概念，一般与表象密切联系。当人们头脑中出现某个实物概念时，会同时出现与之有关的表象，如"飞机""狗"。抽象概念不是关于事物的整体，而是关于事物的某个属性、状态、与其他事物的关系的概念，如"分钟""上下""多少""硬度"等，时间概念、空间概念、数的概念均属于抽象概念。

表5-4-1是0—3岁婴儿需要和可以掌握的重要概念。

表5-4-1　0—3岁婴儿概念掌握学习与发展的核心能力

概念	学习与发展的核心能力	代表性行为（主要观察指标）
实物概念	1. 指出或列举所熟悉的一些事物 2. 能说出实物突出的外部特征 3. 能说出实物功用上的特征	1. 能说出家中10~20种日用品的名称 2. 能说出10~20个常见动物的名称 3. 能叫出5~10个亲人的名字 4. 当听到常用名词时，能直指某个具体的事物。如问"什么是狗"时，能指着家里的狗答："这就是狗" 5. 知道10~20种常用物品的功能，如知道"杯子"是喝水的；"衣服"是穿的 6. 在给一些常用物下定义时，能说出此物的常见特征，如"长着长耳朵的是兔子""鸟是会飞的""鸟是吃虫子的"

续表

概念	学习与发展的核心能力	代表性行为（主要观察指标）
实物概念		7. 在给一些常用物下定义时，能说出此物的功用。如问“什么是马”时回答“马是拉车的”
数概念	感知“量”与“数”的特征： 1. 能用词标注大小、高低、粗细等物体外观的“量”特征 2. 按物体“量”的特征（大小、高低、粗细）排序 3. 能初步感知“数”的特征 4. 对环境中各种数字的含义有初步了解	1. 说出两个实物（如不同的笔、尺子、鞋、牙刷）哪个长哪个短 2. 说出两个实物（如画笔和杯子）横切面哪个粗哪个细 3. 说出同一形状物体（如两张圆形纸张）面积哪个大哪个小 4. 能说出两个同一形状、大小的物体的质量（如铁球、塑料球）哪个轻哪个重 5. 说出两个不同形状、不同材质的物体（如铁、棉花）哪个重哪个轻 6. 能将同形状物体按大小（如粗细、长短）等量的特征排序（1~5 个物体） 7. 能找到生活中用数字作标志的事物，如电话号码、时钟、日历和商品的价签等 8. 了解和感受“数”用在不同的地方，表示的意义是不一样的（如天气预报中表示气温的数代表冷热状况；钟表上的数表明时间等）
	对数与量关系的初步了解： 1. 唱数能力 2. 分辨相等与多少（10 以内）能力 3. 按物点数能力 4. 按数取物能力 5. 初步测量能力	1. 能按顺序唱数 1—10 2. 成人从 1 开始念，婴儿可按顺序念出 1 后面的数字 2，3，4，5，6 3. 成人从 1，2，3，4，5，6，7，8 任意数开始起头，婴儿可接着往下念 3 个数以上 4. 成人从 3，4，5，6，7，8 任意数开始起头，婴儿可倒数 3 个数以上 5. 能判断两堆物体的个数（10 以内）是相等还是不等 6. 能比较物体量是“1”还是“许多” 7. 将同色的方木摆成 4 块一堆和 6 块一堆，能指出哪堆“少”哪堆“多” 8. 能进行两组物体的一一配对（如 1 个苹果配 1 个橘子，2 个苹果配 2 个橘子） 9. 能手口一致地点数 3~5 块积木 10. 能手口一致地点数图片上的动物个数 11. 在成人“取物 3 或 5 个”的要求下，能在一堆物体中取出正确数量的物体 12. 点数 3~5 块积木后，能说出积木的总数 13. 在成人量长短时，能配合拿出尺子，称质量时拿出秤 14. 知道用脚（手臂、积木、鞋）测量物体长度，并说出这个物体是多少个脚（手臂、积木、鞋）的长度
	认识序数： 初步理解数序的能力	1. 知道每个物体对应一个位置（如根据语言指令可以将汽车玩具放在玩具柜的第一格，将绒毛玩具放在第二格） 2. 能按成人口头指示的排列顺序，将物体（3 个物体内）放在正确的位置 3. 随意指出一堆物体的一个物体，知道这个物体纵向或横向排列的位置数（说出纵向排第几，横向排第几）

续表

<table>
<tr><th>概念</th><th>学习与发展的核心能力</th><th>代表性行为（主要观察指标）</th></tr>
<tr><td rowspan="4">时间概念</td><td>认识时序：
1. 按序做事
2. 通过事物的一定特征判断时间发生的先后</td><td>1. 能说出（表达）自己刚刚做过的事
2. 能按成人要求的做事顺序（如打开门、搬小椅子、用抹布擦桌子）正确完成
3. 在成人提示下，可将三张反映早晨、中午、晚上的日常活动图片按一天中先后出现的时间正确排序
4. 在成人提示下，可将春、夏、秋、冬的图片按同一年的起止时间正确排序</td></tr>
<tr><td>认知时距：
1. 感知速度快慢
2. 初步理解短时距</td><td>1. 当成人说“停止”（或“开始”）时，知道停止（或开始）某个动作
2. 能按成人要求做“快快的动作”或“慢慢的动作”
3. 听 6 秒和 2 秒的钟表声后，能说出时距哪个长哪个短
4. 模仿成人敲鼓、摇铃的节奏打出简单的节奏，如按“× － × － × － |× － × － × －”打出正确节奏</td></tr>
<tr><td>根据人的外部特征识别年龄</td><td>1. 能根据明显的外表特征判断两人年龄大小（如能判断照片上的两个陌生人哪个年龄大）
2. 在成人提示下，能将自己的成长照片按年龄增长排序
3. 可以按由大到小的年龄顺序，将奶奶、妈妈、小朋友的照片正确排列</td></tr>
<tr><td>认知时间媒介：借助生活事件和环境信息反映时间</td><td>1. 能自发说“到吃饭的时间了”或“到睡觉的时间了”
2. 能根据早、中、晚照片的内容提示，判断出事件发生在早、中、晚哪个时间段
3. 能根据春、夏、秋、冬的图片（或照片）上的典型特征说出四季名称
4. 指出日历上 5 个重大的节日
5. 能认识时钟的整点和半点</td></tr>
<tr><td rowspan="2">空间概念</td><td>对形状的认知：
1. 图形匹配
2. 图形分类
3. 图形的分解与组合</td><td>1. 能将圆形、三角形、正方形的小卡片放在同形状的大的几何图形卡片上面
2. 可以将不封口和封口的相同图形分开摆放
3. 能将同一颜色、大小相同的圆形、三角形、正方形等几何图片分类
4. 能将不同颜色、相同大小的圆形、三角形、正方形等几何图片分类
5. 能将一个拆分成两部分的简单图形再次组合成一个完整的几何图形
6. 能将剪成三块的图形（如人体、动物、建筑物、交通工具等图形）再拼成一幅完整图形
7. 能说出由圆形、三角形、正方形组成的图画中的每一个简单图形（如问“房子由哪些图形构成”时，婴儿能答对）</td></tr>
<tr><td>对形状名称的认知
1. 按名称指认形状
2. 看图说出形状名称</td><td>1. 能按成人口头指示（如圆形、方形的图片是哪个），拿出相应形状的几何图片
2. 能按成人口头指示（如拿出圆形的物体），拿出相应形状的立体物体（如橘子、西瓜、皮球、乒乓球、地球仪等）
3. 成人指着图形问“这是什么形状”时，婴儿能说出圆形、三角形或正方形的名称</td></tr>
</table>

续表

概念	学习与发展的核心能力	代表性行为（主要观察指标）
空间概念	对形状大小的认知： 1. 识别简单平面图形的大小 2. 识别体积的大小	1. 能说出同样形状的两个圆形、正方形、等边三角形的大小关系 2. 能说出两个同样形状的椭圆形、长方形、菱形、五角形的大小关系 3. 能按语言指示完成“拿出大皮球”或“拿出小皮球”的任务
	对空间关系（方位）的认知： 1. 里外关系认知 2. 上下关系认知 3. 前后 / 远近关系认知	1. 能准确地说出某物是在瓶子里面还是在瓶子外面 2. 能说出自己五官和身体各部分的上下位置，如鼻子在眼睛下面、头在脚的上面 3. 能说出自己身体（头、手、脚）上方或下方的物品 4. 能说出物体或图片上物体（桌子、盘子等）上面或下面的东西 5. 能说出自己身体前面和后面的部分器官 6. 能说出自己身体的前面或后面的东西 7. 能按成人语言指示做出身体向前进或向后退的动作

二、关于概念掌握学习与发展的教育建议

（一）关于“实物概念”学习与发展的教育建议

实物概念是关于事物的整体概念，它反映完整客体的本质属性。实物概念具有一定的感性成分。当儿童说出一个概念，甚至知道这个概念的所指时，并不等于已经掌握了这个概念的真正含义。如“警察”这个概念，对婴儿来说只是意味着穿某种服装的人，并不像成人理解的“警察是维护社会秩序的国家治安人员，是阶级专政的工具”。

婴儿实物概念掌握的广度和深度都相对较差，他们一般只能掌握比较具体的实物概念。婴儿的实物概念掌握水平表现为：① 同一反复。如“问什么是灯”，答“灯灯或大灯”。② 举出实例。如问“什么是灯”，答“台灯、红灯”。③ 说出非本质外部特征。如问“什么是灯”，答“长的、圆的”。④ 说出功用、习性和重要特征。如问“什么是灯”，答“亮、发光的”。只有到了幼儿期，儿童才有可能说出部分实物概念的本质特征。

婴幼儿期掌握实物概念的一般发展过程

婴儿实物概念掌握的培养内容包括以下几个方面。

（1）说特征：能说出物体的一种或几种外观特征，如形状、颜色、结构、大小、软硬等。

（2）贴标签与命名：标签指视觉形象和图片。例如在椅子上贴上椅子的照片，以图片和实物联合的方式帮助婴儿形成概念。命名指话语的使用。例如成人说出“椅子”这个词时，配合展示实物椅子。

（3）听声音或看动作说出实物名称：如成人发出小动物的叫声（如“汪汪”“喵喵”“叽叽”“嘎嘎”等）或做出动物的典型动作时，让婴儿猜成人说的是什么动物。其他日用品的概念掌握也可模仿此方式训练。

（4）听词拍手：给婴儿读一组词，让婴儿听到符合同类事物内涵的词时拍手。例

如，让婴儿听下面的实词“盆、电灯、桶、棍子、碗、桌子”，凡听到能装水的容器词时就拍手；听实词“巧克力、铅笔、汽水、盘子、米饭”，凡听到食物相关的词就拍手。同类词包括同类别（如动物）、同用途（如都能写字）、同生活习性（如水中生活的）的实物词。

（5）下定义法：要求婴儿用自己的话给实物概念下定义。例如，让婴儿说出一些常见的实物词是什么意思，如碗、梳子、灯、桌子、苹果等。

（6）找缺失：要求婴儿在刺激不完备的情况下把刺激补充完整。如，在“找缺失”的图片游戏中，让婴儿去发现少画一个支撑腿的眼镜或少画一个耳朵的小白兔，让婴儿自己说出图画缺失的部分（图 5–4–1）。

（7）找相同与不同：向婴儿展示一组物品，让婴儿把相同的或不同的找出来（图 5–4–2）。

图 5–4–1 请找出 3 幅图中的缺失部分

图 5–4–2 找图中的不同与相同

（二）关于“数概念”学习与发展的教育建议

数概念是指个体对自然数的认识。自然数包括两个方面：一是基数，它是指一个集合所含的元素数即一组物体的个数；二是序数，它是指一个数相对于其他数来说所处的顺序位置。婴儿期数概念的核心能力提升的教育内容包含以下几个方面。

1. 初步感知数与量

（1）认识数：引导婴儿感知和体会生活中很多地方都会用到数，熟悉阿拉伯数字

1—10 的形状，体会数可以代表不同的意义。如：和婴儿一起寻找和发现生活中用数字作标志的事物，如汽车车牌号、电话号码、时钟、日历和商品的价签等，鼓励婴儿看到这些数字后念出声。引导婴儿了解和感受数用在不同的地方，表示的意义是不一样的。如天气预报中表示气温的数代表冷热状况，钟表上的数表明时间的早晚，来电号码的差异表明是不同的人打来的电话等。

（2）认识量：引导婴儿感知和理解事物“量”的特征。鼓励婴儿观察物体的大小、高矮、粗细等“量”特征的差异，让婴儿学习使用相应的词汇描述事物这些“量”的特征；鼓励婴儿收拾物品时按照物体“量”的特征分类整理。如整理鞋子时按照鞋子的长短摆放，收拾碗时按碗的大小分类叠放等。

2. 了解数与量之间的关系

唱数：让婴儿练习复述数。比如成人念 352，837，641 三组数，婴儿跟着复述。学着从 1 到 10、10 到 20、20 到 30 唱数。随着唱数能力发展，让婴儿学会从任意数开始起头，按序念唱后面的数字，学会后再试着倒数数字。

（1）数与量的结合：生活中随时强化数与量的关系。通过一一对应的方式让婴儿了解“量”的差异可以用“数”表示出来。如，带婴儿排队时数排队的人数，量身高、体重时，让婴儿注意身高体重仪的数字刻度，在给桌子上的每个碗配上勺子时，引导婴儿主动去匹配碗和勺的数量。

（2）比多少：可以教会婴儿运用重叠或并放的方法区别出两堆物体的数量多少，并用数值表示出来（图 5-4-3）。

图 5-4-3　比较盘子里的水果多少

（3）按物点数：鼓励婴儿数生活中一切可以数的事物。利用生活和游戏中的实际情境，让婴儿跟着大人一起手口一致地点数物体，点数后鼓励婴儿说出总数。点数时让婴儿体会物体的数量不会因排列形式、空间位置的不同而发生变化，如将一定量的扣子以不同的形式摆放（整齐的、胡乱的、稀疏的、紧密的），让婴儿体会不同摆放位置不会影响扣子的数量。

（4）按数取物：结合日常生活，为婴儿提供“按数取物”的机会，如请婴儿按成人要求的数量拿出相对应的物体个数。先拿出和成人手中一样数量的物体，然后逐步加深难度，让婴儿按图片上展现的阿拉伯数字拿出等量的物体。

3. 体会数序

（1）体会顺序：在日常生活中到处存在“序”，比如，滑滑梯时按照“先来先玩”的顺序排队玩；跑步时排出第一名、第二名；说出“班上谁的个子最高，其次又是谁”等。教师可以结合生活中的实例，从认识第一、第二入手，让“序”成为婴儿可以感受的东西。

（2）位置与顺序的对应：引导婴儿按照一定顺序排列事物，体会顺序与位置的对应关系，如：让婴儿按成人命令，将玩具熊、积木、汽车按纵向（或横向）第一、第二、第三的位置摆放。

（三）关于“时间概念”学习与发展的教育建议

时间概念反映物体存在的延续性和出现的顺序。比起空间概念，婴儿对时间概念的掌握要困难得多，这是因为时间特征比空间特征更难把握。虽然时间概念的掌握非常难，但由于时间是物质存在的基本形式，所以帮助婴儿了解时间是帮助其认识世界的重要内容。

1. 时序认知

（1）体会时间顺序。生活中很多事情都是有一定顺序和规律的，如一天里的时间顺序是从早到晚，一周七天的时间顺序是从周一到周日等。成人可以有意识地让婴儿随时关注事情的时间顺序，促进婴儿时序认知能力的提高。

（2）了解事件时间顺序。成人最初可借助图片或照片，帮助婴儿了解事件发生的先后顺序，然后让婴儿能根据口令按序做事（比如滑滑梯时，按照“先来先玩”的规则有序地排队玩），以后可逐步过渡到让婴儿学会用语言（时间词汇）表达时序，并给自己未来要做的事制订时间计划表（图 5-4-4）。

图 5-4-4 请将上图按事件发生的时间先后排序

2. 时距的认知

时距指一个延续的时间段。

（1）速度与时距关系认知。速度认知是时距认知的一部分。观察同一长度距离内不同物体运动速度的快慢可以帮助婴儿体会时距的长短区别；了解同一事件不同速度完成的差异也可以帮助婴儿判断时距长短。

（2）了解时距长短与组成。体验和比较时间间隔，能说出 6 秒和 2 秒哪个长哪个短。对婴儿而言，沙漏是一个比较好的时距认知教具。

3. 时间媒介认识

教会婴儿利用媒介物（如秒表、沙漏、日历）判断时间，也是时间概念学习的有效方法。成人可以引导婴儿观察动植物的生长变化并帮助做好生长时间记录；可以引导婴儿观察大自然的变化与时间的关系（如太阳和月亮的轮换与时间）；教会婴儿利用环境信息去判断时间（图 5–4–5）。

图 5–4–5 根据图中特征辨别春夏秋冬

4. 学会正确运用时间词汇

教会婴儿准确地用词来描绘时间。鼓励婴儿运用早上、晚上等时间词汇描述经历的事；鼓励婴儿使用时间单位“昨天、今天、明天、后天”描述事件；鼓励婴儿使用“从前”“最后”“下一次”“等一会儿”“先……，后……”“以前、正在、后来”描述事件。

在时间概念的培养中，要注意遵循时间概念掌握的规律。如，婴儿先理解“天”“小时”这些较大的时间单元后，才理解更小的时间单元（分、秒）和更大的时间单元（周、月、年）。婴儿先理解现在，后理解过去和未来，如先知道今天，然后才知道昨天与明天；先理解“正在”，然后理解“已经”和“就要”。

（四）关于“空间概念”学习与发展的教育建议

空间概念包含两层含义：一是物体空间属性概念，二是物体空间关系概念。空间属性指物体在空间上的三个维度：长度、面积（形状和形状大小）、体积。空间关系反映自身和物体在环境中所处的空间位置（含方位知觉、距离知觉）。空间概念也是婴儿认知发展的重要领域。

婴儿形状认知的发展规律

1. 感知形状特征

（1）鼓励婴儿玩形状的匹配游戏，熟悉不同形状（图 5-4-6）。

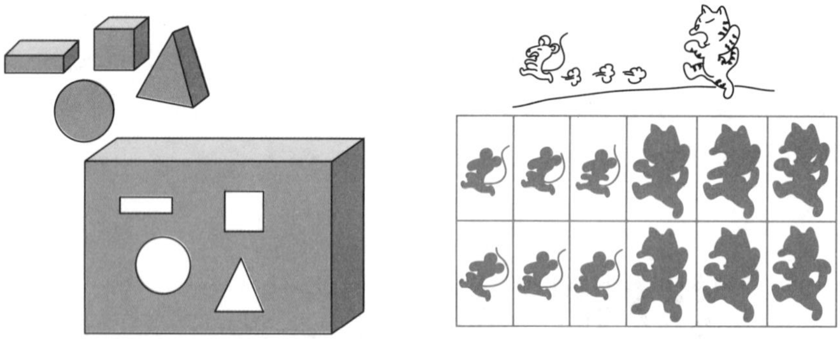

图 5-4-6 找出匹配的剪影

（2）随时引导婴儿注意观察生活物品的形状特征，如感受和识别盘子、桌子、车轮、地砖等物品的形状特征，鼓励他们按形状分类整理物品。

（3）鼓励和支持婴儿用不同形状的材料进行建构游戏或制作活动。如用长方形的纸盒加两个圆形瓶盖制作“汽车”。收拾、整理积木时，引导婴儿体验图形之间的转换，如两个三角形可组合成一个正方形，两个正方形可组合成一个长方形。

2. 识别空间关系

（1）引导婴儿运用空间方位的经验解决问题。可与婴儿玩类似“按成人提示去找房间不同位置藏着的宝贝”游戏；在婴儿取放物体时鼓励他们使用能够理解的方位词（如要求婴儿说出或按成人语言指令把桌子下面的东西放到窗台上，把窗台上的花盆放在大树旁等）。

（2）鼓励婴儿多进行位移活动。在位移活动中，婴儿可以增加高低、前后、上下、远近的体验，这有利于发展婴儿距离和方位知觉。如位移活动时让婴儿说出自己“在凳子上走还是在凳子下走”“在圆圈里走还是在圆圈外走”“走在某某小朋友的前面还是后面”，等等。

（3）和婴儿一起识别身体各部分的位置，如眼睛、鼻子、嘴在脸上的上下位置。教婴儿了解他身旁的东西与他自身的空间位置关系，如让婴儿判断“球在自己身体的前面还是后面”“是高高的顶在头上还是踩在脚下”。

成人需了解婴儿对空间关系的认识顺序，按空间关系认识规律来施以教育。如，在上下、前后、左右方位的教育中，应先让婴儿认识“自身身体器官及肢体在人体居于的空间位置”，然后学习“以自身为中心辨别其他物体与自身的空间位置关系”，最后学会“以他人或客体为中心辨别物体之间的上下、前后、左右空间关系”。在学习里外、上下、前后、左右方位时，还应让婴儿按从里外到左右的难度顺序依次学习。

3. 理解和学会使用空间词

（1）成人要善于在日常的生活中，有意识地强调空间词汇，以促进婴儿空间概念的发展。

（2）尝试用表示形状的词来描述事物。如：参观游览后，和婴儿一起谈论所看到的事物的形状，鼓励婴儿产生联想，并用自己的语言进行描述。如：熊猫的身体圆圆的，全身好像是由圆组成的。和婴儿交谈时，适当地运用一些有关形状的词汇来描述事物，如和婴儿讨论运动场地的形状，体会有的场地是圆形的，有的场地是方形的。

促进婴儿概念掌握的游戏案例

各月龄段概念掌握能力训练重点提示

反思提高

一、思考

你如何理解“概念掌握”的水平与婴儿生活经验的关系？

二、讨论分析

妈妈平时很注重对婷婷的启蒙教育，当婷婷一岁半时，妈妈就开始利用糖果，水果、小玩具等教婷婷数数，1 年过去了，婷婷仍然数错，妈妈着实担心。妈妈需要担心婷婷这样的表现吗？为什么？

三、咨询答疑

请收集能用本核心知识回答的 20 个家长育儿问题，并写出答案。

四、综合训练

围绕“婴儿概念学习”这个主题，自拟一个题目，向社区的婴儿家长做一堂 40 分钟的讲座。

核心知识五　婴儿数理逻辑核心能力与教育建议

【课前任务】请利用家庭常见的材料，如鞋盒子、瓶子、衣夹子、奶粉罐等，设计 10 个培养婴儿数理逻辑能力的小游戏，并写出游戏方案（含游戏目标、材料准备、游戏环节）。

一、数理逻辑学习与发展的核心能力

数理逻辑能力是指处理一连串的推理、识别模式和顺序的能力，如数学计算、量化、分析、推理能力，科学探索中的提出问题和解决问题的能力。

对3岁以下的婴儿来讲，较低层次的判断与推理开始出现，但抽象逻辑思维水平的数理逻辑能力还未出现，表现为：第一，婴儿的思维受感知觉线索的左右，往往将事物的表面现象或偶然的外部联系当成判断与推理的依据。第二，大部分情况下，婴儿数理逻辑能力受“自我中心思维”影响，只有在有足够经验支撑时，才能够表现出“去自我中心”的逻辑推理能力。婴儿对现象的判断与推理体现出“泛灵论”（即万物有灵思维）、“人工论”（即任何现象都是人为的）、“实在论”（即主观想象与客观现实混淆）倾向。第三，“转导推理”是婴儿常用的推理形式。“转导推理”是从个别到个别的推理（或从一个特殊事例到另一个特殊事例的推理）。例如，婴儿听见奶奶说“给树浇水，树会长高”后，就拿着水瓢往自己头上浇水，认为自己浇了水也会长高。

0—3岁婴儿数理逻辑智能包括一一对应（简单因果理解）、类包含与分类活动、序列（排序）、表征等方面。表5-5-1分别从0—3岁婴儿数理逻辑智能的四个重要方面描述婴儿期数理逻辑学习与发展的核心能力内容。

表5-5-1　0—3岁婴儿数理逻辑学习与发展的核心能力

数理逻辑	学习与发展的核心能力	代表性行为（主要观察指标）
一一对应	1. 简单因果关系理解 2. 事物间关系理解（匹配）	1. 探求动作与结果的关系：如反复扔东西、击打东西、把东西放进嘴里再吐出 2. 开始尝试自己解决问题的方法，如能主动拿走杯子，取出扣在杯子下面的方木；反复探索的行为出现 3. 能回答“渴了、累了、饿了怎么办”（如回答说“喝水”“睡觉”“吃饭”） 4. 能有意识地利用各种工具去取放在远处的玩具（如利用木棍或拉动玩具下的桌布取玩具） 5. 探索事物变化的因果关系，如：天气热了，雪娃娃体积会有什么变化? 6. 能将医生、警察等人的图片与他们常用的物品配对或将小动物图片与它们常吃的食物图片配对 7. 能说出物品的基本用途（用杯子喝水、汽车玩具可以滑动、用钥匙开门、用钱币购物等） 8. 能理解符号与事物的对应关系，如说出图片上简单的交通标志的含义
类包含与分类活动	1. 按物体高矮、粗细、大小、光滑与粗糙等外观特征进行分类 2. 按物体基本功能（功用）分类	1. 能将10个同大小的红黄两色的圆形塑料盘子按颜色分类（仅两种颜色） 2. 正确地将10个同大小红黄两色圆塑料盘子和方塑料盘子按颜色分类（颜色、形状两个特征混杂） 3. 正确地将10个同大小红黄两色圆形、方形塑料盘子和纸盘子按颜色分类（颜色、形状、材质三个特征混杂）

续表

数理逻辑	学习与发展的核心能力	代表性行为（主要观察指标）
类包含与分类活动	3. 按某个抽象特征进行分类 4. 初步理解类包含（部分与整体关系）	4. 正确地将 10 个大小不同的红黄两色圆形、方形塑料盘子和纸盘子按颜色分类（颜色、形状、材质、面积四个特征混杂） 5. 能按物体基本功用将物体分类：如能将混杂在一起的各类衣物、汽车、动物玩具归成三类 6. 能按事物所属分类：如指出图片上的物品哪些是家里有的东西，哪些是家里没有的东西；知道哪些是妈妈家里的人，哪些是爸爸家里的人 7. 能按自己的情感将事物分类：如将自己喜欢的和不喜欢的东西分开 8. 初步了解部分与整体的关系，能指出物体的整体由几个部分组成（如人的身体、房子的结构） 9. 能正确回答类似问题：拿茶杯的三个成人，其中两个成人穿红衣服，一个穿白衣服，请判断拿茶杯的人和穿红衣服的人哪个多
序列（排序）	1. 按物理属性（大小、高低、宽窄、厚薄、轻重等）给物体排序 2. 按事物的概念属性给物体排序（如喜欢程度、时间发生先后、空间远近、年龄大小、速度快慢等） 3. 按某种规律给物体排序 4. 按数量概念给物体排序（如按照数量多少排序或按照数字大小、单双数排序）	1. 按高矮、粗细、大小、光滑与粗糙等外部特征，排序 3~5 个物体 2. 能按物体时空远近排序，如能正确说出一堆物品中离自己位置最远的（或最近的）物体；排出马上和最后要做的事 3. 在成人的要求下能按红、黄、红、黄的规律串珠 4. 能按数字符号的大小排序（如能玩扑克牌接龙游戏） 5. 能按集合中包含的物体数量多少排序，如将围棋子按数量由少到多排序
表征	1. 通过声音、味道、触感辨识物体 2. 知道用图片（模型、角色扮演、绘画）反映真实物体 3. 具备从二维空间到三维空间的转化能力 4. 译解数字、字母、文字等形式符号	1. 客体永存概念出现，会寻找突然不见了的东西 2. 听到“喵喵”声，说出是猫；尝到甜味道说出是糖 3. 成人出示画有某物品的简笔画，婴儿能拿出或指出正确的实物（成人可提供多种类的常用物品图片，如食物、身体器官、动物、植物、交通工具） 4. 知道借助物品扮演角色，如借助针筒扮演小医生、借助纱巾演小公主、模仿大人打电话的样子 5. 在假想游戏中能带有情感地、形象地模仿出人物的系列动作和对应表情 6. 画的画或搭建的东西具备真实物体两个以上的外观特征 7. 能按图片上画出的模型，摆出实物或照着图片上人物的姿态摆出相应姿势 8. 能按图片上人物的做事程序指导自己的行为（如按洗手程序图洗手） 9. 能将自己摆放的积木位置（或做的事）画出来 10. 当成人指着常见物图片（如钥匙、小刀、汽车等）时，婴儿能说出其名称 11. 看见亲人和熟悉的小朋友照片能说出其名字 12. 能从一堆文字中认出自己（亲人）的名字 13. 能将一些简单的字（灯、车）与实物配对

二、关于数理逻辑学习与发展的教育建议

（一）强化“一一对应”关系，理解简单因果联系

一一对应指两个不同集合里元素的一对一的对应关系。一一对应是婴儿理解因果关系的基础，也是数理逻辑能力训练的重要内容。

（1）找关系。鼓励婴儿找出事物之间不同类型的关系。① 利用生活情景诱发婴儿关注生活中有逻辑联系的事物（图 5-5-1、图 5-5-2）；② 让婴儿进行图片与真实物品配对的游戏；③ 让婴儿了解动物的基本生活习性（如生活地点、吃的食物等）以及生活中常见物品的基本用途；④ 了解图片上的标志（如交通标志）和图片内容的含义等。

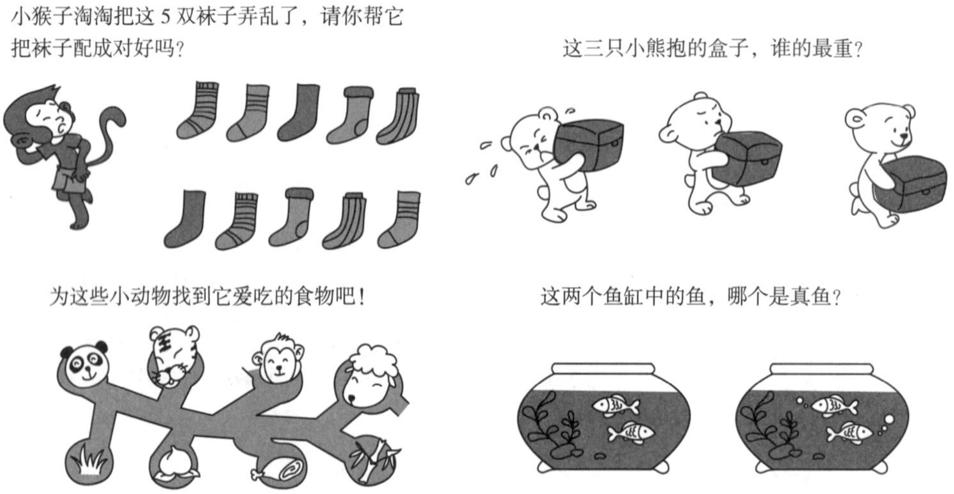

图 5-5-1　给猴子找袜子、猜猜哪个盒子重、动物吃什么、真鱼假鱼

图 5-5-2　他们上什么车（左）、为什么着急（中）、为什么这样表情（右）

（2）类比推理法。用图形、数字、词语等呈现排列关系的规律性变化，要求婴儿说出空格中应填上的词。例如：早上和早饭就好比晚上和 ______；狗喜欢吃肉就好比熊猫喜欢吃 ______。

（3）解决问题法。在生活中成人应保护婴儿的好奇心，培养婴儿由果推因、由因推果的思维习惯。向婴儿提出一些问题，让婴儿回答应该怎么办。例如：你觉得冷的时候怎么办？如果邻居老奶奶病了，怎么办？伸手拿不到高处的物体，有什么办法？

（4）找错误法。给婴儿看一些有错误的画，或排列顺序有错误的图片，让婴儿找出其谬误并解释原因。如图 5–5–3、图 5–5–4，这些图画中都有些可笑的地方，请你们找出来，说说应怎样改正。

图 5–5–3　图中的逻辑错误是什么（烟的方向相反、没有菜板）

图 5–5–4　图中人物缺什么工具（缺梳子、抹布、锯子）

（二）分类训练

分类是指根据物体的属性来整理或加以区分的能力，是学前期发展的一项基本逻辑技巧。当婴儿将所有的玩具车统统放在同一个箱子里，或将纽扣按大小整理成几类，或说自己再也不是 3 岁小孩时，他们就是在分类。

皮亚杰等人儿童实物分类研究

分类具体训练项目包括：

（1）归类法。要求婴儿把事物按一定标准进行分类（图 5–5–5）。遵循由按一个外观特征为标准到按多个外观特征为标准的分类能力递进训练。比如，一堆物体先按颜色标准分，颜色分好再按形状分，最后按软硬标准分。分类训练按级别层层递进。

（2）排除法。要求婴儿找出混在一堆东西中的不同类的一个（图 5–5–6）。

儿童分类能力培养需注意的问题

（3）示例分类。教师将一组物品分成两类，分别举出每类的一个实例，要婴儿将余下的物品按类别归类。

图 5-5-5 把图中水果归为一类

图 5-5-6 找出各排不同类的一个（桌子、洗衣机、勺子）

（三）序列概念训练

排序训练中需注意的问题

排序指对两个以上的物体或集合按某种特征或一定的规律进行顺序排列。婴儿阶段的排序活动可以参照下面几点内容。

（1）按物体单一外观属性进行两两比较，如较大 / 较小、较粗糙 / 较光滑、较响亮 / 较轻柔、较硬 / 较软、较高 / 较矮等。

（2）能按物体单一外观属性对 3~5 个实物进行排序。

（3）初步了解事件时间和事物空间的序列（如依序做事、从上到下排列物品等）。

（4）运用某种简单规律给物体排序。

（四）表征能力训练

表征指用物的部分、动作、符号表示真实物体。婴儿以各种方式，如绘画、积木造型、假装游戏、舞蹈、语言模仿等来表征这个世界。在表征发展的第一阶段，婴儿通过重现物体的部分“感知属性”来表征认识物体，如可以依靠物体的声音、味道、气味和运动痕迹（雪地的脚印、雨后湿润的地面）等部分感知属性匹配或指认出真实物体。2.5岁后，进入表征的第二个阶段，婴儿能了解书本中的图画是这个世界真实物的象征，开始喜欢玩假装游戏，比如拿积木当蛋糕、把竹竿当马骑。涂鸦中也开始出现代表事物的符号（如，圆代表物体脑袋、眼睛等）。表征的第三阶段是译解文字、数字等，一般3或4岁以后的儿童才开始逐渐接近这个阶段。为了进一步提高婴儿的逻辑思维能力，可以在婴儿的活动中强化的表征训练内容包括以下几个方面。

（1）强化客体永存的概念。6个月后，婴儿出现了“客体永存性概念”，说明感官刺激在婴儿脑内保存的时间加强了，成人此时可以与婴儿玩刺激消失与出现游戏。类似“躲猫猫”“藏藏找找”“先听声音后找物”等游戏都可以帮婴儿形成客体永存的概念。

（2）通过声音、味道、气味、触感等物体的个别感知属性辨识整个物体（即通过部分认识整体）。见图5-5-7，在图片上仅有物体的一部分，通过找出剩余部分的图片，把它恢复成整体。

图5-5-7　部分与整体匹配

（3）图形与背景的辨别：提高婴儿把物体从复杂的背景中识别出来的能力。如，让婴儿找出森林中只露出一个脸的熊猫，从混杂的几何图案中找到隐藏的简单图形或从有一大群人的照片中找出爸爸妈妈的脸等，这些游戏都是训练视觉敏锐度的好方法（图5-5-8）。

（4）学大人：模仿人物或动物的动作和声音。

（5）对照图片指出实物：让婴儿辨认图片上的物体，可以让婴儿理解符号、绘画与现实的联系。开始时可让婴儿辨认写实照片中的熟悉物体，逐渐用简笔画代替照片，让婴儿指出简笔画代表的实物，再用抽象符号代替简笔画，让婴儿说出符号指代的意义（图5-5-9）。

（6）要求婴儿向大人解释自己的图画。

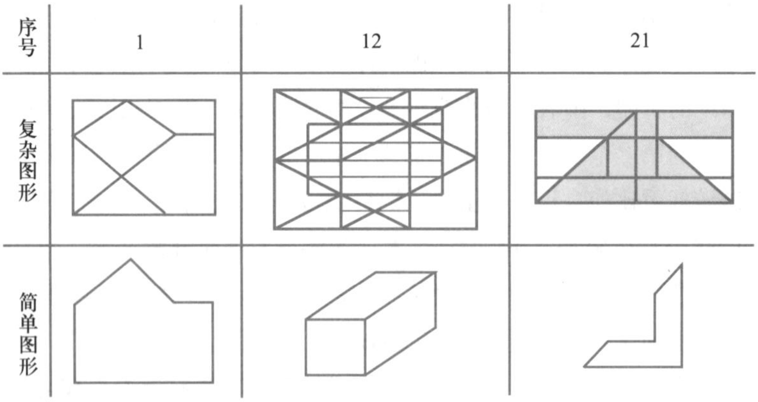

图 5-5-8 在复杂图形中找出简单图形的轮廓

图 5-5-9 识别动物背影

促进婴儿创造思维能力的游戏案例

各月龄段数理逻辑能力训练重点提示

（7）鼓励孩子用黏土、积木捏出或搭建物体。

（8）指着字讲故事，让婴儿理解字是一种语言符号，口头语言可以被写出来。

（9）角色扮演：鼓励婴儿扮演假装游戏中的各种角色。

反思提高

一、思考

请谈谈你对婴儿的数理逻辑能力的理解。

二、讨论分析

瑞瑞 2 岁 3 个月，喜欢玩各种各样的玩具汽车，而且喜欢将玩具到处乱放。一天，妈妈拿出两个大篓子，给了瑞瑞一个，说：“瑞瑞，把你的汽车放在这个大篓子里，妈妈帮你把其他玩具放在这个篓子里，我们一起来收拾，好吗？”瑞瑞很愉快地拿了篓子，捡起娃娃、积木、汽车等玩具，放进篓子，妈妈拉过瑞瑞重新说了一遍："瑞瑞最喜欢汽车，对不对？瑞瑞把汽车放进篓子就行了，娃娃、积木妈妈来放。"可是妈妈发现瑞瑞仍然将汽车与其他玩具一起放进了篓子里。妈妈便动手将瑞瑞篓子里的娃娃、积木等玩具拿到自己的篓子里，对瑞瑞说："瑞瑞收汽车，妈妈收这些玩具。"可是瑞瑞却不高兴了，大叫："放这里！放这里！"重新将玩具拿回篓子里。请分析瑞瑞为什么会这样做。

三、咨询答疑

请收集能用本核心知识回答的 20 个家长育儿问题，并写出答案。

本章能力训练、自我测试、推荐阅读

四、技能操作

请以婴儿分类能力的培养为目标，以托班婴儿为对象，设计一次集体教育活动，时间 15 分钟。

第六章　婴儿动作发展与教育

着重关注：

婴儿动作领域的学习与发展核心能力的内容。

难点理解：

婴儿动作能力培养途径；
婴儿动作领域学习与发展核心能力的教育建议。

名词术语：

动作、精细动作、粗大动作、生活自理动作。

核心知识一　婴儿动作发展的趋势与特点

【课前任务】观察0—3岁婴儿在生活和游戏中的行为表现，并对比不同年龄段婴儿在坐、爬、站、走、跑、跳、抓握、敲打、摆弄等方面的动作能力水平。归纳出0—3岁婴儿的动作发展趋势和特点，进行课堂分享。

一、什么是动作

婴儿的动作是骨骼、肌肉、关节等身体运动器官在神经系统的调节下产生的生理活动，是婴儿心理活动的外在表现形式之一。

婴儿的动作是肢体和躯干的肌肉、骨骼、关节等运动器官协同活动的表现。人的动作既可以指由多个部分运动器官共同构成的完整活动模式，也可以指部分器官产生的特定活动模式。如，爬行是全身大部分肌肉、骨骼和关节参与的位移动作模式，包括头部和躯干控制、上下肢交替移动等多个局部动作；书写动作则主要是由上肢、手部运动器官产生的特定活动模式。婴儿的动作作为一种生理活动必然符合基本的力学和人体生理学规律。

婴儿的动作都是在神经系统调控下进行和完成的。婴儿的动作不仅涉及运动皮质、小脑、脑干等脑的局部区域的活动，还与大脑前额叶、顶叶、丘脑、边缘系统等多个区域密切相关。如，小脑和脊髓主要控制不随意的反射动作，如呼吸、吞咽等。此外，小脑也负责调控动作的稳定性与协调性；皮层运动区、前额叶等则主要控制目的性动作。

婴儿的动作是其内在心理功能的外在表现形式之一。婴儿动作的发起和完成过程实际上决定于内外信息在个体心理系统中的登录、编码、储存与提取。如，婴儿投掷物体的动作不只是肢体和躯干的共同活动，还涉及对物体大小、轻重、目标距离、自身力量、投掷角度等的感知、分析、判断，甚至涉及对过去经验的唤醒，在一系列复杂认知加工的基础上，形成并执行动作程序。

因此，动作可以被看作运动器官、神经系统和心理系统在一定环境要求和条件作用下协同活动的过程与结果。①

二、动作发展的趋势

个体的动作能力经历了一个由简单到复杂、由局部到整体、由片面到全面逐步发展的过程，其发展趋势主要表现在以下几个方面。

（一）首尾律

婴儿动作发展遵循由头部到尾端，由上肢到下肢的顺序。婴儿最先出现头颈部动作，然后是躯干部动作、上肢动作，再后来是下肢动作。具体表现为婴儿最先学会转头和抬头，然后依次是俯撑、翻身、坐和爬，最后学会站和行走。也就是离头部近的动作先发展，离足部近的动作后发展。

这种趋势也表现在一些单一动作本身的发展上，例如，婴儿学爬行，先是学会借助于手臂匍匐爬行，然后才逐渐运用大腿、膝盖和手进行手膝爬行，最后才是手足爬行，这就是首尾规律。

（二）近远律

婴儿动作发展遵循由身体中心向四肢远端发展的顺序。婴儿动作的发展先从头部和躯干的动作开始，然后是双臂和腿部的动作，最后是手部的精细动作。也就是靠近身体中央部分（头颈、躯干）的动作先发展，然后才发展边缘部分（臂、手、腿、足等）的动作。例如，婴儿看见物体时，先是移肩肘，用整个手臂去接触物体，以后才学会用腕和手指去接触并抓取物体。这种从身体的中央部位到身体远端部位的发展规律，就是近远规律。

（三）大小律

婴儿动作发展遵循先发展大肌肉粗大动作，再发展小肌肉精细动作的顺序。婴儿动作的发展，先是从活动幅度较大的粗大动作开始，而后才学会比较精细的动作，也就是从大肌肉动作到小肌肉动作。所谓大肌肉动作是指抬头、坐、翻身、爬、走、跑、跳、走平衡、踢等，即大肌肉群所组成的动作。大肌肉动作常伴随强有力的大肌肉的伸缩、全身运动神经的活动，以及肌肉活动的能量消耗。小肌肉动作，一般来说，是需要运用手

① 董奇，陶沙．动作与心理发展［M］．北京：北京师范大学出版社，2004：3.

指的动作，如吃饭、穿衣、画画、剪纸、玩积木、翻书、穿珠等。从四肢动作而言，婴儿先学会臂与腿的动作，以后才逐渐掌握手和脚的动作，婴儿学习抓取东西时通常是先学会用整个手臂去够物体，以后才学会用手指去抓。这种动作发展规律，称为大小规律。

（四）无有律

婴儿动作发展呈现出先以无意识动作为主，逐步发展到以有意识动作为主的顺序。随着年龄增长，婴儿动作发展越来越多地受心理、意识支配，动作发展的规律也服从婴儿心理发展的一般规律——从无意向有意发展的趋势。婴儿早期的动作多为无意动作，比如，两三个月的婴儿，当手偶然碰到被子或别的东西时，他会去抚摸物体，但不会抓握物体，没有任何目标，没有方向性，是纯粹的无意动作。四五个月以后的婴儿，动作有了简单的目的和方向，例如伸手抓玩具或是把奶瓶的奶嘴送到自己的嘴里等，这些都是有意动作。

（五）泛化集中律

婴儿从出生后只有泛化的全身性的动作逐渐向集中的专门化的动作发展。婴儿最初的动作是全身性的泛化动作，这种动作是笼统的、无规律的。例如，满月前的婴儿，在受到痛刺激以后，会边哭闹边全身活动。而后，婴儿的动作逐渐分化，向局部化、准确化和专门化的方向前进。这就是从泛化到集中的规律。

把握上述规律，有利于教养人员准确把握婴儿动作发展的现实状况和预测其发展趋势，为设计婴儿动作训练方案和实施教育训练提供正确的理论指导。

三、婴儿动作的特点

（一）发展迅速

神经系统和运动系统是动作最直接的生理条件，而婴儿期是神经系统和运动系统发育最快的阶段，神经系统、运动器官等的迅速成熟为婴儿动作的发展奠定了良好的基础。在整个婴儿期，婴儿表现出了动作学习能力强、动作技能掌握快的显著特点。

刚出生的新生儿还很柔弱，没有任何自主动作；出生后 2 到 3 个月开始出现一些局部动作，学会抬头；3 个月时能够在坐和直立的状态下自主将头竖直；4 到 5 个月开始能够翻身；5 到 6 个月开始学会坐；约 9 个月时能扶着其他物体站起来；到 1 岁时开始学步，逐渐摆脱依靠独自站立和行走；2 岁左右，学会双脚原地跳和原地站立踢球，学会跑和攀登，并且很少摔跤；以后，婴儿又陆续学会越过小障碍，单独上下楼梯，双脚学小兔向前跳；到了 3 岁时，还学会了独脚跳等比较复杂的动作。

2 到 3 个月的婴儿，只会抚摸放在他手上的东西，不能自主抓握。4 到 5 个月时，婴儿手眼协调动作发生了，能将视觉、触觉、动觉配合行动，从而准确地抓住物体。半岁以后，婴儿逐渐能够灵活而有效地使用自己的双手。1 岁之后，婴儿发展了更为熟练的手部动作，学会了抓握笔的姿势和动作，开始会用工具，如用棍子取出桌子或床下面的玩具，能够按照用具的特点来使用它，并且能够根据使用时的客观条件改变动作方式，2 岁左右学会了抛物、掷物、接物等难度更大的动作。

如果提供合适的条件和机会，婴儿在 3 岁前可以学会基本的生活自理动作，如吃饭、洗脸、刷牙、穿脱简单衣物等。

（二）协调性差

受神经系统和运动器官发育的整体水平较低、生活实践锻炼所取得的经验很少的局限，婴儿的动作显得不协调，年龄越小则协调性越差。主要表现为婴儿身体各运动器官之间不能很好地协调配合，前后动作之间不能很好地连贯一致。

婴儿的动作通常需要多个运动器官或组织共同参与，学习一个新的动作技能时，婴儿往往不能同时将各个器官或组织协调控制好，如刚开始学习双手交替握持物体时，往往左右手不能很好地配合而出现物体掉落。刚学习走路时，因为上肢、躯干、下肢的控制不能同时协调一致，表现为动作笨拙、跌跌撞撞。

婴儿动作的协调性只有在神经系统、运动器官不断发育的基础上，经过不断的练习才能逐步得到改善。

（三）随意性低

婴儿动作的随意性与额叶发育相对滞后有关。额叶是大脑发育中最高级的部分，它包括初级运动区、前运动区和前额叶，人的行为随意性和自觉性主要是由大脑额叶控制。与大脑皮层其他分区的发育情况相比较而言，婴儿期大脑额叶发育相对滞后，因此，婴儿对自己动作的自主控制能力低，缺乏对活动过程的计划，动作过程容易因环境影响而发生改变。

另外，婴儿的动作受情绪、兴趣等非认知因素的影响大，对感兴趣或能够引起积极情绪的动作能持续比较长的时间，在动作过程中一旦失去兴趣或出现烦躁、焦虑、伤心、害怕等消极情绪，婴儿动作的内容和形式就会发生改变。

婴儿的动作随意性水平随着大脑额叶的逐渐发育会得到改善，在婴儿的生活实践中，如果成人有意识地为婴儿创造较多的自主活动的机会，如游戏、生活锻炼等，将有助于婴儿动作随意性的增强。

（四）精确性差

受整个身心发展水平低的局限，婴儿的动作精确性相对较差，无论是粗大动作还是精细动作，动作的准确到位程度都比较低（图 6-1-1）。主要表现在动作的空间定位不准、时间把握不准。

婴儿自主抓握动作刚出现时，往往不能将手准确指向想要抓住的物体。婴儿在抛掷物体时，一般都不能准确地将手中的物体抛掷到预计的目标。婴儿在进行绘画、书写等活动时，所绘写的线条、形状往往显得比较凌乱或粗略。这些表现都是婴儿动作的精确性发展水平较低的缘故。

图 6-1-1 婴儿涂鸦作品:《小狗》

自发动作

反思提高

一、思考

结合婴儿动作发展趋势的理论，分析婴儿的某一个动作（如抓握、爬行或行走）的产生和发展趋势。

二、咨询答疑

1. 你认为本核心知识可以解决家长育儿的哪些困惑？将你认为可以回答的家长问题及答案写下来。

2. 小贝的妈妈说："孩子平时走跑跳跃、爬上爬下都很能干，就是用笔绘写的能力较差，都 2 岁了，除了能歪歪扭扭地画一些简单的线条，还不能画出一个像样的图形，眼看着就要上幼儿园了，真让人着急。"

你怎样评价小贝的这一发展情况？

核心知识二　婴儿动作培养的主要内容与策略

【课前任务】访问 0—3 岁婴儿家长，了解他们对发展婴儿动作的态度和认识，了解不同的家庭在发展婴儿动作时所采取的措施和手段，并初步进行评价和分析。

一、动作培养对婴儿发展的意义

1. 动作培养促进婴儿的身体健康发育

动作培养是以发展婴儿的动作为主要目的的，肢体活动是基本形式，因此在培养婴儿动作的过程中，必然使婴儿的身体得到锻炼。拥有充分使用各种动作机会的婴儿必然获得更多的身体锻炼的机会。

在动作培养过程中，首先得到锻炼的是婴儿的体格。肢体活动中对骨骼、肌肉和关节的刺激，能促进婴儿身体的生长，身体活动还能促进能量的消耗，降低营养过剩的概率，有利于婴儿保持正常的体重。

通过肢体动作使身体各部的肌肉运动增加时，需要消耗更多的氧气，排出更多的二氧化碳，呼吸器官必然增加活动，使呼吸加深、加快，久而久之，肺活量扩大，肺泡中的剩余气体减少，肺内每分钟的通气量提高，肺泡张开的数量增加，呼吸系统的功能得到提高。

肢体动作还能促进身体的新陈代谢加强，消耗增大、食欲增加，可以摄取更多的营养物质，从而使消化系统活动加强，消化腺的分泌增加，胃肠蠕动加快，肠道的吸收功能提高，从而促进消化系统的生长发育。

肢体活动时肌肉有规律地收缩和放松，体内所需养料增加，排出的废物也增多，促使心脏加强收缩，加快心跳次数，加强收缩力量，久而久之，心腔容积加大，心率减慢，心脏收缩力加强，将促进血液循环系统的发育。

除此之外，获得更多肢体动作活动机会的婴儿具有更多与外界环境接触的机会，还能增强婴儿对外界环境的适应能力和对疾病的抵抗能力。

2. 动作培养促进婴儿的大脑潜能开发

人所做的每一个动作都是在神经系统的调控下进行的。神经系统的大脑、小脑、脑干、脊髓、传入神经、传出神经等共同组成动作分析器，在动作过程中，既需要大脑皮层运动区的调控，更需要感觉区的配合。而大脑皮层的运动区和感觉区遍及大脑皮层的顶叶、颞叶、枕叶以及前后联合区的有关部位。只有大脑皮层以及神经系统中与动作有关的组成部分正常发育，人的动作才会协调、正常发展。因此，动作的协调、正常发展可以看作婴儿神经系统正常发育的重要标志。充分的肢体动作反过来又在运用神经系统功能的过程中促进神经系统各个组成部分的发育，尤其是促进神经系统的最高中枢——大脑潜能的开发。

3. 动作发展促进婴儿的认知协调发展

0—3岁婴儿认知的发展包括了初生时的感觉、知觉、记忆的发展，以及后来逐渐出现的想象和思维的发展。婴儿期是儿童认知能力发展的关键期，这一观点已经成为现代教育和心理学界的共识，我们还应进一步认识动作发展对婴儿认知能力发展所具有的特殊重要的意义。

婴儿刚出生时的感知觉经验的积累来源于视觉、听觉、味觉、嗅觉、肤觉以及来自本体的机体觉、运动觉和平衡觉等，婴儿抬头、翻身、坐、爬、站、走、跑、跳、抚摸、抓握、拍打、投掷等动作能力的发展，使他们获得越来越大的感知空间和越来越多的感知觉信息来源，使他们获得了越来越丰富的感知觉经验，在运用各种动作的活动中，更促进婴儿在头脑中对各种感知觉信息进行综合的能力。

婴儿在使用各种动作的身体运动中，扩大了活动空间，增加了外界和本体的感知信息来源，在大脑与外界更多、更频繁的信息交换过程中，对于记忆的输入、输出和储存功能提出了更高的要求，也提供了更多的运用和锻炼的机会。

婴儿在两岁左右出现了一些新的心理活动，即把当前的事物虚拟地看作另一种事物，例如一个一岁八个月的婴儿把一个肥皂匣向前推动，边推边说“嘀嘀、嘀嘀……”，这就是最初的想象；婴儿在摆弄玩具时，有时拼合、有时拆分，头脑中开始了最原始的分析和综合；婴儿还逐渐学会在实际的行动中尝试解决自己遇到的困难和问题，例如，婴儿拿不到放在桌子上的玩具，他会搬来一把椅子，然后爬上去取玩具，这是婴儿逐渐开始运用思维的表现。婴儿的想象和思维都具有明显的直觉行动性，即思维和想象都必须依靠动作才能进行，动作一停止，思维和想象便不再进行下去，可以说，动作是婴儿进行思维和想象必不可少的重要“工具”。

综上所述，婴儿动作的发展是促进婴儿的感知、记忆、想象和思维等认知因素协调发展的重要因素。

4. 动作发展促进婴儿的情感和社会性发展

随着动作的发展，婴儿活动的空间不断增大，接触的人、事、物越来越多，越来越复杂，促进了婴儿的社会性需求的产生和发展，有利于婴儿掌握与人交往的规则，学习社会交往的技能。实验研究证明：给予婴儿更多的爬行机会，亲子之间有了更多、更复杂的交流，有助于亲子关系的发展。

在摆弄各种玩具、生活材料的精细动作和爬、坐、走、跑、跳等粗大动作中，婴儿逐步将自己同其他事物区分开，认识了自己的身体，认识了自己的能力，认识了自己同周围人的关系等，这帮助婴儿建立起最初的主体和客体概念。动作的不断发展促进了婴儿的自我认知（本体感觉）、自我体验、自我监控的发展，促进了婴儿“去自我中心化”。

5. 动作发展促进婴儿的多种能力发展

刚出生的婴儿毫无生存和生活能力，完全依赖成人对他们的悉心照料，婴儿各种动作的发展是婴儿独立生存必不可少的重要条件。事实上，动作敏捷、有力的婴儿能更好地应对生活中出现的各类可能带来生命和健康受损的危险情景。

从小获得全面动作培养的婴儿，能更好、更早地进行生活自理能力的发展，在未来的幼儿园、中小学学习和社会生活中能更有自信地解决自己的日常生活问题。

动作能力也是学习能力的重要组成部分，婴儿期培养、发展起来的双手精细动作、粗大动作等，是婴儿将来进入幼儿园、小学学习非常需要的书写能力、身体自控能力和体育运动能力的重要基础。

二、婴儿动作领域学习与发展的主要内容

1. 无条件反射动作和条件反射动作

按照动作是否后天习得，可以分为无条件反射动作和条件反射动作

无条件反射动作又称先天反射性动作，是种族发生、发展过程中建立并遗传下来的一些为数有限的基本动作能力，是与生俱来的，主要表现为固定的刺激作用于一定的感受器引起的恒定的活动。无条件反射动作从个体胎儿期开始出现，是人类一生动作发展的最早形式，对个体生存和发展有着重要意义。无条件反射动作主要有吸吮反射、怀抱反射、惊跳反射、防御反射、迈步反射、击剑反射、抓握反射、游泳反射、巴宾斯基反射产生的动作。

人类的生存并不仅仅依靠无条件反射，大多数还需要条件反射的参与。婴儿出生后不久，就开始出现条件反射，条件反射是在无条件反射的基础上建立的。条件反射动作是指两样并无任何联系的事件，因为长期一起出现，以后，当其中一样事件出现的时候，便不可避免地同时出现另一样事件，是有机体因信号的刺激而发生的反应。像巴甫洛夫的经典条件反射实验所揭示的一样，铃声本来不会使狗分泌唾液，但是如果在每次喂食物之前打铃，经过若干次之后，狗听到铃响就会分泌唾液，这种因铃声这个信号的刺激而发生的反射叫作条件反射，铃声叫作条件刺激。比如，如果妈妈在每次喂奶前，

先用手轻轻抚摸孩子的前额，一段时间之后，只要妈妈抱起孩子轻轻抚摸孩子的前额，孩子就会做出吸吮动作并分泌唾液，这时，孩子的吸吮动作就属于条件反射动作了。

2. 粗大动作和精细动作

动作是在肌肉的收缩和舒张作用下产生的，在大肌肉的作用下产生的动作称为粗大动作，在小肌肉的作用下产生的动作称为精细动作。

婴儿躯干和四肢的大肌肉粗大动作包括：抬头、翻身、坐、爬、站、走、蹲、跑、跳、平衡等。

婴儿双手的小肌肉精细动作包括：抓握、手眼协调配合、拇指与其他手指配合对捏、搭积木、握笔、翻书、穿扣、折纸、绘画等。

3. 身体不同部位的动作

按照动作产生的部位，婴儿的动作分为头颈部动作、躯干动作、上肢动作、下肢动作、手部动作、足部动作等。

头颈部动作，如头部左右转动、抬头。躯干动作，如坐、爬。上肢动作，如挥臂、投掷。下肢动作，如蹲、踢腿。手部动作，如抓握、搭积木、握笔、翻书。

4. 生活动作、游戏动作、学习动作

按照动作性质，还可以把婴儿的动作分为生活动作、游戏动作、学习动作等。生活动作是婴儿在完成自己的生活活动时产生的动作；游戏动作是婴儿在玩游戏时出现的各类动作；学习动作则是在婴儿进行学习活动时产生的动作，如执笔绘写、翻书等。

综上所述，根据不同的分类依据，我们可以把婴儿的动作分成不同的类型，但是在发展婴儿的动作能力的教育中，我们主要需要关注的是婴儿的精细动作、粗大动作和生活自理动作的学习与发展。

婴儿动作领域学习与发展的主要内容如图 6-2-1 所示。

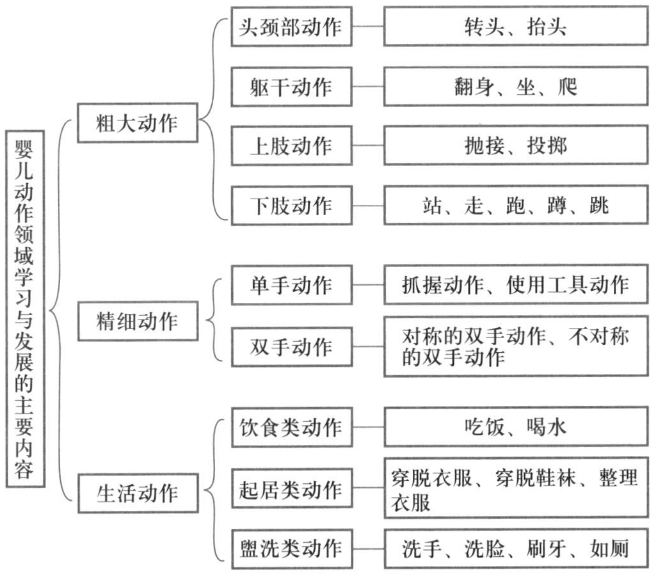

图 6-2-1　婴儿动作领域学习与发展的主要内容

三、培养婴儿动作的主要策略

（一）培养婴儿动作的基本要求

1. 遵循生理成熟规律

婴儿的动作是多种身心因素协同活动的结果，动作能力水平的提高也是多种身心因素不断发展的结果，其中，生理因素的发展更多地受制于生理成熟的自然规律，因此，在进行婴儿动作培养过程中必须遵循生理成熟的规律，适时施教，才能取得显著成效。如果在动作培养过程中盲目进行超前、超量的训练，不仅很难产生预期的效果，还可能对婴儿的健康发展造成损害，如过分超前进行高强度的行走训练，虽然有可能让婴儿提前几天学会独立行走，但更有可能对婴儿腿部骨骼肌肉的发育带来不利影响。过早进行形体与舞蹈训练，很有可能对婴儿的身体发育带来负面的影响。

2. 保护和激发内在动机

在成长过程中，婴儿学习动作的内在动机会随着身心素质的发展自然表现出来，5到6个月的婴儿总喜欢在大人的扶持下做出蹦跳的动作，8到9个月的婴儿表现出开始行走的强烈愿望，学会独立行走的婴儿总想挣脱大人的牵制自由地走、跑，一岁左右的婴儿在进餐时总想抢夺大人手上的餐具自己进食。对于婴儿表现出来的动作学习的内在愿望，成人要善于发现并创造合适的条件和机会予以满足，切忌因为照顾、保护过度而使婴儿错失了学习动作的关键时机。在一些重要的动作技能学习上，如果婴儿没有内在的学习愿望甚至不愿学习，我们要善于通过有趣的形式激发其内在的学习动机，如游戏、同伴示范、语言鼓励等，有意识地激发婴儿的学习动机。内在的学习动机是对婴儿进行动作培养的根本动力，不以婴儿内在动机和愿望为前提的强迫训练，不仅带来婴儿的反抗，难以取得训练效果，还不利于婴儿自主性品质的养成。

3. 融于日常生活

家长在日常生活中要善于从婴儿的日常生活中发现有利于发展其动作技能的生活内容，将科学的训练方法运用于婴儿日常生活的各个环节，如吃饭时鼓励婴儿自己使用餐具进食，睡觉前后协助大人整理床铺，学会自己穿脱衣服、鞋袜，外出散步在没有安全隐患的情况下鼓励婴儿自己走、跑、跳等。一些家长愿意耗费大量资金送孩子去接受专业机构的训练，却在家庭日常生活中过多地包办、代替，没有给婴儿充分的动作学习和锻炼的机会，这就是一种误区。

4. 善于创设和使用环境、材料

婴儿容易受环境的影响，丰富的环境、多样的材料既能激发婴儿学习动作的兴趣，又能满足婴儿多种动作能力学习的需要。成人应该根据婴儿的年龄、动作发展的需要和水平，为婴儿创设丰富的生活学习环境，准备多样化的材料。一些家长给婴儿提供的材料更多偏重视听方面，如电视、图画书等，不利于各月龄段婴儿在粗大动作和精细动作的各个方面得到锻炼。

5. 关注个别差异

每个婴儿因为遗传素质、成熟规律、健康状况、环境、教养水平等各种先天或后天影响因素的不同，其动作发展的速度和水平具有显著的个别差异性。成人要正视婴儿动作发展必然出现的这种个别差异，不对婴儿进行盲目的横向攀比，为每个婴儿确立符合他们实际的、个性化的发展目标，因材施教，选择符合其现有发展水平和发展需要的活动内容、环境和材料。

（二）培养婴儿动作的主要方法

1. 生活锻炼

家庭日常生活是婴儿活动时间最长、受影响最大的地方，家庭生活才是促进婴儿动作发展最主要的途径。家长要善于从婴儿的日常生活中发现有利于发展其动作技能的生活内容，将科学的训练方法运用于婴儿家庭生活的各个环节，注意利用饮食、睡眠、盥洗、大小便、穿脱衣服、上下楼梯、散步等家庭生活环境和生活中的小事，时时处处考虑是否有利于锻炼和促进婴儿动作的发展。

2. 游戏训练

游戏是婴儿最喜欢的活动，成人要善于设计和利用各类游戏培养婴儿的动作能力。有利于发展婴儿动作的婴儿游戏包括亲子游戏、婴儿单人游戏、婴儿平行游戏、教学游戏等，所有用于训练婴儿动作的婴儿游戏都应该是婴儿愿意参与，富有趣味性，能给婴儿及其家长带来愉快情绪体验的活动。

3. 体操锻炼

成人可以根据婴儿的动作发展和体格锻炼的需要，编排适应不同年龄和动作发展水平的婴儿的体操，婴儿体操的编排要符合婴儿的动作和身体素质的发展水平。常用的婴儿体操主要有婴儿被动操（2—6 个月）、婴儿主动操（7—12 个月）、竹竿操（1—1.5 岁）、模仿操（1.5—3 岁）、手指操（0—3 岁）等。

4. 环境影响

成人可以根据婴儿的动作发展和训练的需要准备（购买、自制或利用现有的）玩具和材料，供婴儿使用、玩耍或操作。这些玩具和材料应符合婴儿的身材和体力，有利于婴儿在活动中发展各种粗大动作和精细动作。如有利于发展粗大动作的滑梯、扒杆、平衡木凳、各种球类玩具等，有利于发展精细动作的积木、串珠、纸、笔等。

家庭和教养机构中的环境是发展婴儿动作的重要场所，在消除安全隐患之后，床、桌子、凳子、地板、楼梯等都是可以利用的环境条件。在室外的自然环境中，在有必要的安全保护的前提下，婴儿身边的草地、栏杆、楼梯、台阶、山坡、道路等也是锻炼和发展婴儿动作的很好的环境条件。

反思提高

一、思考

为什么动作培养能促进婴儿身心全面发展？

二、讨论分析

1. 1岁2个月的东东会走路了，虽然东东从来都不会爬，但是其父母仍然特别高兴，认为只要学会走路了，爬不爬都无所谓。你同意东东父母的观点吗？为什么？

热点讨论：小宝该不该使用学步车？

2. 小宝快1岁了，妈妈买了个学步车给小宝学习走路，但是爸爸却反对用学步车。小宝到底该不该使用学步车呢？

三、技能操作

选择1~2个婴儿家庭，对婴儿动作培养的情况进行调查和分析，运用本核心知识相关内容提出改进的措施。

四、综合训练

佳佳快上幼儿园了，但是还不会自己穿脱最简单的衣服，妈妈很着急，担心她不能很好地适应幼儿园的生活。请你根据佳佳的发展情况，为佳佳妈设计一个帮助佳佳发展生活自理能力的教育策略。

核心知识三　婴儿大动作核心能力与教育建议

【课前任务】观摩幼儿园婴托班的早操活动，并对该早操活动在促进婴儿大动作发展方面所发挥的作用进行简要评价。

一、婴儿大动作学习与发展的核心能力

大动作，又称为粗大动作，是大肌肉或大肌肉群活动引发的动作，常伴有强有力的大肌肉收缩、全身运动神经的活动以及肌肉活动的能量消耗。粗大动作主要指头颈部、躯干和四肢幅度较大的动作，如坐、爬、站、走、跳、抬头、翻身、躯体平衡等。

我们根据大动作发生的主要部位将大动作划分为头颈部动作、躯干动作、上肢动作、下肢动作。头颈部动作包括转头、抬头动作，躯干动作包括翻身、坐、爬的动作，上肢动作主要指投掷动作，下肢动作则包括站、走、跑、蹲、跳的动作。大动作的活动过程除了身体主要部位的骨骼、肌肉、神经等组织的参与外，往往还需要身体其他部位（甚至整个身体）的协调活动。

表6-3-1是0—3岁期间婴儿大动作学习与发展的核心能力。

表 6-3-1　0—3 岁婴儿大动作学习与发展的核心能力

大动作	学习与发展的核心能力	代表性行为（主要观察指标）
头颈部动作	1. 转头 2. 抬头	1. 俯卧时抬头 2. 俯卧时下巴能离床，并能左右转动头部 3. 被抱着或拉手坐时头能竖直平稳 4. 俯卧位时手肘撑床，胸离床
躯干动作	1. 翻身 2. 坐 3. 爬	1. 不需外力翻身一半 2. 宝宝可以从俯卧到仰卧，或从仰卧到俯卧（180° 翻转） 3. 可自由翻转 360° 4. 宝宝能连续自由翻转两个 360° 5. 靠物能坐 6. 身体前倾独坐，并用手支撑 7. 自如独坐 8. 宝宝能从卧位姿势变为坐起姿势 9. 匍匐爬行 10. 手膝爬行 11. 向上爬楼梯 12. 自如地在斜坡上爬上爬下
上肢动作	投掷	1. 无方向地投掷 2. 有一定方向地投掷 3. 朝目标投掷，但无法投中 4. 朝目标投掷，并能投中
下肢动作	1. 站 2. 走 3. 跑 4. 蹲 5. 跳	1. 能扶物站立 2. 独自站立 10 秒以上 3. 在站立时，能左右转身，且脚要移动 4. 3 次中能有 2 次单脚站立 5 秒钟 5. 扶着走 6. 能独自行走 5 步以上 7. 扶栏或在大人扶持下双脚交替上 5 个以上楼梯 8. 足尖对足跟走 3 米以上 9. 独跑 5 步以上 10. 跑中会转身朝反方向继续跑 11. 跑时避开障碍 3 处以上 12. 倒着跑 5 步以上 13. 可模仿下蹲动作，但无法蹲下 14. 借物蹲下 15. 独自蹲玩且不倒下 16. 连续蹲、站位交替变化 3 次以上 17. 原地蹦跳 3 次以上，脚离地 18. 并足跳过 5 厘米坎 19. 并足连续跳三步 20. 单脚跳 5 步以上

二、关于粗大动作学习与发展的教育建议

（一）锻炼头颈部动作能力的活动

头颈部的转头、抬头动作是婴儿最早发展起来的自主动作，适时、适当地转头、抬

头锻炼，能促进婴儿头颈部肌肉发育，提高动作能力水平。

1. 环境与材料影响

在遵循个体自身成长规律的前提下，为婴儿提供适当的材料和环境，能够保障和促进其粗大动作的顺利发展。诱发婴儿做出转头、抬头动作，可以选择能发出声音的材料和玩具去吸引婴儿，比如摇铃、八音盒、小鼓、沙锤、拨浪鼓等；也可以选择色彩鲜艳明亮的玩具，比如黄色小鸭、红色的球、彩色棒棒糖等；还可以利用爸爸、妈妈的脸和声音促使婴儿转头或者抬头。

2. 俯卧抬头训练

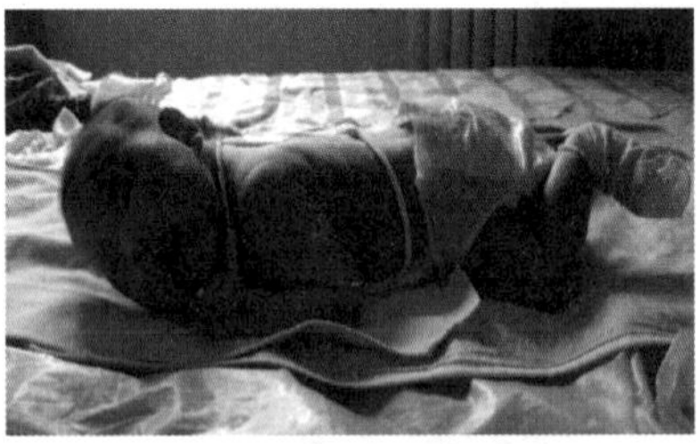

图 6-3-1　婴儿俯卧抬头训练

将婴儿以俯卧的姿势放在床上能促使婴儿产生转头和抬头动作（图 6-3-1）。婴儿出生后几天就可以进行俯卧抬头训练，1 个月内的婴儿俯卧时抬起头只是本能地使面部转向身体一侧。到第 2 个月时，婴儿能把头和前胸稍稍抬起，但持续时间不会很长。第 3 个月时，大多数婴儿能将头和前胸抬得很稳，而且能坚持较长时间。俯卧抬头训练有必要和竖抱抬头结合进行。竖抱婴儿，使其头部靠在成人肩上，让头部自然竖直片刻，每天进行 4~5 次，可以促进头颈部肌肉的发展。在进行俯卧抬头训练时，训练的时间要根据婴儿的能力灵活安排，开始时，只练 10~30 秒钟，逐渐延长时间，不要让婴儿感到疲劳，每天 2~3 次即可，以后可根据婴儿的实际情况，逐步增加训练次数；训练要在婴儿空腹时（即喂奶前 1 小时）进行；训练的床面要平坦、舒适且有一定的硬度；每次俯卧时间不宜超过 2 分钟。

（二）锻炼躯干动作能力的活动

婴儿以躯干活动为主的动作包括翻身、坐、爬等，躯干动作发展得好，不仅能为婴儿学会站、走、跑等奠定良好基础，还能促进婴儿早期感觉统合。

1. 翻身训练

婴儿学习翻身的时机在出生 4 到 5 个月后，这个时候婴儿的颈部已经具备自主转头、抬头的能力，肩膀、手臂和手腕的力量变大，具有一定的支撑能力。翻身训练可帮助婴儿学习控制关节，强化肌肉，逐渐掌握如何协调四肢、头部及躯干。最初，成人可帮助婴儿练习“翻半身”，就是将婴儿从仰卧状态推到侧卧状态，再回到仰卧状态，反复练习这个动作，锻炼相关运动器官的力量和协调性，经过一段时间训练，婴儿能够从翻半身发展到自主完整翻身的水平，能自如地从仰卧翻身成俯卧，或从俯卧翻身成仰卧。当婴儿能够熟练地完成完整的翻身动作后，应当训练其连续的翻身动作。让婴儿完成一个独立翻身动作后，家长用手推动婴儿臀部，鼓励婴儿连续翻身。

2. 坐的训练

从 4 个月起，可以每天和婴儿玩仰卧拉坐起游戏，来训练婴儿的头颈、胸和腰腹部活动能力。婴儿能够坐起来是很重要的，不仅有利于婴儿的脊柱开始形成第二个生理弯曲，即胸椎前突，对保持身体平衡有重要作用，还能扩大婴儿的视野，使肢体接触到身边更多的东西，对感知觉的发展具有重要意义。

当婴儿仰卧时，家长可以握住婴儿的双手腕部，面对婴儿，一边和婴儿说话，一边慢慢将婴儿从仰卧位拉到坐位，然后再慢慢让婴儿躺下去，每次可以连续做两个八拍。到 5 个月时，可以让婴儿进行靠坐练习，逐渐减少他身后的东西。进入 6 个月后，慢慢延长独坐时间，直到能稳稳地独坐。在婴儿能稳定独坐后，家长可以提供一些有趣的玩具给婴儿玩耍，让其每天坚持独坐练习。

3. 爬行训练

婴儿的爬行能力最初主要是在出生后 5—6 个月时通过家庭教育获得的，以后还可以继续通过一系列的互动形式获得进一步的发展，如亲子互动、师幼互动、人与环境互动的方式来进行爬行练习。通过手膝爬行、手足爬行，四肢轮流支撑体重，使四肢肌肉耐力和肌肉承受力得到锻炼，同时加强前庭与感觉系统的统合，促进各种神经细胞间的联络。研究发现，爬行也有助于日后学习语言和阅读能力的发展。

在婴儿刚开始爬行时，家长可在婴儿的面前放些会动的、有趣的玩具，以提高婴儿的兴趣，引逗他爬行。家长可以用手掌抵住他的小脚掌，婴儿常常会向前扑，于是就慢慢地匍匐爬行了。经过一段时间的练习，如果婴儿俯卧位爬行时只会把头仰起，上肢和腰腹部的力量不能把自己的身体撑起，胸、腰部位不能抬高，腹部不能离床时，家长可以用条毛巾放在婴儿的胸腹部，通过提毛巾给婴儿帮助，使婴儿胸腹部离开床面，全身重量落在手和膝上，反复练习。待婴儿小腿的肌肉结实，能支撑身体重量时，也就渐渐地学会爬行了。当婴儿在平地上爬得很好以后，可以训练爬上坡、下坡的游戏，或训练在凹凸不平的地方练习爬行翻越障碍物等。

（三）锻炼上肢动作能力的活动

婴儿的上肢粗大动作主要有抛接物动作和肩上投掷动作。婴儿的抛接、投掷动作发展不仅与婴儿双上肢肌肉力量、协调性等关系密切，还对婴儿的视知觉、动知觉、方位知觉、距离知觉、直觉判断等影响深刻。

1. 抛接动作训练

婴儿从 6—8 个月时就有了抛物行为，这种行为一开始是没有目的的抛物动作，而且没有主动接物的动作，通过抛物动作体验自身动作能力的存在。随着年龄增长，成人可以逐渐引发婴儿抛物动作的目的性，如 1 岁过后，可以让婴儿玩近距离的“抛球入筐”游戏，还可以和婴儿玩滚球、接球游戏，根据婴儿动作发展的情况逐步提高游戏的难度，直到可以玩空中抛球、接球游戏。

2. 投掷动作训练

婴儿的自主肩上投掷动作也是从 6—8 个月时的无目的抛掷动作发展起来的，成人可以通过让婴儿玩肩上掷物、打沙包、打地鼠等游戏，提高婴儿投掷动作的方向感和目的性，增强上肢肌肉力量，发展动作的协调性。

（四）锻炼下肢动作能力的活动

婴儿的下肢动作主要有站、走、跑、蹲、跳等，下肢动作能力的发展使婴儿逐渐摆脱对成人的高度依赖，开始独立移动身体的自主活动，并能更好地适应周围的环境，发展自主感和培养自信心。

1. 站立训练

站立能力发展是婴儿学会独立行走的前提，站立训练可增强婴儿上肢、颈、肩、胸、腹及下肢肌肉的力量和全身运动器官的协调性。婴儿刚开始站立还不是太稳。在婴儿有能力较稳地扶物体站立后，可训练婴儿独自站立片刻。一开始可用一只手扶着站，或靠墙站，逐渐使婴儿独自站立片刻。站立训练时成人要注意在一旁做好保护，并注意站立时间不宜过长，随着婴儿能力的发展而逐渐延长时间。

2. 走的训练

10—12 个月后，婴儿从扶走逐渐学会独走。家长可以站在婴儿后方扶住其腋下，或在前面搀着婴儿的双手向前迈步；也可以让婴儿扶着手推车学习走步。当婴儿两手扶走比较稳之后，再引导婴儿用一手扶走，最后再逐渐松开扶持物，家长在离婴儿 1 米左右引逗婴儿向前独走。在 12—14 个月，婴儿大多能学会独自行走。

婴儿学会走路后，视野越来越开阔，也会发展出更多的身体动作需要。成人可以增加行走动作的难度，以满足婴儿的需要。如训练婴儿学习上、下楼梯。训练上、下楼梯时，开始选择的楼梯不要太多层，以便婴儿能够较顺利地上完楼梯，体验到成功的快乐；训练婴儿行走中跨越单一障碍、连续障碍；训练婴儿在坡道、弯道、窄路上行走等。

3. 跑的训练

一般婴儿会在 1.5 岁左右开始学习跑。跑的动作可以训练婴儿的下肢力量、身体平衡和身体的灵活性。家长可通过游戏来训练婴儿跑步的灵活性和稳定性，如灵活地向前跑、转弯跑、躲避障碍跑、追逐跑。

4. 蹲和跳的训练

蹲和跳的动作可以锻炼婴儿的下肢力量、膝关节的灵活性，拉伸腿部肌肉，增加下肢的柔韧性。刚开始练习蹲和跳的时候，由成人带着婴儿进行各类蹲和跳的运动，让婴儿逐渐适应蹲和跳的感觉；然后可以拉着婴儿的双手让他在原地跳；之后可以由大人扶着双膝弯曲跳；熟练后让婴儿自己从上往下跳一级阶梯，做“小白兔”游戏练习“并脚跳”，最后发展出单脚连续跳。

5. 协调能力练习

球类游戏多为培养婴儿综合能力的游戏。球类游戏不但能锻炼婴儿手臂和身体的平衡功能，同时还能提高婴儿的手眼协调能力。球是婴儿最感兴趣的玩具之一，不同年龄可以用不同的方法玩球，基本动作包括滚、接、扔、踢、拍、投等。

6. 攀登

有效的攀登活动有助于提高婴儿的攀登能力，促进婴儿协调性的发展。2—3 岁的婴儿在攀登活动中能增强腿部的肌肉力量，发展平衡能力、协调能力、灵敏性以及耐力。教师可以创设富有童趣的攀登情境，在婴儿与环境的互动中发展攀登能力。如：用轮胎搭建栅栏，用沙发搭建小山坡，用纸箱搭建大树，让婴儿扮演小松鼠，在有趣的环境中，翻过栅栏，登上小山，攀爬上大树，摘到松果。丰富多样的情境游戏可以激发婴儿攀登的兴趣和情感体验。

各月龄段粗大动作能力训练重点提示

反思提高

一、思考

婴儿爬行能力培养为什么重要？请简要分析婴儿爬行动作发展与其他身心素质培养之间的关系。

二、讨论分析

小阳是个男孩，已经1.5岁了，爸爸、妈妈白天都要上班，他长期由奶奶负责照看。小阳家住中心城区的居民小区，小区户外空间狭小，小区外是闹市区，因为担心小阳的安全，小阳长期被奶奶放在婴儿推车上或抱在手上。这种教养环境和方式对小阳的发展有哪些不利影响？请提出改进的策略和方法。

三、咨询答疑

请收集能用本核心知识回答的20个家长育儿问题，并写出答案。

四、技能训练

围绕25—30月龄婴儿大动作发展的需要，设计一套婴儿模仿操。

核心知识四　婴儿精细动作核心能力与教育建议

【课前任务】考察附近的玩具店或超市的玩具专柜，收集10种有利于促进婴儿双手动作发展的玩具图片，并简要说明各种玩具在促进婴儿动作发展方面的教育价值。

一、精细动作学习与发展的核心能力

精细动作，又叫小肌肉精细动作，是小肌肉或小肌肉群活动所引发的动作。精细动作主要指手的动作，以及随之而来的手眼配合能力，包括抓握、把弄、握笔画、搭积木、书写、绘画和劳作等技能技巧。

根据双手动作的协调配合情况，可以将精细动作划分为单手动作和双手动作。单手动作指主要依靠单侧手臂和手完成的动作，如单手抓握动作、操作工具的动作。双手动作指两手配合协调程度较高的动作，包括对称的双手协调动作、不对称的双手协调动作。人在大多数日常活动中都需要双手的协调配合。

表 6-4-1 是 0—3 岁期间婴儿精细动作学习与发展的核心能力。

表 6-4-1　0—3 岁婴儿精细动作学习与发展的核心能力

精细动作	学习与发展的核心能力	代表性行为（主要观察指标）
单手动作	1. 抓握动作 2. 使用工具动作	1. 全掌握住物体不掉 2. 用拇指与食指、中指（三指）一起抓握东西 3. 用拇指与食指指尖抓起东西 4. 三指握笔（笔不接触掌心）自如画画 5. 握住杯柄，端起杯子 6. 用勺子舀 7. 用笔绘写 8. 用牙刷刷牙
双手动作	1. 对称的双手协调动作：双手相向动作和双手相反动作 2. 不对称的双手协调动作：搭积木、剪物、穿物、折物等	1. 双手抱瓶，瓶不掉 2. 双手各拿一个物品对敲 3. 双手准确对指（食指对食指、中指对中指） 4. 双手接住滚来的球 5. 向左右两边拉物（双手将线拉直） 6. 撕纸成两块 7. 双手前后搓面巾 8. 拧干毛巾 9. 乱敲积木 10. 平铺 4～8 块方木做马路 11. 用积木搭四层塔 12. 用积木搭桥 13. 用剪刀剪断纸 14. 用剪刀沿着纸上的直线剪 15. 沿纸上弧形线条剪纸 16. 剪出简单形状 17. 将物体塞到另一个物体中（嘴巴、容器、信封等） 18. 将线穿过珠子（不会拉线） 19. 用线穿过扣眼后，还会用另一只手将线拉出 20. 熟练地穿 3～5 个扣子并能把线拉出 21. 拇指与其他手指能合拢 22. 对边折纸 23. 对角折纸 24. 对边折两次

二、关于精细动作学习与发展的教育建议

（一）锻炼婴儿单手动作能力的活动

婴儿的单手动作能力主要有抓握能力和单手使用工具的能力两个方面。

1. 抓握训练

就婴儿的单手精细动作发展的核心能力水平来看，主要表现在拇指与其他四指之间的分化、配合程度的不同。初生的婴儿只有无意识的抓握反射，2 到 4 个月后，婴儿紧握的双拳开始舒展，手可以抓住拨浪鼓，在眼睛的引导下伸手去够东西，此时婴儿的抓握动作是拇指还没有与其他四指分化的“全掌抓握”，但是婴儿经常试图用手去接触物

体，因此应该把玩具放在离婴儿脸部25厘米左右的距离，鼓励婴儿自己用手去触摸。虽然婴儿够取玩具经常失败，但是父母也不可代劳，鼓励婴儿自己努力。父母应该选择不同材质、色彩明亮、可以发声的玩具吸引婴儿的注意，引导婴儿用手抓握，促进其感知觉运动的发展。

随着婴儿拇指功能的逐步分化，婴儿的抓握开始从全掌抓握发展到四指抓、三指抓、二指抓，最后达到较为精细的拇指与食指指尖相对的二指拈物。成人要根据婴儿抓握动作发展的这一规律，在婴儿抓握动作发展的不同阶段提供不同材质、大小和软硬的物体让婴儿操作玩耍，进而促进婴儿抓握动作水平的不断提高。

2. 使用工具的动作训练

能够使用各种工具是人与其他动物的重要区别，成人根据婴儿的动作发展水平和需要，分别提供不同形状和功能的工具让婴儿操作，不断提高婴儿使用各种工具的动作能力。提供带柄水杯，在婴儿喝水时鼓励婴儿用手握住杯柄；提供大小适合的勺子，注意勺子的边缘要圆滑，鼓励婴儿用勺子舀饭；提供不同的笔，可适当选择彩色铅笔、油画棒、磁性画板笔、粉笔、圆珠笔、毛笔、签字笔等，用不同的笔激发和保持婴儿对绘写的兴趣，用手蘸颜料也可以当笔使用；提供不同的绘写材料，如报纸、日历纸、挂历纸、图画本、黑板、白板，也可选择其他自然的绘写材料，如手指蘸水在呵了热气的玻璃、茶几上绘写，用小棍在沙土地绘写；提供外形可爱、大小适合的牙刷，家长每天刷牙时鼓励婴儿模仿家长刷牙。总之，家长要善于教会婴儿使用生活中简单的工具，提高婴儿使用工具的能力。

（二）锻炼婴儿双手动作能力的活动

双手协调配合能力对婴儿完成各类游戏、学习和生活活动具有非常重要的意义。婴儿的双手动作主要包括对称的双手协调动作和不对称的双手协调动作两类。

1. 对称的双手协调动作训练

对称的双手协调动作可以有多种训练形式。2—6个月的婴儿可以在成人的帮助下，用双手食指对食指配合玩“斗虫虫”的游戏；7—8个月大的婴儿会两只手各抓一个玩具，这时可以训练宝宝双手各拿一个物体对敲；成人可以给双手力量和协调性发展水平不同的婴儿提供不同厚薄、不同韧性的纸张，让婴儿玩“撕纸”游戏，提高双手的动作水平。

2. 搭积木游戏

搭积木是进行婴儿不对称双手协调动作训练的主要形式之一。积木是婴儿非常喜欢的玩具，不仅可以发展精细动作，集中提高婴儿的手眼协调性、抓握能力，而且可以发展婴儿的思维、想象能力。婴儿一开始是利用积木玩敲敲打打游戏，后来可以平铺积木玩“修马路”“开火车”游戏，可以双手配合玩“搭塔”“搭桥”等游戏。

3. 剪纸游戏

剪纸也是婴儿喜闻乐见的锻炼不对称的双手协调动作的游戏形式，根据难易程度不同，婴儿可以先后完成剪断纸条、剪开纸张、沿着纸上面的直线剪、沿着纸上的弧线剪、剪出简单的形状。

各月龄段精细动作核心能力训练重点提示

4. 穿物游戏

婴儿可以玩的穿物游戏，由易到难分别是放物入孔、硬线串珠、软线串珠等。为提高穿物游戏的趣味性，放物入孔的游戏可以以“给小猫喂鱼”“到邮筒帮爸爸寄信”等形式出现。

5. 折纸游戏

教婴儿玩简单的折纸游戏，可以在有趣的游戏中提高婴儿双手的协调配合能力。

反思提高

一、思考

你如何理解循序渐进原则在婴儿精细动作培养中的体现?

二、讨论分析

一些家长在婴儿两岁左右就开始让他们练习书写汉字、数字甚至拼音字母，这种做法是否可取? 该如何为婴儿今后的书写能力做准备?

三、咨询答疑

请收集能用本核心知识回答的 10 个家长育儿问题，并写出答案。

四、综合训练

围绕婴儿精细动作发展的核心能力，制订一份适合某个月龄段的玩具清单。玩具清单中应包括的基本内容有：适合月龄段、玩具介绍（图片、玩法说明）。

核心知识五　婴儿生活自理动作核心能力与教育建议

【课前任务】到托幼机构观摩婴儿的日常生活活动，了解婴儿在就餐、睡眠、盥洗等活动环节的生活自理能力水平，访问家长，了解婴儿在家庭生活中的生活自理行为表现，写出调研报告（不少于 500 字）。

一、生活自理动作学习与发展的核心能力

生活自理动作是人在日常生活中为完成自己的生活事项所使用的动作技能。生活自理动作是对大动作和精细动作的综合应用，通常需要大肌肉和小肌肉的共同参与、协调配合才能完成。

婴儿生活自理动作的发展既是培养生活自理能力的前提，更是婴儿自主、自立、自信人格品质发展的重要基础。0—3 岁婴儿生活自理动作主要包括饮食类动作、盥洗类

动作和起居类动作三大类（表 6-5-1）。

表 6-5-1 0—3 岁婴儿生活自理动作学习与发展的核心能力

生活自理动作	学习与发展的核心能力	代表性行为（主要观察指标）
饮食类动作	1. 吃饭 2. 喝水	1. 一手握勺（不会端碗）吃饭，动作不准确，食物散落较多 2. 一手端碗，一手握勺吃饭，动作较准确，食物散落不多 3. 一手端碗，一手用筷子吃饭，食物散落较多 4. 一手端碗，一手用筷子吃饭，食物散落不多 5. 双手握抱有盖的器具（如奶瓶）喝水 6. 单手握持有盖的器具（如奶瓶）喝水 7. 双手握抱无盖的瓶子喝水 8. 单手握持无盖的器具喝水
盥洗类动作	1. 洗手（脸） 2. 刷牙 3. 如厕	1. 能搓洗手（脸），不会擦干 2. 能搓洗手（脸），自己擦干，不会搓洗、拧干小毛巾 3. 能搓洗手（脸），自己擦干，会搓洗、拧干小毛巾 4. 刷牙需要大人协助 5. 自己刷牙，动作不连贯，不熟练 6. 自己刷牙，动作连贯，比较熟练 7. 如厕需要大人提裤子、擦屁股 8. 如厕自己提裤子、擦屁股，但需要大人协助 9. 独立如厕
起居类动作	1. 穿脱鞋子 2. 穿脱衣服 3. 整理床铺	1. 穿脱拖鞋、浅口鞋 2. 穿脱宽口、有松紧带的鞋子 3. 穿脱窄口、有搭扣的鞋子 4. 穿脱窄口、有鞋带的鞋子 5. 穿脱无袖的马甲、短袖的衬衫，自己不会扣纽扣或拉拉链 6. 穿脱无袖的马甲、短袖的衬衫，自己扣纽扣、拉拉链 7. 穿脱长袖的外套 8. 穿脱套头衫 9. 睡前、起床后摆放枕头 10. 睡前、起床后铺平小被子 11. 起床后对叠小被子

二、关于生活自理动作学习与发展的教育建议

（一）提升饮食类动作能力的活动

1. 抱瓶喝水

从 6 个月左右开始，就可以有意识地训练婴儿自己抱着奶瓶或水瓶喝水或奶。刚开始时，婴儿能自己抱瓶喝水的时间可能比较短暂，而且需要成人给予协助，经过一段时间的练习，婴儿基本都能学会自己抱瓶喝水的动作。如果出现婴儿不愿自己抱瓶喝水的情况，可以在婴儿急需喝水或喝奶时鼓励婴儿通过自己抱瓶喝水获得满足感和愉悦感，有助于强化婴儿自己抱瓶喝水的内在动机。

2. 握勺进食

从 10 个月左右开始，婴儿开始有自己掌握勺子进餐的行为，成人可以满足婴儿自

己使用勺子的愿望，为婴儿提供轻便、便于婴儿握持的勺子，当婴儿握勺进餐的动作还不太熟练时，成人喂食和婴儿自主进食相结合可以避免婴儿吃不饱的问题，根据婴儿自主进食的熟练程度，逐渐减少成人喂食，直至完全由婴儿自主握勺进食。

3. 及时更换饮食器具

成人可以根据婴儿的饮食类动作的发展水平更换不同的饮食器具。如果婴儿已经能够熟练使用有盖子的奶瓶或水杯，可以开始让他们使用没有盖子的水杯喝水或者喝奶；如果婴儿能熟练使用勺子，根据家庭饮食习惯，也可以让婴儿学习使用筷子进食。不同的饮食器具对婴儿的动作能力水平要求不同，及时更换和使用要求更高的饮食器具，能促进婴儿饮食类动作能力的发展。

4. 给小动物喂食（水）游戏

满 1 岁后，婴儿开始出现角色扮演的游戏，通过玩“给小猫喂食”等角色扮演类游戏，练习使用勺子、筷子、杯子、饭碗等饮食器具的动作技能。

（二）提升盥洗类动作能力的活动

1. 学习如厕

如厕动作学习的第一个环节是让婴儿习惯使用坐便器，婴儿 6 个月以后能够独坐，成人可以为他们提供婴儿坐便器，结合大小便习惯的训练，逐步让婴儿习惯在大小便时“坐便”；1.5 岁以后，随着婴儿活动能力的增强，在婴儿如厕时可以先教会婴儿在大小便前自己拉下裤子，后来再学会自己在便后拉起裤子，学会在大便后自己擦屁股等。

2. 学习洗手（脸）

从小就要培养婴儿餐前便后、晨起晚睡时洗手、洗脸的习惯。婴儿 1 岁以后，成人根据婴儿动作的灵活程度为他们提供大小厚薄适度的毛巾或手帕，让婴儿开始学习自己洗手、洗脸，有条件的家庭或机构应尽可能设置符合婴儿身材、体力的盥洗设备，让婴儿自己操作和使用，培养自主盥洗的习惯和能力。

3. 学习刷牙

从婴儿乳牙萌出开始就要培养婴儿刷牙的习惯，1.5 岁以前，成人可以采用坐姿，让婴儿躺在成人怀中。一只手用于固定婴儿的头部和嘴唇，另一只手拿清洁的纱布或婴儿专用的指套牙刷，沾温开水为婴儿清洁牙齿的外侧面和内侧面，让婴儿习惯每天按时刷牙。1.5 岁以后，在成人为婴儿清洁口腔的同时，也可以让婴儿自己学习用指套牙刷清洁牙齿。当婴儿使用指套牙刷动作比较熟练以后，可以更换为便于婴儿握持和使用的婴儿牙刷。

4. 盥洗游戏

在婴儿期，成人可以让婴儿玩给玩具娃娃或小动物洗脸（手）、刷牙、如厕擦屁股等游戏，增强婴儿学习盥洗类动作技能的趣味性。还可以通过阅读相关的绘本故事、朗诵童谣等方式，把洗手、洗脸、刷牙、如厕的正确方法教给婴儿。

（三）提升起居类动作能力的活动

1. 学习穿脱鞋子

从 1 岁左右开始，让婴儿养成起床和睡前要穿脱鞋子，外出和返家要更换鞋子的习惯。婴儿学会穿脱鞋子是一个渐进的过程，一开始可以让婴儿自己穿脱拖鞋、浅口鞋等容易穿脱的家居鞋，根据婴儿动作的熟练程度，依次为婴儿准备宽口松紧鞋、窄口松紧鞋、窄口搭扣鞋、窄口鞋带鞋等。

2. 学习穿脱衣服

婴儿穿脱衣服的技能学习也应该从婴儿能够做到的环节开始，一般来说，最先让婴儿在大人给他穿衣时能配合抬起手臂，主动穿过袖子；动作逐渐熟练后，可以让婴儿学习自己穿脱没有袖子的小马甲或者短袖的小衬衫，再学习穿脱长袖的外套。先学习自己穿没有袖子的小背心，再学习穿短袖的 T 恤和长袖的套头衫；先学习扣大的纽扣和拉链，再学习扣小的纽扣和拉链，循序渐进。在学习穿脱衣服的过程中既提高身体动作的水平，又培养生活自理能力。

促进婴儿生活自理能力的游戏案例

3. 穿脱衣服游戏

让婴儿玩“给玩具娃娃穿脱衣服”的游戏，也是提高婴儿穿脱衣服动作技能水平的有效措施。

4. 学习整理床铺

从小让婴儿习惯生活在整洁有序的环境中，整理床铺是必不可少的一个生活自理动作技能。整理床铺从最容易做到的摆放枕头开始，从婴儿 1 岁左右，每天睡前和起床时让婴儿习惯把枕头摆放端正；到 1.5 岁时，可以让婴儿和成人一起铺平小被子或毛巾被；到 2 岁以后，就可以独立铺平自己的小被子，并学习对叠自己的小被子。具体的学习进度要根据婴儿的实际发展情况进行调整，鼓励婴儿的行为和一起欣赏整理的效果则是强化学习效果和学习动机的必要环节。

各月龄段生活自理动作核心能力训练重点提示

反思提高

一、思考

你如何看待现代家庭生活对婴儿生活自理动作发展影响的优势和劣势?

二、咨询答疑

请你调查、了解家长在培养婴儿穿脱衣服、进餐、盥洗等方面动作技能时遇到的问题，并用本核心知识相关内容加以解答。

三、综合训练

到幼儿园观摩托班教师指导婴儿饮食、睡眠、盥洗等环节生活自理动作的情况，并对存在的问题提出改进建议。

本章能力训练、自我测试、推荐阅读

第七章　婴儿语言发展与教育

着重关注：

婴儿语言领域学习与发展核心能力的内容。

难点理解：

婴儿语言能力培养策略；
婴儿语言领域学习与发展核心能力培养的教育建议。

名词术语：

语言、外部语言、内部语言、自我中心语言、单词句、双词句、简单句、复合句、接尾策略。

核心知识一　婴儿语言发展的趋势与特点

【课前任务】到社区或早教中心调查数名0—3岁婴儿的语言发展情况，用录音或录像记录婴儿语言方面的典型表现，分析其语音、词汇、句子等方面的共同特点及个别差异，并进行课堂分享。

一、什么是语言

语言是以语音为载体、以词为基本单位、以语法为构建规则的符号系统。语言是一种社会现象，是人们最重要的交流工具。语言随着社会的产生而产生，随着社会的发展而发展，不同的民族和文化会形成不同的语言，如英语、汉语、法语、意大利语，等等。

语言本身是一个非常复杂的结构系统，包括语音、语义、语法、语用四个方面的内容。儿童必须逐步掌握以上四个方面的技能和规则，才能获得理解和运用母语的能力。

二、语言的发展趋势

儿童语言的发展是一个连续的、有秩序的、有规律的过程，是不断由量变到质变的过程。由于遗传、成熟、环境、教育、营养和健康等多种因素的相互作用，每个儿童的语言发展各有特征，但世界各国儿童在语言发展顺序和发展特点上有着共同的趋势。

1. 语言理解先于语言表达

语言是双向的活动，其活动过程主要包括语言接受（含语言感知、语言理解）和语言表达两个过程。在儿童语言发生发展的过程中，两个过程并不完全同步，语言接受先于语言表达。从语言构成的基本要素的发展来看，都具有这个特点，即语音知觉发生发展在先，正确发出语音在后；语词理解在先，讲出语词在后；对语句意义理解在先，运用某种语句进行表达在后。

2. 儿童语言发展的阶段

儿童语言的发展经历了“非语言交际、口语交际、书面语言”相互交叉的三个阶段。

语言是人际交流的重要手段，在语言产生以前，0—1 岁婴儿主要利用声音、身体姿势及动作来进行交流，属于非语言交流阶段（如点头表示“要”，摇头表示“不”）；2—3 岁婴儿主要以口语表达为主（听、说），4 岁以后，儿童逐渐掌握书面语言（读、写）。

3. 从情境性语言到连贯性语言的发展过程

情境性语言表现为，儿童在对话中常用不连贯的短句，时常辅以手势、动作和表情进行补充表达，听者必须结合具体情境才能理解说话者的意思。连贯性语言主要是在独白中使用，其主要特点是句子完整，前后连贯，听者不需要说话者手势、表情做补充，仅从言语本身就能理解说话者的意思。

情境性语言案例

3 岁前的婴儿只能进行对话，不会独白，所以他们的语言主要是情境性语言表达；六七岁以后，随着逻辑思维的发展，儿童能运用独白进行完整、连贯的表达。

4. 语言的发展过程

语言的发展经历了从“外部语言”到“自我中心语言”，再出现“内部语言”的发展过程。

外部语言是用来与别人进行交流的语言，包括口头语言（说、听）和书面语言（读、写）两种。口头语言包括对话和独白两种形式，书面语言一般在 4 岁以后才会出现。0—3 岁婴儿掌握的主要是口头语言中的对话，不会独白。

自我中心语言是由外部语言向内部语言转化中的一种过渡形态，如儿童在问题解决中或游戏中出现的自言自语现象。自我中心语言一般在 3 岁左右达到高峰，到了 7 或 8 岁时，自我中心语言逐步消失，让位于社会化的语言。

内部语言是一种无声的、对自己讲的语言，它与抽象思维和有计划的行为有密切联系。内部语言是从学前期（4 岁以后）开始产生的，3 岁以前的婴儿还没有内部语言。

三、婴儿语言的特点

婴儿语言发展指的是对母语中口语的理解和表达能力的获得。婴儿时期是人的一生中语言发展最迅速、最关键的时期，一般正常婴儿都能在出生后 2~3 年内成功地学会母语中的口语。婴儿语言发展的特点主要表现在语音、词汇、句子和口语表达几个方面。

（一）婴儿语音发展特点

婴儿语音发展的四个阶段

语音是由人类发音器官发出的表达一定语言意义的声音。语音是口头语言的物质载体，语音发展是语言发展的前提。婴儿的发音经历了从最初的哭声到分化出单音节，然后是双音节和多音节，最后是有意义的语音（即词语）的发生发展过程。

婴儿语音发展特点主要表现在语音知觉、语音表达和语音准确性三个方面。

1. 完美的辨音能力

视频：婴儿天才的语言能力

研究发现，0—1 岁是婴儿语音发展的敏感期。美国华盛顿大学的帕特里夏·库尔教授在一项研究中发现，婴儿具有成人所不具备的完美的语音分辨能力，而且这种能力随着婴儿年龄的增长而逐渐下降。6—8 个月的婴儿是“世界公民”，他们能区分世界各民族语言中不同的语音；10 个月以后，婴儿的辨音能力急速下降；12 个月以后婴儿逐渐成为只能区分自己母语语音的“受文化局限的听众”。婴儿也许正是凭借这种对人类语音的聆听和完美的辨别力才学会了说话。

2. 语音从扩展到收缩

儿童学习语音的过程，先后有两种不同的趋势。起初是扩展的趋势，婴儿从不会发出音节清晰的语音，到能够学会越来越多的语音，是处于语音的扩展阶段，此时，儿童相当容易学会世界各民族语言的发音。五六个月时，婴儿开始注意到语言中的语调和语气的变化，并开始根据其周围的言语环境改造、修正自己的语音体系，语音开始收缩。大约从 9 个月起，那些母语中没有的语音逐渐“丢失”，儿童的发音逐渐集中到即将出现的最初的词的音节上。[1] 在此以后，学习语音的趋势逐渐趋向收缩。儿童掌握母语（包括方言）的语音后，再学习新的语音时，出现了困难，年龄越大，学习第二语言的语音，受第一语言语音干扰越大。

3. 婴儿语音从不准确到逐渐准确，但明显存在发音不准的现象

在婴儿语音发展过程中，1 岁前属于语言准备期，语音发展比较缓慢。研究表明，2.5—4 岁是语音发展的飞跃期，婴儿语音从不准确到逐渐准确。

4 岁以前的婴幼儿明显存在着发音不准的现象。儿童发音的错误大多发生在辅音上。一般来说，大多数婴儿的发音不清属于暂时现象，是婴幼儿期大脑语言中枢和发音器官尚不成熟的表现。随着年龄的增长，一般都会逐步得到改善。

（二）婴儿词汇发展特点

词是语言中的音义结合体，是语言中的表义系统。词汇是一种语言里词的集合。婴儿词汇发展主要表现在词汇量增加、词类增多和词义理解加深三个方面。

1. 词汇量迅速增长

① 张明红．幼儿语言教育［M］．上海：上海教育出版社，2000：98.

婴儿时期是词汇量迅速增长的时期，1.5—2 岁时出现“词语爆炸”现象。

一般来说，儿童词汇量随着年龄的增长而增加。在学前儿童词汇发展过程中有两个增长高峰期：3 岁和 6 岁。其中，1.5—2 岁是婴儿掌握词语的第一个关键期。大多数婴儿会在 10 个月左右说出第一个有意义的单词，在 10—15 个月期间以平均每月掌握 1～3 个新词的速度发展，到 15 个月时婴儿一般能说出 10 个以上词语，到 19 个月时已能说出约 50 个词。19 个月后，婴儿掌握新词的速度显著加快，以平均每个月学会 25 个新词的速度递增，到 24 个月时已掌握 300 多个词。这种掌握新词速度猛然加快的现象是以后各阶段不会再有的，称为“词汇激增”或“词语爆炸”现象。到 3 岁时婴儿的词汇量可达 1 000 个。

2. 婴儿的词汇以实词为主，虚词较少

婴儿词类的掌握顺序是从实词到虚词[①]，婴儿的词汇表达主要是实词表达，尤其以名词、动词、形容词为主，虚词很少。1—3 岁婴儿使用的词类比例是：名词占 50%、动词占 13%、形容词占 10%、代词占 10%、副词占 9%、其余词类占 8%。

3. 婴儿对词义的理解比较具体，常出现泛化、窄化、特化等现象

9 个月以后，婴儿进入真正理解词语的阶段，婴儿对“摸摸小熊”“亲亲娃娃”等指令能正确执行，能准确地把词与物体或动作联系起来。1 岁以后，婴儿虽然只会说出几个词汇，但能听懂很多词，主要是名词和动词（如家人称呼、家用物品、动物、身体器官等）。2—3 岁是婴儿词汇量迅速增长的时期，也是婴儿语言理解能力迅速提高的时期，这时婴儿能理解的词汇达九百多个。

对词义的理解有赖于概念的形成和发展，受认知水平所限，婴儿对词汇的理解具有较强情境性和具体性，词的概括性程度较低，存在着词义泛化、窄化和特化等现象。“词义泛化”是指用一个词代表多种事物（即外延扩大），如用“毛毛”指代所有带毛的动物或毛皮做的东西；“词义窄化”是指婴儿对词义的理解具有专指性（即外延缩小），如“车车”仅指自己的婴儿车；“词义特化”是指婴儿的词语指称对象完全与目标语言不同（即匹配错误），如用“抓住”一词指代一切扔东西的动作。

（三）婴儿句子发展特点

句子是由词或词组按一定规则构成的、能表达一个完整意思的最基本的语言单位。婴儿句子的发展特点主要体现在以下几个方面。

婴儿句子的发展过程

1. 句子类型以简单句为主，复合句初步发展

从婴儿开口说话开始，1—3 岁期间，婴儿句子表达经历了单词句—双词句—简单句—复合句几个阶段。在婴儿使用的句子中，简单句约占 90%，复合句约占 10%。

2. 句子结构从松散到严谨，从混沌一体到逐步分化

儿童句子结构的分化过程

儿童最初的句子（单词句、双词句）只是一个简单的词链，并不体现语法规则。在

① 实词是意义比较具体的词，包括名词、动词、形容词、数量词、代词、副词；虚词是比较抽象的词，包括介词、连词、助词、感叹词。

出现包括主谓、主谓宾的简单句以后，儿童的句子才初具基本结构。

3. 婴儿句子长度以4个词以下的句子为主

儿童句子长度（含词量）是随着年龄的增长逐渐增加的。12个月左右的婴儿最初的句子只有1个词（单词句），一般在18个月后，婴儿会说出2个词的句子（双词句）；在25—27个月开始出现3个词的句子；28—30个月出现4个词的句子；30个月以后，婴儿能说出完整的句子。但3岁以前，婴儿较多使用4个词以下的句子，个别婴儿的句子含词量可达5~6个。

（四）婴儿口语表达的特点

1. 语言表达常使用“接尾策略”

接尾策略是婴儿使用语言时常用的一种策略，即不管实际情况如何，只选用问句末尾的一些词语作答。这种现象主要发生在1.5—2.5岁，3岁左右消失。

2. 说话不流畅，表达常有“破句现象”

2—3岁的婴儿思维速度往往超过他们说话的速度，经常会出现说话不流畅的现象，表现得犹豫不决或经常重复同一个单词或语句，看似口吃。但对3岁婴儿来说，说话不流畅和重复都是正常、自然的现象。成人不要嘲笑、指责、训斥或纠正他，以免加重儿童的心理紧张，也不要强迫儿童模仿或重复，应该耐心倾听儿童讲话，并带着他慢慢地说。随着年龄的增长，这种发育性口吃会逐渐消失。要是对此处理不当，反而会引起他们语言发展上的危机，语言发展的缺陷会在这个时期出现。

3. 喜欢提问，语言上出现“反抗行为”

家长应如何应对孩子的语言反抗行为？

2—3岁是婴儿疑问句快速发展期，他们不断向成人提问，总是要求告知各种事物的有关信息，如名称、特征、用途、构造等。随着儿童自我意识的发展，2岁左右的婴儿开始进入人生第一个反抗期。心理和行为上想独立，表现在婴儿语言上具有自主性和反抗性，总是把“不”挂在嘴边以示拒绝。

反思提高

一、咨询答疑

收集3~5个家长关于婴儿语言发展方面的问题，并运用本核心知识相关内容予以解答。

二、讨论分析

一个3岁孩子擅自过马路，妈妈想制止孩子的危险行为，很生气地对孩子说：“你再走走看！”孩子果真又继续往前走，妈妈更生气了：“你这孩子怎么不听话？”

这位妈妈的提示语对孩子有用吗？为什么？

三、综合训练

孩子学英语越早越好吗？有必要给孩子报英语早教班吗？许多家长对此感到困惑。

婴儿时期学习外语到底利大还是弊大？请以“3 岁前婴儿学外语好不好”为题，组织一次辩论赛。

核心知识二 婴儿语言能力培养的主要内容与策略

【课前任务】 宝宝学说话该说方言还是普通话？如果你以后有了宝宝，你会让宝宝说方言还是普通话？为什么？请思考并查阅相关资料，并将你的想法在课堂上进行分享。

一、语言对婴儿发展的意义

与直立行走和使用工具一样，语言能力被视为是在人类进化和个体发展中极其重要的能力之一。无论是作为一份生物遗产，还是一份文化遗产，语言都对人类个体和社会发展具有重要作用。语言最显而易见的功能是交流，除了特殊儿童之外，正常儿童最简单和常用的交流方式就是语言交流。0—3 岁是语言发展的关键期，在婴幼儿时期，利用各种手段与途径积极促进儿童语言能力的发展，对其身心健康和谐发展具有重要的意义与价值。

1. 抓住语言发展的关键期

0—3 岁是大脑发育的关键期，后天环境对大脑发育有重要影响，良好的教育条件能促进婴儿的大脑发育，认知发展神经学家黛布拉·米尔斯认为，早期经验塑造婴儿终身学习的大脑结构。

0—3 岁也是语言发展的关键期，1 岁前被认为是前语言期，有学者指出，8—10 个月是婴幼儿开始理解语义的关键期，9 个月—2 岁是理解语言的关键期，1.5 岁左右是口头语言开始发展的关键期，2—4 岁是表达语言发展的关键期，3—4 岁是语音发展的飞跃期。在 0—3 岁这一时期，婴儿语言表达的需求十分强烈，充分利用婴儿说话的积极性和主动性，创造良好的教育条件，能更好地促进他们语言的发展。

2. 语言是婴儿智力发展的标志

爱因斯坦认为，一个人的智力发展和他形成概念的方法，在很大程度上取决于语言。研究表明，智力发展的第一个因子是语言能力。语言是标志事物和现象的符号，借助语词（概念），个体才能对事物进行概括，从而感知和了解事物的特征和本质属性。儿童通过语言了解周围的世界，表达感知的结果，通过语言使直觉形象思维发展到抽象概括思维，认识他不能直接感知的事物，并对事物进行概括、分类、综合、判断、推理。因此，儿童语言能力的好坏与智力水平的高低有密切关系。在现实生活中，常看到这样的现象：语言发展迟缓的儿童，常常伴有不同程度的智力障碍。

3. 语言促进婴儿社会性的发展

语言作为一种社会现象，本身就具有交际性和工具性。语言是社会交往的工具，一定的语言理解和表达能力，能促进婴儿与成人及同伴交往，掌握社会交往规则，增强社会适应能力。

个体在出生后就能运用表情和动作引起周围人的关注，用哭喊来表达生理和心理的需要。随着个体的发展，儿童学会了运用语言这一工具，能更加准确地表达自我，与周围人进行交际。儿童获得语言是儿童社会化进程中的一个里程碑，儿童接触社会、融入社会、与社会相互作用的主要方式就是语言交流。

4. 语言能促进婴儿情感和个性品质的发展

情绪的良好发展是婴儿健康成长的重要标志之一。语言帮助婴儿与他人积极交流互动，悦纳自我，理解他人，及时倾诉内心的想法，宣泄消极情绪，表达对客观世界的感受。婴儿情绪多变，语言的发展能帮助培养表达情绪和控制情绪的能力，从而培养健康、积极的情感，有利于婴儿形成良好的个性品质。

二、婴儿语言领域学习与发展的主要内容

儿童语言能力包括语言理解能力（能听懂别人说的话）和语言表达能力（用多种形式的语言表达自己的思想、观点、感情等）。

语言理解是将对语言符号（声、形）的知觉转换成其所代表的事物（义）的过程，主要包括“听”“读”活动，具体内容包括语音理解、词汇理解和句子理解三个方面。

语言表达是个体以语言为载体，通过言语器官或其他部位的活动向别人传递信息的过程，主要包括“说”“写”活动，具体内容包括前言语表达、词汇表达、句子表达三个方面。

婴儿语言领域学习与发展的主要内容如图 7-2-1 所示。

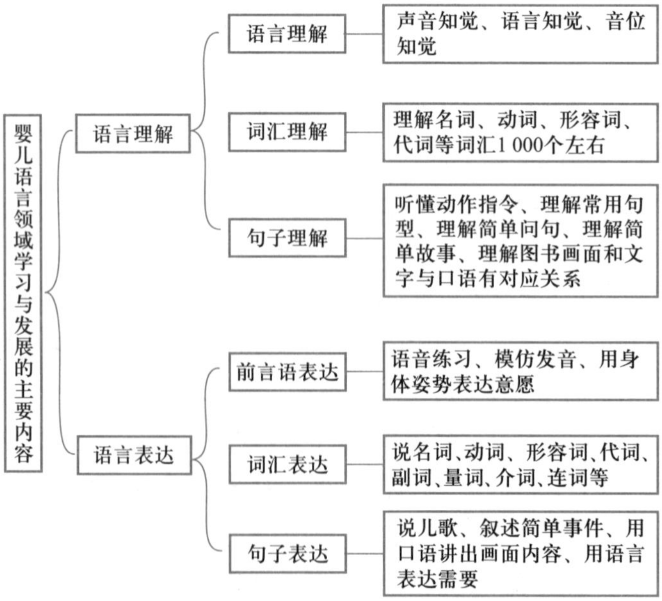

图 7-2-1　婴儿期语言领域学习与发展的主要观察点

三、婴儿语言能力培养的主要策略

婴儿语言的发生、发展，虽然主要取决于正常的生理机制和自然习得，但丰富的语言环境、必要的语言交流以及成人对婴儿语言学习的有效指导也是不可缺少的。

（一）在日常生活中创设良好的语言环境，为婴儿提供语言模仿与学习的机会

日常生活是婴儿学习语言的基本环境，是丰富词汇和发展口语的得天独厚的条件。日常生活中有大量的时间和机会运用语言，而且这些语言都是常用的、反复出现的，有利于加深婴儿的印象和理解；在日常生活中，婴儿接触到的词句往往伴随着具体事物和动作，便于婴儿建立音义之间的联系；在日常生活中，成人最容易发现婴儿语言表达中的问题，如发音不准、用词不当、口吃或语病等。所以，成人应抓住日常生活中的各种机会对婴儿进行语言能力的培养。

1. 提供丰富的语言刺激

在生活中多为婴儿提供不同种类的声音刺激，经常给婴儿听摇篮曲等节奏舒缓、旋律优美的音乐，坚持每天与婴儿交谈，提供丰富的语音刺激。罗斯等人和威斯伯格的研究表明，成人对 3 个月以内的婴儿给予频繁的语音刺激，可以增加婴儿的发音率。婴儿的许多发音，特别是长时间的连续发音，往往都是在成人的逗弄下发生的。[①] 此外，可以在家庭生活中创设有实际意义的文字环境，如在冰箱、电视机、门上贴上字，每天和孩子一起阅读；有意识地引导婴儿关注日常生活环境中的文字，包括商标、标签、交通标志、户外广告栏中的文字等，以丰富婴儿的文字经验。

2. 丰富婴儿的生活内容与经验

生活是语言发展的源泉，丰富的社会活动与生活内容是语言发展的良好环境。在日常生活中，让婴儿通过视、听、触、味、嗅等多种感官进行看、听、触、摸、尝、闻等活动，获得对周围环境中各种事物的认知，积累丰富的感性经验。丰富的生活内容及活动，如串门、去公园、参观、散步、阅读、看电视、游戏、劳动等活动都是婴儿说话的源泉。

3. 注意发挥成人的语言示范与指导作用

模仿是婴儿语言学习的主要方式，婴儿最初掌握的语言主要是通过对周围语言环境的模仿而获得的。婴儿周围的成人，特别是教师和父母，应通过丰富的面部表情、富有变化的语调、规范正确的发音、丰富而又准确的用词造句和文明礼貌的语言，为婴儿提供良好的语言示范和榜样。

（二）在丰富的人际交往活动中提供语言交流实践的机会

语言是交往的工具，婴儿的语言能力正是通过与父母、同伴及其他人的交往而获得发展的。

---

① 张明红．学前儿童语言教育［M］．上海：华东师范大学出版社，2006：87.

儿童和成人的交往在儿童语言获得中的作用

成人与婴儿语言交流的注意事项

1. 成人经常与婴儿进行交谈

研究表明，婴儿所掌握的词汇中，约有 2/3 是通过日常生活中与父母的交谈而获得的（图 7-2-2）。成人和婴儿说话时要注意：有视线接触；将脸正对婴儿以便婴儿观察大人的表情和口型；使用柔和的声音并运用不同语调；发音清晰、准确；最好伴以手势（如说“再见”时每次都向婴儿挥挥手）。另外，对婴儿的发音应进行积极回应（如报以微笑或爱抚），并及时强化和鼓励。

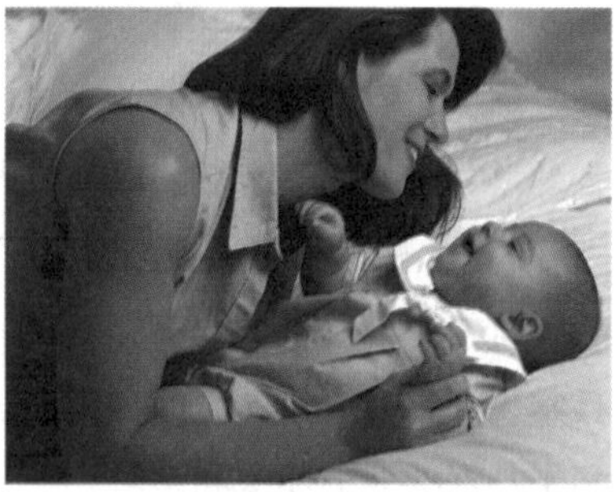

图 7-2-2 婴儿与成人“交谈”

2. 鼓励和支持婴儿的同伴交往

由于社会的发展，家庭逐渐趋于小型化，而且大多数家庭是独生子女，婴儿普遍缺乏人际交往机会。因此，家长平时要多带孩子到小区、公园、超市或邻居家，多为孩子创造与同伴交往的机会，让孩子学习各种称呼及礼貌用语。此外，也可以让婴儿参加亲子园或托儿所的集体早教活动，不仅可以接受专门的语言教育，还可以为婴儿提供同伴群体交往和与教师及其他家长交往的机会，有利于其语言能力和社会交往能力的发展。

（三）在游戏活动中进行语言练习

游戏是婴儿最早、最基本的交往活动，游戏为婴儿提供语言实践的良好机会和最佳途径。这里的游戏包括专门用于语言练习的游戏（如听说游戏、识字游戏、语音游戏、词汇游戏和语法游戏等）和各种角色扮演游戏、社会交往游戏等，游戏中的语言运用为婴儿提供丰富的说话练习的实践机会。

（四）在文学欣赏与早期阅读活动中接受文学语言的熏陶

亲子阅读的基本方法

文学作品是促进婴儿语言发展的重要手段。儿童文学作品（如儿歌、童谣、故事）的语言具有生动、形象、富有节奏感等特点，而且包含情境语、反复语，易于被婴儿理解和接受。早期阅读是婴儿认识世界、探究世界的一种重要手段，也是婴儿语言发展的重要途径。文学欣赏与早期阅读不仅有助于婴儿语言从口头语言向书面语言的过渡，而且为婴儿扩展词汇量、丰富语言内容奠定基础。每天坚持开展亲子阅读和睡前文学作品欣赏活动是促进婴儿语言发展的有效途径。

（五）专门的语言教育活动

语言教育活动是指婴幼儿早教机构有目的、有计划、有组织地进行的集体语言教育活动。如早教中心或托儿所一般是根据班级中大多数婴儿语言的发展水平及能力设计、实施语言教育活动。婴儿语言教育活动的内容主要有学说普通话、听话、说话、早期阅读和文学作品欣赏等；语言教育活动的组织形式多种多样，主要有倾听、表述、欣赏文学作品、听说游戏、早期阅读等。

反思提高

一、咨询答疑

收集3~5个家长关于婴儿语言教育方面的问题，运用本核心知识相关内容予以解答，并提出教育建议。

二、讨论分析

在现代家庭中，电视已经成了日常生活中不可缺少的伙伴，有的家庭甚至把电视当成了看管孩子的“保姆”。有人认为，婴幼儿时期是儿童语言获得期，电视发音标准，音乐动听，画面生动，能更好地吸引婴幼儿去模仿和理解，因此，看电视有利于促进婴幼儿的语言发展。你同意这种观点吗？请谈谈你的看法。

三、综合训练

将全班同学分为六个组，分别收集不同年龄段的婴儿语言教育游戏，并在课堂上进行交流。要求：每半年为一个年龄段，每个组负责一个年龄段，每组至少收集5种游戏。

核心知识三　婴儿语言理解核心能力与教育建议

【课前任务】收集5个适用于0—3岁婴儿认识五官及身体部位的游戏、儿歌、绘本或玩教具等教育素材，并在课堂上进行分享交流。

一、语言理解学习与发展核心能力

语言理解是将对语言符号（声、形）的知觉转换成其所代表的事物（义）的过程。儿童对语言的理解有三种水平[①]：对单词的理解是初级水平，对短语和句子的理解是中级水平，对说话人意图或动机的理解是高级水平。3岁以前婴儿基本能理解成人的句子，但对说话人的意图或动机（比如反话、隐喻、讽刺话）尚不能理解。

0—3岁婴儿语言理解学习与发展的核心能力包括语音理解、词汇理解和句子理解三个方面（表7-3-1）。

表7-3-1　0—3岁婴儿语言理解学习与发展的核心能力

语言理解	学习与发展的核心能力	代表性行为（主要观察指标）
语音理解	1. 声音感知与辨别 2. 语音感知与辨别 3. 语义感知与理解	1. 听到新异的声音有反应（如眨眼、皱眉、身体抖动、停止活动或哭泣等） 2. 成人说话逗引时会微笑、发声或手舞足蹈

① 黄希庭. 心理学导论[M]. 北京：人民教育出版社，2007：451.

续表

语言理解	学习与发展的核心能力	代表性行为（主要观察指标）
语音理解		3. 听到2~3米远处的声音（或耳语）会把头转向声源 4. 播放狗叫、铃声、关门声，婴儿能正确回答是什么声音 5. 听到熟悉的声音（如养育者的声音）会微笑或停止哭闹 6. 能分辨友好和发怒的声音 7. 用方巾遮住婴儿的眼睛，让家人在旁边说话，婴儿能说出是谁在说话 8. 会指认日常物品（如听见成人问“灯在哪里”或“洋娃娃在哪里”时，会寻找、注视，或用手指出） 9. 成人问“妈妈在哪里”时，婴儿会用手指认或转头看妈妈 10. 听见别人叫自己的名字时会转头看
词汇理解	1. 名词理解 2. 动词理解	1. 知道各种食物、玩具、动物、日用品名称 2. 知道父母及其他家人的称呼 3. 知道父母及其他家人的名字 4. 听见别人叫自己的名字时会回答或走过去 5. 能正确指出自己或成人脸上的五官 6. 能正确指出身体各部位 7. 知道图片上物体的名称 8. 听懂“再见”（如对宝宝说“给妈妈再见”，大人不做动作，宝宝也能做出正确的反应） 9. 听懂“拍拍手”（如对宝宝说“拍拍手”，大人不做动作，宝宝也能做出正确的反应） 10. 听懂“给、打、拿”（如对宝宝说“给我”，大人不做伸手动作，宝宝也能做出正确的反应） 11. 听懂“走、坐、看、听”等
句子理解	1. 理解常用句型 2. 理解简单问句 3. 阅读理解	1. 能听懂禁令（听到说“不”，立刻停止活动） 2. 按指示完成一个指令的动作（“把报纸拿过来”“把灯打开”） 3. 按指示完成包含连续两个指令的动作（“把书拿过来，放到桌子上”） 4. 按指示完成两个不相关的动作（“把球捡起来，再把门关上”） 5. 能听懂选择句（如问“宝宝想吃香蕉还是苹果？”时，婴儿能按自己的意愿进行灵活应答，而不只会重复后一个选项进行回答） 6. 能回答“是什么”的问题 7. 能回答“××在干什么”的问题 8. 能回答“××在哪里”的问题 9. 能回答“怎么办”的提问（如“渴了、累了、饿了怎么办”） 10. 爱听故事，能安静地听5分钟故事 11. 知道故事的简单情节（人物、事件） 12. 能给图画中的物品命名 13. 注意书中人物的表情，模仿书中人物的表情或动作 14. 能分清故事中的好人、坏人 15. 说出书中人物的职业和称呼 16. 将书中内容与现实生活相联系 17. 关注小细节 18. 多次听一个故事后，能复述其中部分情节

二、关于语言理解学习与发展的教育建议

语言感知、语言理解与语言表达是语言交流活动必经的三个基本阶段，语言理解是语言表达的基础。教师或家长应如何培养婴儿的语言理解能力呢？下面围绕婴儿语言理解学习与发展的三大核心能力，提出相应的教育内容及方法建议。

（一）语音理解教育建议

婴儿语音感知与理解能力的发展

语音是语言的物质载体，是由人类发音器官发出的表达一定语言意义的声音。如前所述，在婴儿言语发展的过程中，语音感知与理解在先，正确发出语音在后。

婴儿语音理解学习与发展的主要内容有以下几个方面。

1. 声音感知与辨别

声音感知是语音理解的基础，新生儿的听觉较敏锐，对环境中的各种声音刺激较为敏感。他们不仅能够听见声音，而且还能区分声音的强弱、音调的高低、熟悉或不熟悉的声音，甚至能辨别声音来源的方向。

声音感知与辨别的主要训练项目有：

（1）进行丰富的声音刺激。生活中要注意用各种声音刺激婴儿，让婴儿从周围环境中接触不同的声音，丰富婴儿的听觉经验。如经常跟婴儿说话、唱歌，给婴儿放摇篮曲，或录下自然界的各种声音放给婴儿听。注意声音不能太大，以免损伤婴儿的听力或使婴儿受到惊吓。

（2）辨别声源方位。刚出生的新生儿就具有声音定向的能力，可提供不同方位、不同距离的声音刺激，发展婴儿声音定位的能力，为其以后把声音和相应物体联系起来打下基础。可以在婴儿的摇篮上挂上一些铃铛、时钟、能播放轻音乐的发声玩具等，并经常变换位置。爸爸、妈妈或其他家人也可以在不让婴儿看到的情况下，轻轻在婴儿耳边说话或叫他的名字，让他感知不同方位发出的声音，学习辨别声源。

（3）分辨不同事物发出的声音。生活中可以提供不同物体让婴儿玩敲打游戏（如锅、碗、盘、盆），也可以通过乐器、发声玩具（如拨浪鼓、摇铃），以及模仿不同动物的叫声、听声音找物等活动，让婴儿感知不同事物发出的声音，并学会把声音和相应物体联系起来。

2. 语音感知与辨别

语音感知是指对语言中语音的识别和辨别。从对人类语音的知觉来看，刚出生的婴儿就能对人类的语音进行分辨，形成感知、辨别单一语音的能力，主要表现为：能区分出人的语音和其他声音；能辨别不同人的话语声；能辨别语调和语气的变化。

语音感知与辨别的主要训练项目有：

（1）感知语音。语音感知是语言理解的前提。新生儿特别喜欢听人说话，妈妈和家里的其他人都要经常跟婴儿说话、唱歌、讲故事，提高婴儿对语音的敏感性。如妈妈经常不在家，可以把妈妈的声音录下来放给婴儿听。

（2）辨别不同人的声音。除父母以外，其他家人也要经常跟婴儿说话，让婴儿熟悉

不同人说话的声音，如男人、女人，大人、小孩，老人、年轻人等。婴儿能辨别不同家人的声音，说明有对不同性别、年龄、语调、音色的分辨能力，是对语音的一种综合理解和判断。

（3）区分语气语调。成人要多与婴儿进行面对面的交流，并注意面部表情和语音语调的变换，让婴儿感受语气、语调的作用，以提高婴儿对语音的分辨力和理解能力。如对婴儿的不合理要求以比较坚定的语气表示不同意；讲故事时，尽量把故事人物高兴、悲伤的心情用不同的语气、语调表现出来。

3. 语义感知与理解

9 个月左右，婴儿能将语音与语义联系起来，开始真正理解成人的语言。婴儿最初理解的词汇是日常生活中较为直观具体的词汇，比如，常见事物的名称、表示身体动作的动词。语音与实物、图片或动作的配合是帮助婴儿掌握语言意义的基本方法。

语义感知与理解的主要训练项目有：

（1）指认物体。从婴儿 4 到 5 个月起，可以教婴儿认物。可以从婴儿最感兴趣的东西开始，成人可一边说物名，一边让婴儿看或摸相应物体，婴儿用眼睛看或用手指向物体均可。这样，婴儿就能逐渐建立语音和实体之间的联系，辨别事物名称。

（2）辨别家人的称呼。从婴儿出生开始，有意识地教婴儿称呼“爸爸”或“妈妈”“爷爷”“奶奶”“阿姨”等，让婴儿熟悉家人的不同称呼，并逐渐将称呼与相应对象联系起来。

（3）听懂自己的名字。经常跟婴儿玩唤名游戏，而且要用固定的称呼，每天坚持靠近婴儿时都面带微笑地呼唤他的名字，婴儿便会逐渐建立语音与自己名字之间的联系。在婴儿能听懂自己的小名后，改用全名称呼婴儿。

（4）按口头指示做动作。5 到 6 个月的婴儿就可以进行简单的动作或手势模仿练习。婴儿最初只能听懂一些关于手势的单一动词，如再见、欢迎、点点头等。在日常生活中，应多利用生活情景帮助婴儿积累各种动词，比如“来、吃、睡、走、坐、看、听、摇”等。

（二）词汇理解教育建议

对词义的理解是婴儿正确使用语言和理解语言的基础。婴儿获得词义的过程比获得语音的过程缓慢。严格地说，词义的发展将贯穿人的一生。婴儿掌握的主要是日常生活中较为直观具体的词汇，比如，常见事物的名称、表示身体动作的动词和表示颜色及身体感觉的形容词等。由于缺乏生活经验，以及思维具有具体形象性的特点，婴儿常常从字面上理解词义，不能理解词语的象征意义、转义或反话。

婴儿词汇理解学习与发展的主要内容有以下几个方面。

1. 名词理解

名词是实词的一种，是指代人、物、事、时、地、情感、概念等实体或抽象事物的词。名词是词汇中最早理解的词类。婴儿能理解的名词主要是周围生活中所熟悉的家用物品、人物称谓、动物名称和特征较明显的身体器官名称等。

名词理解的主要训练项目有：

（1）物品名称及特征。日常生活中各种物品的名称是婴儿较早掌握的词汇，因为它们是真实具体的，又可以不断重复呈现。丰富婴儿名词词汇的方法主要有以下三种。一是实物配合法：让词和词所反映的事物同时出现。如在帮婴儿穿衣时，教婴儿说出各种衣服的名称；在盥洗时，教婴儿说出盥洗用具的名称；在散步时，向婴儿介绍各种事物名称及特征（如颜色、形状）。二是直观法：对于婴儿在日常生活中不能直接接触的事物，可以借助照片、图片、录音、录像、电视节目等媒介，帮助婴儿建立语音和实体之间的联系，从而正确理解词义。三是游戏法：通过游戏认识各种物品名称及特征，扩展词汇量。比如“猜拳”游戏，把玩具放在成人的手掌里，让婴儿猜物品名称、形状、颜色等，并大声说出来；比如“奇妙的口袋”游戏，把玩具或水果等物品放在一个口袋里，让婴儿通过“摸一摸、猜一猜、说一说”来了解物品名称、形状、颜色等。

（2）家人称呼、名字。可以通过“看照片认亲人”的方法，向婴儿介绍亲人的称呼、姓名、职业及工作地，既可以让婴儿理解家人称呼、姓名，还可以扩展关于职业的词汇及地名方面的词汇。

（3）五官及身体部位名称。可以通过日常生活活动学习五官及身体部位名称，如给婴儿洗脸、洗澡时，一边洗一边告诉婴儿“洗洗明明的鼻子”“擦擦明明的嘴巴”等；家长也可以和婴儿玩“指五官”“照镜子”“瞎子摸象”“头发、肩膀、膝盖、脚”等游戏，让婴儿认识自己或玩具娃娃的五官，帮助婴儿丰富词汇。

（4）指认图片。在了解各类实物名称的基础上，婴儿能够认出图片上的物体。可采用“三段教学法”教婴儿认图片：第一步：“看图片”，家长出示图片，并告诉婴儿图片中物品的名称（如“苹果”）；第二步：“指图片”，家长说出名称，让婴儿从几张图片中找出来；第三步：“说名称”，家长出示图片，让婴儿说出图片上是什么。这个过程需要经过很多次反复，婴儿才能学会认识一张图片；在婴儿学会一张图片以后，再换新的图片。

2. 动词理解

动词是用来形容或表示各类动作的词汇，基本上每个完整的句子都有一个动词。婴儿对动词的理解在词汇理解中仅次于名词，婴儿最先掌握的是表示身体动作的行为动词，其次是能愿动词和判断动词。可用语音与动作配合法帮助婴儿在词汇与动作之间建立条件反射，最后根据成人的口头指示做出相应动作。在生活中要有意识地让婴儿帮家长做一些事，也可以训练婴儿的语言理解能力和助人行为。

动词理解的主要训练项目有：

（1）执行一个动作指令。执行动作指令是婴儿真正理解动词的一种表现。1 岁以后，婴儿能按指示完成一个指令的动作，家长可以通过语言指示让婴儿参与一些简单的家庭劳动。如妈妈下班回来时，让婴儿帮妈妈把拖鞋拿过来；爸爸看报纸时，让婴儿把报纸拿过来；奶奶买菜时，让婴儿把购物袋递给奶奶；等等。

（2）执行两个连续的动作指令。随着词汇的不断丰富，婴儿能按执行包含连续两个动作的指令，如“把书拿过来，放到桌子上”。

（3）执行两个不相关的动作指令。在婴儿理解两个连续动作的指令之后，可以训练婴儿按指示完成两个不相关的动作（即分别指向两个不同对象的动作），如“把球捡起来，再把门关上”。这对婴儿语言记忆和思维能力提出了更高要求，可利用游戏和结合生活情景进行训练。

（4）念儿歌做动作。成人在念动作类儿歌时，一边念儿歌一边做动作，并让婴儿模仿做动作。

（三）句子理解教育建议

句子是语言运用的基本单位，它由词、词组（短语）构成，能表达一个完整的意思，如告诉别人一件事，提出一个问题，表示要求或者制止等。

婴儿句子理解学习与发展的主要内容有：

1. 各种句型理解

婴儿基本上能理解除被动句和双重否定句之外的句子，如陈述句、疑问句、祈使句和感叹句。

（1）否定句理解。否定句是婴儿较早理解的一种句型。5个月左右的婴儿就会看成人面部表情来理解大人的要求，从而抑制自己的行为，此时就可以开始进行听懂禁令的训练，可以在说“不许、不能动”的同时，辅以严肃的表情和摆手等动作进行阻止。能听懂大人说“不”，表明婴儿能通过词汇去理解成人的要求而抑制自己的动作，这对培养婴儿的自我约束能力和规则意识具有重要意义。

（2）祈使句理解。随着对动词的掌握，婴儿还能听懂一些用于表达命令、请求、劝告、警告等的祈使句，如执行简单指令“过来”。成人可结合生活情景让婴儿帮助家长做事，如“把报纸递给我”，既培养婴儿的语言理解能力，又培养婴儿的助人品质和做事能力。

（3）选择句理解。选择句的理解相对比较困难。家长可在生活中多给一些机会让婴儿练习选择和做决定，比如吃什么东西、穿哪件衣服、玩哪一个玩具、看哪一本书、到什么地方散步等，都可以让婴儿来选择和决定，不但能提高婴儿的语言理解能力，还能培养婴儿的自主抉择能力。

2. 简单问句理解

对各种问句的理解是语言理解能力的重要表现。家长要多向婴儿提问，并鼓励婴儿自己提出问题。可通过看图片、讲故事等方式进行问答练习，也可结合生活经历进行回忆性讲述。

婴儿简单问句理解的训练项目有：

（1）是什么。婴儿最先理解“这是什么？”的问句，是因为最早掌握的就是关于事物名称的词汇，可玩猜物游戏进行问答练习。

（2）干什么。在积累大量动词的基础上，婴儿能回答“××在干什么？”的问题，可通过看图片、猜动作等游戏进行练习。

（3）在哪里。在积累了丰富的名词和空间方位词的基础上，婴儿能回答“××在哪里？”的问题，可通过躲藏游戏或看图说话进行练习。

（4）怎么办。在各种疑问句中，回答“怎么办？”的问题是最困难的，需要婴儿具有一定思维能力和丰富的生活经验。可以通过阅读回答有关故事情节的简单问题，也可以在生活中设置问题情景，让婴儿学习解决问题。一般3岁左右的婴儿能够回答“渴了、累了、饿了、冷了怎么办”的问题。

3. 阅读理解

阅读理解是指婴儿运用已有的经验、表象去看懂图书的内容。阅读是培养婴儿语言理解和表达能力的重要手段，阅读理解是语言理解能力的综合表现。对图书内容的理解表现在婴儿了解故事情节、读懂画面、进行角色对话与心理活动的联想及用自己的语言讲述故事等方面。

婴儿阅读理解的训练项目有：

（1）与婴儿谈论故事内容。选择与婴儿日常生活密切联系的、婴儿熟悉的事物和事件为主题的图书进行阅读，并在婴儿听完故事后进行简单的问答练习，可以帮助婴儿理解和记忆故事内容。如与婴儿谈论故事的简单情节（人物、事件），故事中好人、坏人，书中人物职业和称呼（如解放军叔叔），并尽量将书中内容与现实生活相联系。

（2）帮助婴儿理解画面。成人在给婴儿讲故事时，要一边讲一边引导他仔细观察画面，结合画面讨论故事内容，学习建立画面与故事内容的联系。

语言理解能力培养的游戏案例

（3）认图片。鼓励婴儿在听到成人念故事时，按故事情节指出相应的图画，说出画面中物品的名称，从画面中发现人物的表情、动作及相关背景，并将之串联起来，说出故事情节。

（4）表演故事。鼓励婴儿模仿书中人物的表情、动作或对话，通过表演的方式表达自己对图书和故事的理解。

各月龄段语言理解核心能力训练重点提示

（5）复述故事。多次重复讲一个故事，在熟悉故事内容和情节之后，可以让婴儿复述故事内容，锻炼婴儿的语言理解和记忆能力。复述不一定是完整作品的重复讲述，可以是一个优美的词或句子，也可以是婴儿感兴趣的一段对话。

反思提高

一、思考

婴儿对词汇的理解有哪些特点？婴儿词汇理解有哪些基本教育方法？

二、综合训练

1. 根据婴儿语言理解核心能力的内容，为促进0—3岁婴儿语音理解、词汇理解、句子理解分别设计一组游戏，每组含5~10个小游戏。

2. 收集适用于0—3岁婴儿语言理解学习与发展的教育素材，如图书图片、儿歌、故事、游戏及各种玩具材料，并利用其设计相应的语言教育游戏，然后与同学进行交流分享。

核心知识四 婴儿语言表达核心能力与教育建议

【课前任务】你会玩“奇妙的口袋”游戏吗？请想一想如何利用这个游戏来帮助3岁前婴儿进行词汇或句子表达练习？请收集“奇妙的口袋”游戏的各种玩法并与同学进行分享。

一、语言表达学习与发展核心能力

婴儿的语言表达能力发展要经历两个重要阶段：前言语表达阶段和言语表达阶段。1岁以前，婴儿还不会开口说话，他们主要通过一些特定的声音和姿态来进行交流，属于前言语表达阶段；1岁以后，婴儿开口说话，婴儿口头语言的发展经历了不完整句（单词句、双词句）、完整句（简单句、复杂句）、复合句（并列复句、偏正复句）三个阶段。到3岁左右，婴儿基本掌握了口头语言，可以用语言表达自己的需要和情感，用语言来调节自己的动作和行为，基本上能运用语言与人进行交往。

婴儿语言表达学习与发展的核心能力包括前言语表达能力、词汇表达能力和句子表达能力（表7-4-1）。

表7-4-1 0—3岁婴儿语言表达学习与发展的核心能力

语言表达	学习与发展的核心能力	代表性行为（主要观察指标）
前言语表达	1. 语音表达 2. 动作表达	1. 发出细小柔和的喉音 2. 用不同的哭声表达不同的需要 3. 发a，o，e，ba-ba，a-ba-ba-ba-ma等音节 4. 能模仿弄舌或咳嗽声 5. 能模仿发两个单字音（如“拿”“走”） 6. 能模仿常见动物的叫声 7. 能见到爸爸叫“ba-ba”，见到妈妈叫“ma-ma” 8. 会重复别人说过的话 9. 会伸手要抱 10. 会用招手表示“再见”，用拍手表示“欢迎” 11. 会用手指向玩具或食物表示需要 12. 会用点头表示“要”，用摇头或摆手表示“不要” 13. 会伸出食指表示“1岁”
词汇表达	1. 说名词 2. 说动词 3. 说形容词 4. 说代词 5. 说副词	1. 会称呼家人 2. 以声代物（如把狗叫“汪汪”） 3. 说出常见物如食物、玩具、动物名称（如球、笔、杯子等） 4. 说出五官名称（眉毛、眼睛、鼻子、耳朵、嘴巴） 5. 说出各身体部位名称（头、手、脚等）

续表

语言表达	学习与发展的核心能力	代表性行为（主要观察指标）
词汇表达	6. 说量词 7. 说介词 8. 说连词	6. 说出图片名称 7. 说自己小名 8. 说自己全名 9. 说爸爸、妈妈等家人的姓名 10. 会说表示动作的词：拿、打、来、吃、睡、走、跑、跳等 11. 会说表示可能、意愿、必要的能愿动词：应该、要、会、愿意、能 12. 会说判断动词：是、不是 13. 会使用颜色词，如红、黑、白、绿、黄、蓝 14. 会使用感觉词，如甜、苦、冷、热、烫、痛、饱、饿、痒 15. 会使用描述动作的词，如快、慢、轻、重 16. 会使用表示人体外形特征的词，如胖、瘦、漂亮 17. 会使用描述情感的词，如高兴、快乐 18. 会使用描述个性品质的词，如好、坏 19. 会使用描述情景的词，如容易、危险 20. 会使用物主代词（我的、你的） 21. 会使用人称代词（我、你、他，我们、你们、他们） 22. 会使用指示代词（这个、那个，这么、那么，这样、那样） 23. 会使用疑问代词（谁、哪、什么） 24. 会使用否定副词（不、没、别） 25. 会使用频率副词（常常、老、还、又、总是） 26. 会使用程度副词（很、最、非常） 27. 会使用时间副词（刚才、正在、已经） 28. 会使用个体量词（个、只） 29. 会使用临时量词（一碗饭、一盆花） 30. 会使用集合量词（一串、一对） 31. 会使用不定量词（一点、一些、一层）
句子表达	1. 各种句型表达 2. 说儿歌 3. 说礼貌用语 4. 复述故事 5. 叙述简单事件	1. 单词句：只能使用一个单词（名词或动词）进行表达，并伴有手势或动作 2. 双词句：如能说“喝水水”“妈妈抱” 3. 完整句：能用包含主谓宾结构的完整句子进行表达（如：“我要吃饭”“把汽车给明明”） 4. 复合句：能将两个或两个以上意思有关联的单句组合成复合句进行表达（不一定用连接词） 5. 能跟着成人念儿歌中押韵的字 6. 说出儿歌开头和结尾的字 7. 接背几句儿歌 8. 会说 1~3 首完整的三字儿歌 9. 会模仿成人说“请”“谢谢”“对不起” 10. 在提示下会说“请”“谢谢”“对不起” 11. 能在相应情景下主动使用“请”“谢谢”“对不起”等 12. 说礼貌用语 6 种以上 13. 看图讲 1~2 句话 14. 多次听一个故事后，能复述其中部分情节或对话 15. 多次听一个故事后，能讲出故事的主要情节（时间、地点、人物、事件的简单经过） 16. 边翻书边看画面，并跟随画面内容，讲述一个完整的故事 17. 能看图简单描述画面（名称、特征、用途或表情、动作等） 18. 能简单描述一件物体（名称、用途、颜色、特点等） 19. 能简单表达刚发生过的事（如刚才在做什么） 20. 能简单叙述发生在两三天前的事（时间、地点、人物、经历）

二、关于语言表达的学习与发展教育建议

语言是表达交流的工具，婴儿期是口头表达能力发展的关键期。教师或家长应如何培养婴儿的语言表达能力呢？下面围绕婴儿语言表达学习与发展的三大核心能力，分别从前言语表达、词汇表达和句子表达三个方面提出相应的教育内容及方法建议。

（一）前言语表达学习与发展教育建议

前言语表达是语言表达能力的最初阶段，是词汇表达的基础。在婴儿正式开口说话之前，婴儿主要通过不同的语音、动作和表情等进行表达。婴儿前言语表达能力发展的主要内容包括语音表达能力和动作表达能力。

1. 语音表达训练项目

（1）逗引发音（0—9 月）。家长应用多种语音和声音刺激婴儿，尽量跟婴儿说话，帮助婴儿发展听力；积极回应婴儿的自发发音，用模仿、重复婴儿的发音来逗引婴儿，引起婴儿发音，以提高婴儿的发音水平，为模仿语音奠定基础；用强化、鼓励等方法诱导婴儿发音。研究发现，婴儿的许多非自控性发音都是在成人逗引下发生的。对婴儿发出的每一个音，成人都报以微笑、爱抚，婴儿的发音就会显著增多。

（2）模仿发音（6—12 月）。模仿是语言学习的一种重要途径，模仿发音是自主发音的准备阶段，这是婴儿真正开口说话的必经阶段。成人应坚持用语言刺激婴儿，多与婴儿进行近距离交流，最好面对面交流，让婴儿观察成人讲话的口舌运动，以便婴儿模仿。此外，当婴儿自发发出近似词的发音时（如“ma-ma”），妈妈就马上出现在婴儿面前，一边对婴儿说“哦，宝宝在叫妈妈呢，妈妈来了！再叫 ma-ma，ma-ma……”，一边亲亲婴儿，以强化婴儿对近似词的发音。

（3）口唇运动。在婴儿模仿发音的同时，经常跟婴儿做一些发音器官运动和口型练习，有助于婴儿发音能力的提高，如张嘴、伸舌、咂嘴、弹舌、咳嗽等嘴唇游戏，以及玩吹碎纸片、吹气球、吹羽毛、吹泡泡、学老虎叫、猫叫、鸭子叫、火车叫等。

婴儿发音练习游戏案例

2. 动作表达训练项目

（1）手势语模仿。6—12 个月的婴儿可以模仿手势动作，如用拱手表示“恭喜”、用拍手表示“欢迎”（图 7-4-1）、用挥手表示“再见”。成人可利用生活情景进行动作示范，让婴儿学习各种手势语，一定要注意将语音表达与动作表达相结合。不同的婴儿学习手语的速度不同，一般说来，1 岁左右的婴儿可以学会 10 个手语，1 岁半之前能增加到 40 个。

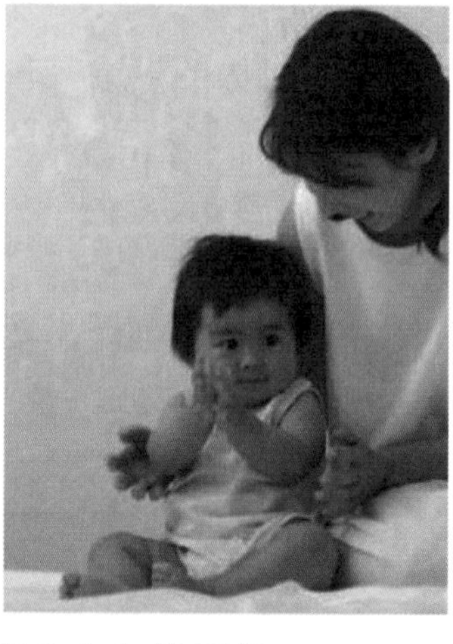

图 7-4-1　拍手欢迎

（2）身体姿势表达。肢体语言是婴儿正式说话之前表达意愿和进行人际交流的主要手段。成人在教婴儿肢体语言时，要注意伴随相应语言（如“抱抱”），并鼓励婴儿进行语言模仿。

（二）词汇表达学习与发展的教育建议

3 岁前婴儿的词汇中，各种词类都已出现，1—2 岁掌握的主要是名词和动词，2 岁以后开始掌握形容词、代词和副词，2.5 岁以后逐渐掌握介词、量词、连词、叹词、助词。

1. 说名词

名词是实词的一种，是指代人、物、事、时、地、情感、概念等实体或抽象事物的词。说名词是词汇表达的基础，名词是婴儿最早掌握的实词。婴儿名词获得的一般顺序是：

说出家人的称呼及姓名；说出常见物名称（如食物、玩具、动物等）；说出五官及各身体部位名称；说出图片上物品的名称；说自己的小名及全名。

2. 说动词

动词的掌握仅次于名词，是婴儿最早掌握的实词之一。在生活中可以边做事边告诉婴儿你在做什么，也可以通过玩猜动作游戏、模仿造句等活动，帮助婴儿积累词汇。婴儿获得动词的一般顺序是：表示各种身体动作的词（如拿、打、来、吃、睡、走、跑、跳、抓等）；表示可能、意愿、必要的能愿动词（如应该、要、会、愿意、能）；表示判断的动词（是、不是）；表示心理活动的动词（如爱、恨、喜欢、希望）。

3. 说形容词

形容词也是儿童较早掌握的实词之一。说形容词是词汇表达能力增强和词汇量丰富的表现之一，形容词的出现在名词和动词之后。可通过生活情景或阅读活动帮助婴儿掌握各种形容词。婴儿获得形容词的一般顺序是：颜色词（如红、黄、蓝、绿等）；描述人体感觉的形容词（如甜、苦、冷、热、烫、痛、饱、饿、痒等）；描述动作状态的形容词（如快、慢、轻、重等）；描述情感及情景的形容词（如胖、瘦、漂亮、高兴、快乐、好、坏、容易、危险）。

4. 说代词

代词是婴儿使用频率较高的词汇之一，也是婴儿较早掌握的一类实词。代词主要包括人称代词、物主代词、指示代词和疑问代词。2 岁以后婴儿开始学习说代词。注意生活中多与婴儿进行对话交流，多用疑问代词进行问答练习，让婴儿有更多模仿机会。婴儿获得代词的一般顺序是：物主代词（我的、你的、他的、大家的）；人称代词（我、你、他、我们、你们、他们）；指示代词（如这个、那个）；疑问代词（如谁、哪一个）。

5. 说副词

副词是一种用来修饰动词、形容词、全句，说明时间、地点、程度、方式等概念的词。婴儿一般要 2 岁以后才开始使用副词。一方面，家长可通过自己的语言进行示范；另一方面，也可以通过语言游戏、早期阅读等活动丰富婴儿的副词。婴儿获得副词的一般顺序是：否定副词（不、没、别）；频率副词（常常、老、还、又、总是）；程度副词（很、最、非常）；时间副词（刚才、正在、已经）。

6. 说量词

量词是表示事物或动作单位的词。量词是实词中掌握较晚的。婴儿一半在 2.5 岁以后才开始学习使用量词。婴儿主要通过模仿成人的语言获得量词，最初用得并不准确。在婴儿词汇中，数量最多、使用最广的是名词和量词，如个、只、张、头、件、条、把、颗等量词。婴儿获得量词的一般顺序是：个体量词（个、只）；临时量词（碗、盆）；集合量词（串，对）；部分量词（点儿、些、层）。

7. 说连词

连词是用来连接词与词、词组与词组或句子与句子、表示某种逻辑关系的虚词。连词可以表示并列、承接、转折、因果、选择、假设、比较、让步等关系。连词在词汇掌握中出现较晚，一般 2 岁半以后婴儿才开始学习使用连词。婴儿获得连词的一般顺序是：和、跟；还、也、又；与、或、或者；如果、但是。

8. 说介词

介词是一种用来表示词与词、词与句之间的关系的虚词，主要是用来修饰动词或形容词。2.5 岁以后婴儿开始学习使用介词。婴儿获得介词的一般顺序是：把、用；在、从、到、和；因为、由于、为了；叫、让、被、给。

（三）句子表达学习与发展的教育建议

句子表达是语言表达的主要形式。1—1.5 岁婴儿最初只能用一个单词（1~2 个字）的句子进行表达；1.5—2 岁婴儿开始用两个词（3~5 个字）组成的句子来表达；2 岁以后，婴儿开始用具有完整结构的句子进行表达，并不断增加修饰语，无论是句子含词量还是句子长度都迅速增加。

1. 说句子

在日常生活中，家长要经常跟婴儿进行交流，并注意用完整的句子对婴儿的话进行补充；还可以通过早期阅读提供更多规范的句子给婴儿模仿。婴儿掌握句子的一般顺序是：单词句、双词句、简单句、复合句。

2. 说儿歌

儿歌语言精练、内容生动，有优美的韵律和节奏，易记易懂，适合 1 岁左右的婴儿学习。念儿歌是锻炼听力和丰富、规范婴儿言语的好方法。重复的节拍、生动的言语再配合一些夸张的动作，非常容易吸引婴儿。婴儿最初只能说出儿歌的开头或结尾的几个字。可以利用婴儿语言发展中的“接尾策略”，先让婴儿学说儿歌中押韵的字，再学说完整的句子。可从简单的三字儿歌开始训练。成人在念儿歌时要注意发音准确、清楚，并注意语言的节奏，让婴儿感受到儿歌的韵律美。婴儿学习儿歌的一般顺序是：说出儿歌的开头或结尾的几个字；背两句儿歌；会说一首完整儿歌；会说 4~5 首儿歌。

3. 说礼貌用语

礼貌用语是日常生活中常用的语言，不仅可以丰富婴儿的词汇，还有助于文明礼貌行为习惯的培养。模仿是学习礼貌用语的主要手段。礼貌用语有很强的情境性，家长要注意从婴儿开始学说话起就要结合生活情景进行礼貌用语的训练，可先从手势语的模仿入手（如“谢谢”），在婴儿会模仿发音后，教婴儿学说一些常用礼貌用语（如“请”“谢谢”“再见”），并结合生活情景，提示婴儿准确使用各种礼貌用语。也可以通过“打电话”、“做客”等游戏进行练习。婴儿学习礼貌用语的一般顺序是：会模仿成人说“请”“谢谢”“对不起”；在提示下会说“请”“谢谢”“对不起”；能在相应情景下主动使用“请”“谢谢”“对不起”等；说礼貌用语 6 种以上。

4. 复述故事

复述是婴儿学习、重复和模仿文学作品语言，再现文学作品的一种手段，可以促进记忆、思维和连贯性语言的发展。成人在给婴儿讲故事时，一定要注意多次重复，并通过提问、讨论、角色扮演、猜结局等方式帮助婴儿理解和记忆故事内容，以便婴儿准确复述故事内容。婴儿故事复述能力的发展过程为：看图讲 1～2 句话；多次听一个故事后，能复述其中部分情节或对话；多次听一个故事后，能讲出故事的主要情节（时间、地点、人物、事件的简单经过）；边翻书边看画面，并跟随画面内容，讲述一个完整的故事。

5. 叙述简单事件

这是婴儿运用完整的句子进行连贯表达的能力。对于 2.5 岁左右的婴儿，可以通过提问的方法，借助实物、图片、情景表演等进行连贯表达训练。经常让婴儿说说身边的事和物，是培养婴儿语言表达能力的有效方法。如让婴儿描述一个画面或一件花毛衣（说出名称、特征、用途或表情、动作等），也可以说说前两天发生的事（如参观动物园）。婴儿叙述简单事件能力的发展过程为：能看图简单描述画面（说出名称、特征、用途或表情、动作等）；能简单描述一件物体（物名、用途、颜色、特点等）；能简单表达刚刚发生过的事（如刚才在做什么）；能简单叙述发生在 2～3 天前的事（时间、地点、人物、经历等）。

语言表达能力培养的游戏案例

各月龄段语言表达核心能力训练重点提示

反思提高

一、思考

1. 婴儿语言表达有哪些特点？婴儿语言表达能力培养中应注意什么问题？

2. 婴儿学习手势语或肢体语言会不会影响语言发展？

二、综合训练

1. 到托儿所或早教中心用录音记录 3～5 个 1—3 岁婴儿的日常谈话，并分析其语言表达特点。

2. 收集 15 个适用于 0—3 岁婴儿语言表达能力培养的游戏（前语言表达、词汇表达、句子表达各 5 个）。

本章能力训练、自我测试、推荐阅读

第八章 婴儿社会性发展与教育

着重关注：

婴儿社会性领域学习与发展核心能力的内容。

难点理解：

婴儿社会性领域学习与发展核心能力的培养策略；
婴儿社会性领域学习与发展核心能力的教育建议。

名词术语：

社会性、社会认知、社会情感、社会行为、自我认知、规范认知。

核心知识一 婴儿社会性发展的趋势与特点

【课前任务】 对你所了解的“人的社会性”的含义进行讨论，总结出自己的结论，并举例说说婴儿社会性的具体表现。

一、什么是社会性

社会性是指人的一种社会心理特性，即人在社会交往过程中建立人际关系，理解、学习和遵守社会行为规范，控制自身社会行为的心理特性。① 社会性发展有时也称作社会化，它是每个个体成为负责任的、有独立行为能力的社会成员的必经途径。西方学者对“什么是社会性”这一问题有很多看法。心理学者齐格勒强调人的社会性主要包括人的社会知觉和社会行为方式。通过社会知觉，人们觉察他人的想法，向他人表达行为的动机和目的；通过社会行为的学习，人们掌握约定俗成的举止行为、道德观念，从而能够适应自己所生存的社会。墨森认为，社会化是儿童学习他们的文化或社会中的标准、价值和所期望的行为的过程，这包括社会性情绪、对父母等亲人的依恋、气质、道德感和道德标准、自我意识、性别角色、亲善行为、对自我和攻击性的控制、同伴关系，等

① 曹中平．幼儿社会性发展与教育［M］．长沙：湖南师范大学出版社，2001：5.

等。[①] 我国学者陈会昌在长达几年的研究中总结出，所谓社会性是指由于个体参与社会生活、与人交往，在他固有的生物特性基础上形成的那些独特的心理特性，它们使个体能够适应周围的社会环境。正常地与别人交往，接受别人影响，也反过来影响别人，在努力实现自我完善的过程中积极地影响和改造周围环境。综合以上的理解，本书所界定的社会性是指个体为适应社会生活所表现出的心理与行为特征。它主要包含以下四个层面的意思。

（1）社会性与个体生活于其中的社会现象和社会关系有关，社会现象包括道德规范、交往规则等，社会关系包括亲子关系、同伴关系等。社会性与人的自然性（如身体结构和运动能力等）无关。

（2）社会性与个体对社会事物的认识有关，如道德认知、权威观念，而与对自然事物的认识无关，如空间知觉和数概念。

（3）社会性与个体认识和适应社会时所应具有的内在特质、知识与能力有关，但并不关注社会现实本身。

（4）社会性发生在个体与社会、个体与环境的相互作用中，特别是个体与他人的相互作用中。社会性虽然会受到遗传因素的影响，但不能通过遗传的方式直接传递。

二、婴儿社会性发展的趋势

婴儿的社会性发展在外在表现上虽然不及认知、语言、动作那般变化明显，但是也体现出了自身的趋势，其表现如下。

（一）从简单到丰富

不论是社会情感的发展还是社会交往行为的发展均表现出从简单到丰富的发展趋势。

1. 从早期的单纯社会化反应到社会性情感联结的丰富化

婴儿生来就具有发出信号的能力，他们的哭声或笑声都是影响成人的信号，能唤起成人对婴儿的注意。这些信号的传递和联系保证了婴儿的生存，然而处于新生儿时期的婴儿和成人双方的行为，基本上属于被生物学的先天预置所决定的，是一种无分化的社会行为。[②] 当婴儿成长到 4 或 5 个月，在与成人的社会交往中，婴儿逐渐懂得对他人的行为给予反应，如对母亲的微笑和拥抱给予“咿呀”声和微笑，或者手舞足蹈。同时，婴儿也学会了预期自身行为对成人的影响，如采用不同声调的哭声或者间断的哭声去告知成人他的需要。当婴儿成长到 6 或 7 个月时就具备了从整体上去区分不同的人的能力，尤其是区分母亲和其他人。由此开始，婴儿社会行为有了显著的变化，开始产生明显的对最亲近的人的依恋行为。在学会爬行的基础上，婴儿开始使用自身的这种位移能

---

① 陈会昌．儿童社会性发展的特点、影响因素及其测量：《中国 3—9 岁儿童的社会性发展》课题总报告［J］．心理发展与教育，1994（4）．

② 孟昭兰．婴儿心理学［M］．北京：北京大学出版社，1997：365．

力主动追随母亲，接近母亲，主动地保持与所亲近的人的社会联系。随着爬行能力的增强，婴儿在与母亲建立起的良好关系基础上，逐渐扩大自己的探索范围，减少对陌生人的焦虑反应和害羞行为，不断寻求与更多成人的接近与交往。婴儿社会化交往的范围不断扩大，从最初的单纯社会化反应逐渐过渡到社会性情感联结的丰富性反应。

2. 从单一的亲子互动交往到同伴交往的多样化

婴儿出生后，满足生理需要是第一位的。这种生理需要的满足，最初取决于养育者的关心程度。通常，母亲除了给婴儿喂乳、换洗、哄睡觉以外，还要对他呼唤、拥抱、贴脸、微笑等。婴儿在与养育者的相互作用中，逐渐意识到母亲能满足自己的各种需要和愿望，产生高度的信赖，建立最初的单一的人际交往关系和互动行为。此时，家是婴儿生活的主要场所，婴儿最初的交往行为，就是亲子之间的简单交往。但随着婴儿对事物认识的加深，他们也同时需要在群体中与同伴交往。虽然婴儿从生命的第一个月起，就显示出对其他婴儿的兴趣，但是直到半年后，他们才真正开始互相影响，但这些交往都极其不顺畅。12—18 个月的婴儿开始出现带有某些应答特征的交往行为。18 个月后的婴儿交往的内容和方式越来越复杂。他们相互协调，乐意模仿。24 个月时，他们玩追逐游戏，相互配合。此时的婴儿虽然也同样依恋母亲，但在有了相互熟悉的同伴的情况下，母亲似乎变得不那么重要了。

（二）从外部到内部

婴儿对他人的理解，对规则的认知表现出从外部到内部的发展趋势。

婴儿对他人的理解，主要是通过对他人的情感和行为的观察进行的。而在情感的理解中，婴儿首先是识别表情，随后才是推测情感。吉布森“视觉悬崖”装置实验的结果表明，1 岁左右的婴儿已能理解积极表情和消极表情的意思，并能以此作为自己行动的向导。鲍克对 3—6 岁的幼儿进行了人际知觉测试。在测试中，告诉幼儿几种状况，如“丢失了玩具”“小朋友都不睬我”等，然后让幼儿从印有“高兴”“悲哀”“恐惧”“愤怒”四种表情的卡片中，挑选出一张适合那个状况的表情的卡片。测试结果表明，3 岁的幼儿只有近半数的人选择正确，而 4—6 岁的幼儿已基本能从他人所处状况来推测那人的情感。[①] 在对规则的理解方面，0—3 岁的婴儿基本处于“无规则概念”阶段。此时的婴儿虽然也知道规则，但并不知道为什么要遵守规则。0—3 岁的婴儿在社会认知方面，不管是对人还是对物，主要是依据外观性和直觉性来进行的。由表及里是其社会认知发展的一个重要趋势。

（三）从被动规范化到主动失范化

儿童的社会行为与个体的自我控制有密切的关系。大多数研究者认为，自我控制在婴儿出生后第二年就已经出现。有研究发现，婴儿最早出现的自我控制表现为用抿嘴和皱眉来控制自己的悲伤和愤怒。但此时婴儿通过自我控制来调节自身行为的能力是极其有限的，主要需要成人通过外在的语言和行为来控制行为。2 岁之前，婴儿表现出明显

---

① 周念丽，张春霞. 学前儿童发展心理学［M］. 上海：华东师范大学出版社，1999.

的遵从行为，遵从来自成人的外在要求，是一种被动的规范化。但是，2—3 岁的婴儿，随着自我意识的发展、行动能力的增强，开始表现出极其不合作和抗拒行为。他们不听从来自外界的要求，甚至故意违背外界的要求与规范，只专注于自己的行为。他们想通过按自己的方式做事来体现自己的独立性，即使是拒绝别人或被人不喜欢。埃里克森将这个阶段婴儿的心理社会冲突界定为自主性的羞怯和怀疑。

埃里克森心理社会发展阶段理论

三、婴儿社会性的发展特点

根据婴儿社会性的发展表现，其发展特点可以总结如下。

（一）婴儿社会性发展中依恋处于建立的高峰期

依恋是指婴儿寻求并企图保持与养育者的身体接触和情感联系的倾向性。依恋的发展可分为四个阶段。①

1. 前依恋期（出生—3 个月）

此阶段也叫无差别的依恋阶段，即婴儿对所有人都做出相同的反应，如用哭声唤起人们对他的注意，喜欢注视所有人的脸。在舒适状态下对所有人微笑、手舞足蹈，对所有人发出的声音展示相同的反应，对安慰他的人不存在选择，也没有形成对母亲的偏爱。而此时，所有人对婴儿产生的影响也是一致的。任何人的拥抱和抚触都能给婴儿愉悦的感受。

2. 依恋关系建立期（3 个月—7 个月—12 个月）

此阶段的婴儿对人的反应有了区别，对熟悉的人尤其是母亲逐渐显示出偏爱，更愿意与之接近、微笑。面对陌生人时，反应行为减少。此时的婴儿一般仍然能接受陌生人的照顾，也能忍受与父母的暂时分离，但是带有略微伤感的情绪。

3. 依恋关系确立期（7 个月—12 个月—24 个月）

此阶段的婴儿对母亲或其看护人的偏爱显得尤为强烈。当母亲或看护人在身边时，婴儿能以他们为“安全中心”，从这个中心出发去主动探索周围世界。当有安全需要时，会立即返回“中心”。离开母亲或看护人会显得焦虑不安，形成分离焦虑，并且出现了陌生焦虑，对陌生人回避，且对陌生人很少微笑或咿呀作语。

4. 目的协调的伙伴关系期（2 岁以上）

此阶段的婴儿随着认知的发展，能较好地理解父母或看护人的情感、意愿等，也能调控自己的行为。此时的婴儿能忍耐父母或看护人的迟迟不注意，也能理解父母因为接电话而不能及时给予自己反馈的行为。同时，他们还能忍受与父母的短暂分离，知道父母将会返回自己身边。

从上述描述可以知道，0—3 岁是婴儿依恋情感形成与发展的阶段。

---

① 李幼穗. 儿童社会性发展及其培养 [M]. 上海：华东师范大学出版社，2004.

（二）婴儿的社会性发展中的可塑性很强

婴儿社会性发展中的可塑性，一方面表现在由于年龄小处于快速成长的时期，其社会认知和社会情感、社会行为的发展处于飞速变化的时期；另一方面，这种可塑性还表现在婴儿社会认知相对较快，社会性情感发展较慢，而社会行为极不成熟和稳定。这就说明社会性发展的内部结构很不稳定，导致婴儿的社会性具有可塑性。与此同时，这也为社会性教育提供了良好的契机。

（三）婴儿社会性发展的不同方面存在不平衡性

社会认知、社会行为、社会情感作为社会性发展的不同方面，在发展的速度、方式上存在不平衡性。尤其是社会认知与社会行为之间存在严重的不平衡性。婴儿社会认知的发展主要表现在社会知觉能力的发展上。社会知觉即对人的知觉和人际知觉，是社会认知的第一步。在婴儿期“客体永久性”知识的基础上，随着社会活动范围的扩大，婴儿的社会认知不断得到发展，逐渐掌握社会交往的规则等。但与此同时，婴儿的社会行为却极不成熟与稳定，存在较多“明知故犯”的情形。

反思提高

一、思考

请结合婴儿成长的实际状况说说婴儿社会性发展的特点。

二、讨论分析

婴儿社会性发展具有认知和行为发展不平衡的特点，请根据这个特点列举若干案例，并有针对性地提出促进案例中婴儿社会性发展的建议。

核心知识二　婴儿社会性培养的主要内容与策略

【课前任务】3—6 岁幼儿社会性培养的途径有家庭教育、幼儿园教育和社会教育等。那么，0—3 岁婴儿的社会性培养途径主要有哪些？请思考后与同学交流。

一、婴儿社会性培养的意义

俗语道：“三岁看大，七岁看老。”从婴儿时期就开始注重社会性的培养，有助于为婴儿一生发展奠定良好的基础。

1. 社会性发展是个体产生良好交往的必要条件

人从出生那一天起就生活在社会之中，也就是说，人一出生就意味着社会性发展的开始。社会性发展较好的儿童，适应能力及自制力都比较强，与同伴进行交往的时候，能更快地熟悉他人，出现更多的亲社会行为。所谓亲社会行为，西方心理学家认为是对别人、对社会有利的行为，具体表现为：轮流、助人、合作、谦让、分享等。在同伴交往中，一方面，婴儿发出社会行为，如微笑、请求、邀请等，根据对方的反应作相应的调整，自我调控能力得到了发展。自我调控能力是社会交往所必需的能力。另一方面，同伴的反馈往往直接和坦率，如果婴儿发出的是友好、合作、分享等积极行为，同伴做出肯定和喜爱的反应；而如果婴儿发出抢夺、抓人、独占等消极行为，同伴则做出否定、厌恶和拒绝的反应。交往能否顺利进行，取决于交往个体在交往过程中所表现出的情感和行为是否与对方同步，而这一切均取决于个体是否具有良好的社会性。

2. 社会性发展是个体适应社会的前提条件

社会性使个体能够适应周围的社会环境，正常地与别人交往，接受别人影响，也反过来影响别人，在努力实现自我完善的过程中积极地影响和改造周围环境。人们经过长期的观察和研究发现，同样是智力中等或智商水平较高的人，为什么有的人与他人的关系和谐，懂得乐群合作，礼貌谦让，受人欢迎；可有的人却与他人的关系紧张，攻击性强，孤僻易怒，受人排斥呢？经过比较后得出结论：有的人适应他们所生活的社会；有的人不适应他们所生活的社会，与周围人格格不入。其本质原因就是他们的社会性发展存在巨大的差异。对于婴儿而言，社会性是其生存和发展的必需内容。

3. 社会性发展是个体取得成功的重要条件。

个体取得成功至少须满足两个条件，其一是健康的体魄，其二是全面发展的心智。社会性影响着个体身体和心智的发展。良好的社会性促进婴儿身体的健康发展。人生活在社会环境中，时时刻刻接收着来源于周围人、事或自身内部的种种信息，这些信息经过大脑的整理和分析，会对人的情绪、情感产生影响。如果婴儿能够与他人友好相处，会感觉身心愉快，利于婴儿生长发育。同时，社会性的发展也会影响婴儿心智的发展。与他人相处愉快的婴儿能更多、更好地与教师和同伴交往，得到更多的信息，扩大自己的眼界。社会性发展好的婴儿，往往心态积极，情绪稳定，自信心较强，能更长时间地专注于自己的“工作”，遇到小小的挫折和困难时能努力克服，而不轻易放弃。①

二、婴儿社会性领域学习与发展的主要内容

社会性发展主要由社会认知发展、社会情感发展和社会行为发展三部分组成。本书从婴儿心理发展特点出发，依据以上三部分的内容分别选取自我认知、规范认知、亲子依恋、情绪识别、交往行为、适应行为六个方面作为婴儿社会性学习与发展的主要内容（图 8-2-1）。

① 周梅林. 学前儿童社会教育活动指导［M］. 上海：复旦大学出版社，2005.

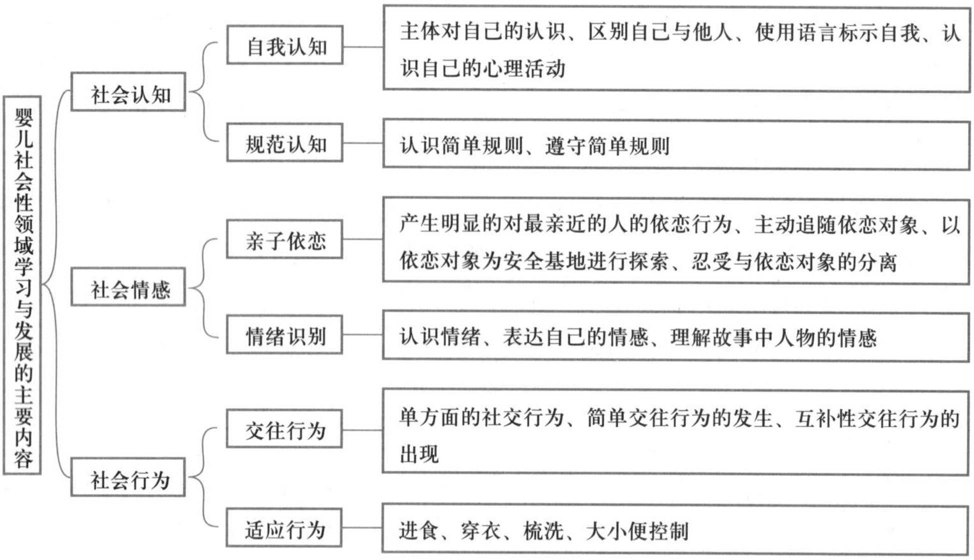

图 8-2-1　婴儿期社会性领域学习与发展核心能力的主要内容

自我认知：个体对自己的认识以及对自己与他人关系的认识。对自己的认识包括认识自己的生理状况（如身高、体重、形态等），心理特征（如兴趣爱好、能力、性格、气质等）。对自己与他人关系的认识即认识自己与周围人们相处的关系、自己在群体中的位置与作用等。

规范认知：是指婴儿对为什么环境中必须存在规范，规范有什么内容，规范有哪些作用以及应该怎样执行规范等方面的认识与理解，并在此基础上逐渐形成遵守规则的愿望和习惯。

亲子依恋：依恋是指某一个体对另一特定个体长久、持续的情感联系。对于婴儿而言，依恋是他们寻求并企图保持与养育者的身体接触和情感联系的一种倾向性。养育者多为父母，其形成的依恋即为亲子依恋。亲子依恋是婴儿早期最重要的社会关系，对婴儿情绪、个性、社会性形成和认知发展都具有举足轻重的作用。

情绪识别：面部表情是人类的一种非语言性信号，它包含丰富的个人信息和社会交往信息，同时还传达有关人的认知、行为、性情、个性、气质的信息。当看到不同面孔时，人能轻易地识别同一种表情，这就是所谓的面部表情识别。情绪识别不单指婴儿能识别面部的表情，还包括能认识自己的情绪、表达与控制自己的情绪、与别人讨论情绪等。

交往行为：主要指婴儿的同伴交往行为。

适应行为：社会适应性在社会心理学中叫社会适应行为或社会适应能力，一般也统称为适应行为。社会适应能力是指人适应赖以生存的外界环境的能力，即个体对周围自然环境和生活需要的应付和适应能力。婴儿的社会适应能力是婴儿各个月龄阶段相应的心理发展（如感知觉、注意、记忆、想象、言语、情感、意志、自我意识等的发展）的综合表现。对于 0—3 岁的婴儿而言，其社会适应能力包括的内容主要为生活自理能力，如穿衣服时知道配合、会脱袜子、会穿鞋、会扣扣子和解扣子，会穿上衣等。

三、婴儿社会性培养的主要措施

0—3 岁的婴儿生活的环境主要是家庭。因此，婴儿社会性培养的措施多与家庭和父母相关。

（一）建立良好的亲子关系

1. 多与婴儿保持身体的接触

哈洛的实验表明，婴儿对母亲依恋情感的建立并不是因为母亲喂食，而是与母亲亲密的身体接触。在婴儿期，抚养者应该为婴儿提供积极稳定的情感支持，提供积极应答的环境，关注婴儿的情绪和需求，并给予积极回应（微笑、爱抚、拥抱）。婴儿的每一声呼唤都期待着妈妈的回答，能得到母亲的回应，婴儿会倍感兴奋。在抚养的过程中，抚养者与婴儿要有积极的情感沟通与交流，如与婴儿说话、做游戏、唱歌、抚触等。

日本著名儿童心理学家森永良子对小狗做"小甜饼"的研究，虽然是以狗为被试，无法直接推演到人类身上，但我们在现实中也不难发现，一些婴儿由于从小离开父母而很难适应重新回到父母身边的生活，母子间存在的隔阂也难以消除。现在，一些年轻的父母由于工作忙，将自己的孩子托付给长辈照顾，造成"隔代教育"和"留守儿童"的现象。这种做法看似兼顾了孩子和工作，实际上对亲子双方的心理成长的影响都不容忽视。从婴儿的角度看，与母亲的分离使婴儿在早期失去了其他任何情感都无法超越和替代的母爱，同时，母子的长期分离也会严重影响母亲的育儿心理发展。实验表明，母亲的心理发展也有临界期，如果早期母子分离，缺少接触，母子之间就会产生隔阂，而这种隔阂心理反作用于重回母亲身边的孩子身上，就会阻碍良好亲子关系的建立。因此，父母应从孩子出生起就尽可能地自己带孩子，维持稳定的抚养关系。如果在婴儿阶段频繁地更换监护人、更换保姆，甚至将孩子托付给老人，都可能使亲子依恋关系不能正常稳定地建立。

2. 采取正确的教养方式

父母的教养态度与教养方式影响着亲子关系的建立。心理学家们运用直接观察、调查与访问等多种手段研究父母教养儿童的行为模式，其中比较突出的是鲍姆雷特。为了对父母的教养方式对孩子个性特点的影响进行研究，1976 年，鲍姆雷特专门创设情境观察了幼儿和父母在一起时的活动方式，又通过考察幼儿个性特点和了解家长的教养认识、平日的教养态度与方式，将父母的教养方式归纳为以下四种主要类型。①

（1）权威型。父母对儿童的态度积极肯定，热情地对儿童的要求、愿望和行为进行反应，尊重儿童的意见和观点，对儿童提出明确的要求并坚定实施规则，对儿童的不良行为表示不满，对其良好行为表示支持和鼓励，鼓励儿童独立和探索的行为。在此种教

① 李幼穗. 儿童社会性发展及其培养［M］. 上海：华东师范大学出版社，2004：46-47.

养方式下成长的儿童独立性强，善于自我控制和解决问题；自尊心和自信心较强；喜欢与人交往，对人很友好，有很强的认知能力和社会能力。

（2）专制型。父母在情感方面倾向于拒绝和漠视儿童，对儿童是一种缺乏热情的否定的情感反应，很少考虑儿童自身的愿望和要求，对儿童违反规则的行为表示愤怒，甚至采用严厉的惩罚措施。在此种教养方式下成长的儿童缺乏主动性，胆小、怯懦、畏缩、抑郁，有自卑感，自信心较低，容易情绪化，不善于与人交往。

（3）放纵型。父母对儿童有积极的感情，但是缺乏控制，对儿童没有任何要求，让其自己随意控制；对儿童违反规则的行为采取忽视或接受的态度，很少发怒和训斥以纠正儿童。在此种教养方式下成长的儿童具有较高的冲动性，缺乏责任感；不顺从，难以管教；行为缺乏自制，自信心较低。

（4）忽视型。父母对孩子无爱的情感和积极反应，缺乏行为的控制；亲子交往少，对儿童缺乏基本的关注，容易流露出厌烦、不想答理的态度。在此种教养方式下成长的儿童具有较强的冲动性和攻击性，不顺从，很少替别人考虑，对他人缺乏热情和关心，在青少年期更有可能出现不良行为问题。

在以上四种教养方式中，权威型父母用一种合理的方式来应用控制，能向孩子耐心地讲道理，能够准确判断孩子的要求，尊重并理解孩子，因此能与孩子形成非常融洽的亲子关系。而其他类型的父母与孩子的亲子关系或多或少地存在着问题。

（二）扩大婴儿的交往范围

给婴儿留出时间和空间，让婴儿与同龄人充分交往。在与同伴交往的过程中，婴儿可以了解他人的想法与情感体验。只有在与同伴的交往中，婴儿才能将自己的观点与别人的观点相比较，从而认识到自己的感觉与别人有别，对别人的观点才可以提出疑问或更改意见。因此，无论是在家里还是在亲子中心、幼儿园里，都可以鼓励婴儿多与同伴交往，让婴儿多参加一些需团体合作才能完成的活动，让婴儿在彼此思想的碰撞中逐渐学会尊重别人的意见，体会到合作带来的成功的快乐，以及矛盾和误会带来的失败的痛楚。没有一种方法比在同伴交往中更能锻炼婴儿交往能力的了。

（三）发挥父母的榜样作用

婴儿良好社会行为、社会情感的形成与发展，主要是通过观察性的学习和模仿实现的。榜样在婴儿社会性学习与发展中占有很重要的地位。对于 0—3 岁的婴儿而言，父母是婴儿直接模仿和学习的榜样。作为父母，在婴儿的社会性发展中更应该言行一致，发挥好自身的榜样作用。婴儿社会性的发展是在基础社会化时期（婴幼儿期）实现的，而家庭是婴儿基础社会化的主要场所。父母是婴儿基础社会化的第一任老师。家庭中父母与子女的关系是一种以抚养为纽带的情感关系，家庭及父母在促使婴儿社会性发展中发挥着巨大的权威性影响作用。① 所以在此阶段一定要注意发挥父母的榜样作用。

① 方建移，何伟强．家庭教育与儿童社会性发展［M］．杭州：浙江教育出版社，2005.

（四）教会婴儿社交的技能

相信大家都看过这样的场景：两个 1.5 岁左右的婴儿见面了，其中一个婴儿伸手猛地抓向另一个婴儿的脸。这时，双方家长急忙拉开孩子。一家长想，他家孩子怎么动不动就打人呢？其实，这不叫“打人”，这叫婴儿间的“交往”。只不过婴儿不知道采取什么方式与同伴交往才适当而已。如果双方家长都把婴儿的这种行为定性为“打人”的话，婴儿就可能在这种充满暗示性的环境中学会了打人。适当的交往方式是指婴儿在与人交往时，既能满足自己的需要，又不影响他人，并且这种方式为他人所接受。比如，如何与同伴打招呼，是点点头，还是抱一抱，或者牵牵手；如何与同伴分享一个玩具，是交换还是轮流。当婴儿表现出良好的交往技能和合作性行为时，应适时、适当地给予强化。家长可运用抚摸、拥抱、奖励等形式，对婴儿进行关注和表扬。当婴儿出现错误的交往方式时，必须指出并可适当给予合理的惩罚，让婴儿记住这样的行为是不受欢迎的行为。

反思提高

一、思考

婴儿对规则的认知与对规则的遵守为什么总是存在差异?

二、讨论分析

为了找出影响孩子自立的因素，佛蒙特大学的苏珊·克罗克伯格和加州大学戴维斯分校的辛迪·利特蒙对 95 位母亲及其 23~26 个月大的孩子进行了研究。参与这项研究的母亲和婴儿无论在家里还是实验室都要接受观察。无论是在家里还是在实验室，研究人员都会给母子或母女一项任务，要求孩子遵照母亲的要求做。研究表明，当孩子说“不”的时候，妈妈如果用温和的态度管教（告诉孩子该做些什么）和指导（给孩子提出建议或向孩子提出问题），便会大大增加孩子遵从的机会，并且还能提高孩子通过积极的方式表达自己想法的能力。与此形成鲜明对照的是，如果母亲使用负面的管教方式或利用强权施教的话（如威吓或怒气冲冲地命令孩子做什么），极有可能导致孩子的违抗。①

请结合材料，就父母的教养方式与婴儿社会性发展的关系进行讨论。

核心知识三　婴儿社会认知核心能力与教育建议

【课前任务】 对于 0—3 岁婴儿而言，符合其社会认知能力范围的内容有哪些？请收集 5~10 项，并思考可以采用怎样的方法促进其社会认知能力的发展。

① 杰姆·戈德法布．天才之路［M］．陈姝，等，译．西安：西北工业大学出版社，2002：51.

一、婴儿社会认知核心能力

社会认知的发展与婴儿社会行为、社会情感的发展有着非常密切的关系。社会认知是指个体对自己与他人以及各种社会现象的认知。这种认知可以理解为社会信息加工过程，个体的社会知识结构和认知结构影响着这个过程，并在这个过程中不断发展。① 与一般认知不同，社会认知是一个动态的开放过程，以人以及由人组成的社会、群体为认知对象，从社会知觉、社会印象到社会判断均需要个体具有更为成熟的自我认识能力和社会生活经验。因此，儿童自我意识的发展水平和社会生活经历直接制约其社会认知的发展。所以，社会认知发展中最为重要的就是自我认知和规范认知。

二、关于婴儿社会认知学习与发展的教育建议

0—3 岁婴儿社会认知学习与发展的核心能力见表 8-3-1。

表 8-3-1　0—3 岁婴儿社会认知学习与发展的核心能力

社会认知	学习与发展的核心能力	代表性行为（主要观察指标）
自我认知	1. 对主体“我”的认识 2. 区别自己与他人 3. 使用语言标示自我 4. 认识自己的心理活动	1. 关注镜像 2. 主动使自己的动作与镜像动作一致 3. 知道自己的名字 4. 说出自己的全名 5. 能用自己的名字表示镜子中的自己 6. 使用“我”标示自己 7. 使用“我们”表示自己和父母 8. 能明确表示爱憎的感情 9. 受挫时会发脾气 10. 主动表达自己的愿望 11. 用语言表达自己的情感
规范认知	1. 认识简单规则 2. 遵守简单规则	1. 能根据成人的面部表情停止或继续某行为 2. 能尊重父母的简单要求 3. 看见别的孩子打人后会告状 4. 主动按规矩做事，如玩玩具后能自觉归位，知道脏东西不能碰，知道吃饭前洗手等

婴儿社会认知的学习与发展教育建议有如下几个方面。

（一）游戏训练法

1. 照镜子

可让婴儿通过镜子等反映物反观自己的形象。所放置的镜子为置于房屋中央的落地大镜子，须安装牢固。在初期，可以让婴儿在镜前自由玩耍、探索。婴儿会对镜子中的

① 池丽萍，辛自强. 儿童社会认知发展研究：过程观与结构观及其整合［J］. 河北师范大学学报：教育科学版，2004（1）.

人物形象产生极大的兴趣，甚至会爬至镜后去与之交流。在父母的告知与自己的探索下，婴儿逐渐发现镜子里的人物就是自己。为使他确信这一点，可以对他说，“你笑他（指镜中的小孩）也笑，你摸鼻子他也摸鼻子”；并让婴儿试试看。

2. 找照片

可以同时向婴儿展示他的、妈妈的或别人的不同照片，让他观察、辨认，指出哪些是他自己的照片。有条件的还可以向婴儿展示其不同年龄的照片，使婴儿初步形成一种发展变化的形象观。

3. 找不同

让婴儿能够正确区分自己和别人形象的异同。在展示照片、照镜子的同时，可以教婴儿进行面部特征认知，正确辨认自己的形象和别人的形象有哪些相同，有哪些不同。如脸上都长着眼睛、鼻子、嘴等，都有头发。自己的脸小，是圆形的，白白的，胖胖的，而另一个人的脸则大一点，方方的，等等。先从差异明显的特点去提示，然后从差异小的特点加以区分。比较男孩和女孩、成人和小孩形象的不同。

4. 认五官

教给婴儿面部各器官的名称，把名称和具体器官的位置联系起来。如指着婴儿的鼻子说“这是你的鼻子”，指着婴儿的耳朵说“这是你的耳朵”等。如果照着镜子进行，效果更好。待婴儿基本掌握以后，可以让婴儿在自己脸上、妈妈脸上找出相应的感官，指一指、说一说异同。这样有利于婴儿整体形象的认知和建立，还可以发展婴儿手口一致的言语表达能力。

那是我吗？

5. 躲猫猫

此游戏适合不同年龄阶段的婴儿，不过要注意变换其中的细节。可以用报纸、杂志、小罐或盘子来做躲猫猫的游戏。将脸藏起来，然后问：“妈妈在哪儿？”“宝宝在哪儿？”待婴儿可以爬行时，成人可以将自己整个藏起来，呼唤婴儿来寻找。伴随着婴儿的成长，逐渐增加寻找躲藏地点的难度。

（二）阅读教育法

婴儿社会认知的发展除了与一般的认识成熟度有关外，还与婴儿的社会实践和社会信息息息相关。对婴儿来讲，获取社会实践和经验的机会与成人相比十分有限，而作为当今人们获取知识与技能、追求高质量生活的重要认知方式——阅读，却能够让婴儿科学地认识客观世界，促进社会认知的发展。诸多的婴儿读物能有效促进婴儿的社会认知发展。

首先，为婴儿选择合适的阅读内容。0—3岁婴儿认知发展的成熟度决定了其阅读的内容应该简单、生活化，内容与婴儿的生活经验密切相关，图画形象生动可爱，语言简单重复，利于婴儿掌握。

其次，为婴儿确定适合的阅读方法。应该为婴儿提供丰富的图书、设备及多元刺激的环境，尽力鼓励婴儿参与活动；鼓励并养成婴儿喜欢故事、欣赏故事、儿歌的兴趣。对于0—3岁的婴儿而言，还不能进行自主阅读，所以在培养婴儿阅读兴趣的基础上，应该加强亲子阅读，为婴儿大声阅读的同时，还可以边读边玩，将游戏蕴藏在阅读之中。

最后，应该确定每日阅读的时间。将阅读习惯化，让婴儿习惯阅读。每次阅读的时间不宜过长，不宜刻意让婴儿的注意力固定在书本上，避免引起婴儿的拒绝。

（三）生活体验法

在社会生活中，每一个人来到世界上都不是孤立的，都要跟别人打交道。为了保证人们井然有序地生活、工作、学习，形成了许多社会行为规范或约定俗成的规则。生活中处处有规则，个人的任何行为都必须遵守相应的规则，受一定的约束，否则社会就不能正常运行，这是婴儿从小就要懂的道理。

婴儿时期是培养行为规范的重要阶段，婴儿养成守规矩的好习惯是遵纪守法的基础，也是步入社会后建立良好人际关系的开端。0—3 岁的婴儿对社会规则的认知不是枯燥、单调的说教式认知，而是伴随着生活体验式的认知。生活中处处隐藏着各种类型的规则，如乘车规则、交通规则、各类礼仪规则等。成人可以通过不经意的方式告知婴儿规则，并在生活中反复实施、加以练习，以达到巩固和深化的效果。

日常生活中应尽早坚定实施规则；7—20 个月这段时间是有效的规则约束非常重要的时期，并且是很多父母感到很难执行规则的时期。[①] 如果在这一时期，不能采用有效的方式让婴儿明白规则，在以后，问题会变得更难解决。在婴儿早期有效控制比较容易，是因为婴儿的好奇心比较强，同时婴儿还没有经验对抗管教者。规则一旦确定，如“不能拽窗帘”，就要始终如一地贯彻到底。如果因为婴儿小而对他时而容忍、时而严苛，婴儿就会认为规则是可以不遵守的。因此，要坚定如一地实施规则。在实施规则的过程中，语言禁令一定要配合特殊的语调和严厉的表情，让婴儿准确感知来自外在的约束。

各月龄段社会认知核心能力训练重点提示

反思提高

一、思考

调查显示，亚洲的父母通常一天对孩子讲 400 个“不”（不要碰、不要摸、不要哭、不要闹等）。可是，这些父母也同样希望自己的孩子通过好奇、探索来接触这个世界。每天告诉孩子“不、不、不、不”，他会变呆，会切断他与环境的认知。——台湾著名亲子教育专家赵崇舜

结合上述材料，请思考在婴儿规范认知教育方面，成人应该如何操作？

二、技能操作

请设计一个能发展婴儿规则认知能力的游戏。

① 伯顿·L.怀特. 从出生到3岁：婴幼儿能力发展与早期教育权威指南[M]. 宋苗，译. 北京：京华出版社，2007：290.

核心知识四 婴儿社会情感核心能力与教育建议

【课前任务】婴儿的情绪是其社会化的开端。从情绪的第一次显露开始，婴儿就开始了社会化的过程。请阅读婴儿心理学相关的书籍，了解婴儿基本情绪的产生与发展过程。

一、婴儿社会情感核心能力

情绪是维持和促进有机体生存和发展的一种基本心理功能。婴儿先天地具有情绪反应的能力。婴儿情绪的变化、发展传递着母婴交流的重要信息，使婴儿从成人那里得到最恰当的哺育。而情感是和社会需要相联系的一种较为复杂的相对稳定的态度和体验，是高级情绪。因此，就此层面而言，社会情感是个体在社会生活中因自己的需要能否满足而产生的主观感受。婴儿具有社会性意义的情感发展，主要包括亲子依恋和情绪识别两个方面（表 8-4-1）。

表 8-4-1 0—3 岁婴儿社会情感学习与发展的核心能力

社会情感	学习与发展的核心能力	代表性行为（主要观察指标）
亲子依恋	1. 产生明显的对最亲近的人的依恋行为 2. 主动追随依恋对象 3. 以依恋对象为安全基地进行探索 4. 忍受与依恋对象的分离	1. 母亲离开，用啼哭表示反抗 2. 依靠爬行与行走追随依恋对象 3. 试图与陌生人接近 4. 与更多的成人伙伴接触，开始社会交流
情绪识别	1. 认识情绪 2. 表达自己的情感 3. 理解故事中人物的情感	1. 可根据父母的情绪调整自己的行为 2. 将故事中人物的情绪与图片上人物的表情配对 3. 可以用语言解释图片上人物的表情 4. 可以推知别人的情绪 5. 能明白无误地表达自己的情绪 6. 出现预测性恐惧，如害怕独自上厕所、害怕黑暗等 7. 当受到称赞或成功时表现出骄傲的表情 8. 能用词语讨论自己和别人的情感，如说“我很高兴、红红很伤心” 9. 在成人的提示下模仿故事中人物的表情 10. 描述故事中人物的心理并伴有相应表情 11. 判断故事中人物的行为好坏

二、关于婴儿社会情感学习与发展的教育建议

（一）给予婴儿生活中高质量的护理，满足婴儿的各类需求

依照埃里克森的心理发展阶段理论，从出生到 18 个月左右是获得基本信任感、克服基本不信任感的阶段。所谓基本信任，就是婴儿的需要与外界对他需要的满足保持一

致。这一阶段婴儿对母亲或其他看护人表示信任，婴儿感到所处的环境是个安全的地方，周围的人是可以信任的，由此就会扩展为对一般人的信任。婴儿如果得不到周围人们的关心与照顾，就会对外界特别是对周围的人产生害怕与怀疑的心理，以致影响到下一阶段的顺利发展。因此，此时一定要为婴儿提供良好的、高质量的生活护理。在游戏与生活中，可以给婴儿提供舒适、轻松、快乐的活动项目，同时根据婴儿年龄与兴趣的不同来调整他们的活动与任务，尊重婴儿在能力、兴趣以及表现力上的差异。

（二）在情感反应上给予积极、丰富的回应，帮助婴儿形成良好依恋的安全感

安斯沃斯依据“陌生情境”实验研究婴儿母婴依恋的个别差异，划分出依恋的3种类型；即A型：回避型；B型：安全型；C型：矛盾型。安全型的依恋关系能够给婴儿一种依恋的安全感。这种安全感能为婴儿提供足够的信赖，使婴儿确信在他需要时，依恋对象可为他提供必需的保护。

1. 增进与婴儿的联系

可以通过玩耍一些小游戏来增进和婴儿之间的联系。

（1）将婴儿靠在大腿上，面朝外。向上移动他的手臂，随儿歌中的节拍数数：一、二、三；停下来，再向下移动三下，完成一轮动作。如此重复。最后将婴儿的手臂向内移动三下，并挠痒痒。

儿歌如下：

小胖墩、小胖墩，
上、上、上，下、下、下。
小胖墩、小胖墩，
来、来、来！

（2）抓住婴儿的一只手，并让他的手张开，用另一只手在他掌心画圆圈，接着用两根手指顺着他的手臂往上移。当儿歌唱完时，在他下巴下面挠痒痒。

儿歌如下：

一只胖胖毛毛熊，
围着花园转呀转，
一步，两步，三四步，
就在这儿蹭痒痒！

2. 丰富自己的面部表情，积极回应婴儿的需求

要让婴儿建立起安全的依恋，养育者最关键的是要有敏感性。当婴儿处于不适状态时，父母或其他养育者要能及时为婴儿解决问题，面对婴儿时，应经常面露微笑或逗他玩，当婴儿发出咿呀之声时，能做出积极反应。这些行为将使婴儿感觉到母亲等养育者能减轻自己的痛苦，与自己共享快乐，由此，婴儿会对这样的依恋对象产生信任感。

（三）日常生活情境游戏化

在生活中制造乐趣。自由游戏对建立良好的亲子关系至关重要。什么才是自由活动呢？它是一种没有目的的、直接的、面对面的交流。除了给婴儿换洗、穿衣、喂东西

外，还可以随时进行一些纯粹为了娱乐的活动。比如哼小曲，搔痒痒，躲猫猫，以及其他各种可以轻而易举地制造乐趣的活动。

1. 展现与识别喜怒哀乐

从杂志上剪下一些表情丰富的照片，如灿烂的微笑、生气的脸庞、号啕大哭的婴儿。尽量找一些大头照，照片情感表现的程度要不同。看着照片问婴儿照片上每个人有着什么样的感受，向婴儿解释每一种情感，并告诉婴儿从什么地方可以看出别人的感受。

2. 模仿表情

找一些杂志或者图书，引导婴儿观察里面人物的表情，在婴儿指出高兴的脸、难过的脸，或者其他表情的脸的基础上发出模仿指令，如“我高兴”“我难过”等，和婴儿一起扮演不同的表情。指令可以由成人来发出，也可以由婴儿来发出。指令可以由“高兴”“难过”入手，进而过渡到别的情绪，并逐渐扩展，让婴儿逐渐学会用表情来表达各种情绪。

各月龄段社会情感核心能力训练重点提示

3. 听故事，猜表情

为婴儿准备一些与其生活经验相关的故事书，讲述故事。请婴儿依据故事揣测故事中人物的表情，如，小豆拿走了属于小米的玩具，小米会出现怎样的表情呢？

反思提高

一、思考

依恋对婴儿今后发展的影响是什么？

二、讨论分析

加州大学洛杉矶分校的行为学家阿伦·肖尔博士通过对情感发育及脑发育关系研究的回顾，从婴儿情感发育过程中得出两个观点：

（1）婴儿不是通过与物质世界的联系来学习的，而是通过以人际关系为背景的情感世界来学习的。

（2）人际交往的体验影响着婴儿脑的发育，脑的发育又反过来促进了婴儿的情感发育。

肖尔指出，这些发现表明：在行为发展的同时，婴儿的脑发生了多么重大的变化。比如婴儿与看护者之间建立密切依赖关系的同时，神经髓鞘与脑边缘系统也成熟了，而这一切都发生在婴儿 7～15 个月大时。

阅读以上材料，请就婴儿社会情感发展的重要性进行讨论。

三、技能操作

围绕婴儿社会情感发展的两个方面，设计相应的游戏。

核心知识五 婴儿社会行为核心能力与教育建议

【课前任务】 婴儿在社会交往中会呈现出不同的类型，如受欢迎型、被拒绝型、被忽视型和一般型。请思考影响婴儿社会交往类型的因素有哪些？在社会交往中如何帮助婴儿表现出良好的社会行为，成为一个受欢迎的同伴？

一、婴儿社会行为核心能力

社会行为是指人们在交往等社会活动中对周围环境中的人或事做出的态度、言语和行为反应。从动机和目的上看，可以分为亲社会行为和攻击行为。对0—3岁婴儿而言，就婴儿与之交往的人和物来看，可以分为交往行为和适应行为（表8-5-1）。

表8-5-1 0—3岁婴儿社会行为学习与发展的核心能力

社会行为	学习与发展的核心能力	代表性行为（主要观察指标）
交往行为	1. 同伴交往 2. 关心他人	1. 看见人后经常出现微笑 2. 偶尔注意旁边的小朋友、相互微笑 3. 能模仿对方行为、“对话”、给拿玩具等 4. 和小朋友轮流玩玩具、躲藏、追赶 5. 特别亲近某个伙伴 6. 模仿成人给洋娃娃喂饭、洗澡等片段动作 7. 扮演妈妈或爸爸角色，对洋娃娃表现出爱的情感 8. 帮助别人做事，比如教别的小朋友怎样照顾洋娃娃
适应行为	1. 进食 2. 穿衣 3. 梳洗 4. 大小便控制	1. 会自己拿饼干嚼着吃 2. 自己喂饭撒满桌 3. 能自己端杯子喝水 4. 能用勺吃饭，只撒出少量 5. 会用筷子扒饭入口，但还不会夹菜 6. 配合穿衣 7. 会自己戴帽子，但不一定戴得正 8. 不需要大人的帮助，会自己套上一只袖子 9. 会脱去已脱一个袖子的上衣、会拉下松紧带裤子 10. 会解、系扣子或会穿鞋袜、背心、裤衩 11. 模仿用面巾抹嘴、自己擦鼻子 12. 可在大人的指令下完成洗手动作，知道洗手后擦干 13. 会洗脸 14. 会漱口 15. 用牙刷在嘴里乱刷 16. 会按序刷牙 17. 把尿时会解尿 18. 大小便可坐盆 19. 主动以声音或手势表示大小便 20. 白天及时要求上厕所 21. 自解裤子坐便盆

二、关于社会行为学习与发展的教育建议

（一）在生活中开展随机教育，注重婴儿的同伴交往

随着婴儿活动、认知能力的增长，同伴交往在其生活中所占的地位也越来越高，对婴儿的个性发展和社会化过程起着重要的作用。早期同伴交往和婴儿与父母及他人的交往一样，是婴儿整个社交系统网络的重要组成部分。它们既相互独立，又相互作用，分别以其独有的方式对婴儿的发展起着不同的作用。许多观察、研究表明，婴儿可以从早期同伴交往所提供的特殊经验中获益，婴儿对社会行为及如何与他人相处的许多知识，并不是由父母传递的，而是通过与同伴交往习得的。[①]

1. 培养婴儿遵从社交规则

被同伴拒绝的婴儿，很多是因为他们不懂得交往规则。比如他在参与团体游戏时，不懂得"轮流"规则，只想自己先玩够；小朋友们一起商量做哪项活动时，他也不知道"协商""少数服从多数"，一味要求按自己的想法做。为此，父母在日常的生活中，不妨制订明确的交往规则，要求婴儿遵从。比如在餐桌上，不必每一次都把婴儿爱吃的东西全留给他，而是适当地分给其他家人，然后告诉他："好东西人人都喜欢，所以大家要公平地、轮流地享用，不能够一个人独占。"久而久之，婴儿在与父母交往的过程中习得的社交规则，能被他逐渐内化，再运用到和同伴的交往中。

2. 给婴儿具体的社交策略

父母可教婴儿学习一些具体的社交策略。例如，对于矛盾型和回避型的婴儿，父母可以直接教他们学习社交策略。比如当婴儿想加入其他人的游戏时，可以教婴儿友好地向人询问："我可以参加你们的游戏吗？""我想和你们一起玩，可以吗？"或者教婴儿注意观察其他小朋友，当别的小朋友在游戏过程中出现麻烦，如搬不动东西时，可让婴儿主动上前提供帮助。如果其他小朋友表现得出色，可教婴儿赞美他："你做得真好！"如果婴儿害羞，父母可鼓励他先找和自己差不多的婴儿一起玩，和一个人多接触几次，再慢慢去和其他婴儿接触。社交策略的学习，对鼓励胆小的孩子勇于交友具有非同小可的作用。

3. 创造具体的情境锻炼交往能力

父母还可以创造一些具体活动，吸引婴儿走到一起共同活动。交往需要情境，对婴儿而言，交往的最好前提是共同做某项彼此都感兴趣的事情。比如，妈妈可以准备一些沙包，教婴儿做丢沙包的游戏；或者在家中举办小型晚会，邀请左邻右舍的小朋友一起参加。父母在活动中，观察婴儿与同伴交往的特征如何，从而有针对性地进行交往能力的培养。

4. 引导婴儿体察他人的情感变化

在同伴交往中，对他人情绪的正确感受和积极反应是交往的基础。教婴儿敏感地判别他人的情感变化，是父母应当重视的事情。在日常生活中，父母可以通过游戏的方

---

① 庞丽娟，李辉．婴儿心理学［M］．杭州：浙江教育出版社，1993：349．

式，教婴儿观察人的各种情绪变化是如何通过脸部表情以及肢体动作来表现的；还应注意引导婴儿学会思考自己的行为对他人会造成什么样的影响。可以多问问他："如果你是别人，这时你会怎么想？是高兴还是生气呢？"

（二）在托幼机构中开展情境教育，引导婴儿良好社会行为的发展

1. 以足够的耐心引导婴儿学会生活自理

一般来说，婴儿无论是学吃饭，还是学穿衣，都比成人替他做要麻烦得多。但是，学习独立生活必须有一个过程，成人千万不能因为怕麻烦或溺爱孩子，就什么都替孩子包办，这事实上是"剥夺"了孩子自我锻炼、自理能力提升的机会。应该允许婴儿尝试，以足够的耐心引导婴儿学会生活自理是培养和提升婴儿生活自理能力的关键要素。

2. 从最简单的事做起

婴儿最先学会的往往是最简单的动作，然后才开始学较复杂的动作。如：婴儿吃食物的动作的发展顺序一般是，先学会用手抓东西吃，接着学会用手捏东西吃，最后学会用勺舀东西吃。学习用勺时，婴儿先学会用勺舀东西，然后学会把勺送进口里。因此，成人应该遵循婴儿动作发展的规律，把握好训练的进程，只有这样，婴儿的生活自理能力才能得到迅速提升。

3. 通过游戏活动调动婴儿的积极性

如婴儿不会使用勺子，就多让他练习拿小铲子将沙土装入桶中，这一动作熟练后，学习使用勺子就方便了。玩替洋娃娃穿衣服的游戏能提升婴儿自己穿、脱衣服的能力。

4. 帮助婴儿养成良好的生活习惯

首先，采取合理的生活制度。认真执行生活制度，使生活习惯与身体生理需要相适合。制定合理的生活制度，是保证婴儿大脑皮层兴奋与抑制有规律地转换、做到劳逸结合的重要条件，从而进一步保证婴儿身心的健康发展。其次，养成良好的饮食习惯。帮助婴儿养成按时进餐的习惯。进餐前应避免过度兴奋或疲劳，进餐的环境应安静、舒适，固定进餐的位置和餐具。平衡膳食，荤素搭配，养成婴儿不挑食的习惯。再次，训练婴儿良好的睡眠习惯。在规定的睡眠时间内，要培养婴儿主动入睡的习惯。成人不要抱着、拍着或唱催眠曲使婴儿入睡。托幼机构要给婴儿创造良好的睡眠条件，如室内要安静，温度要适宜，睡前要大小便。睡眠时，要注意婴儿姿势是否正确，养成独立安静的睡眠习惯。最后，要养成良好的清洁卫生习惯。父母对婴儿的清洁护理要到位，并逐渐帮助婴儿养成勤洗手等的习惯。托幼机构要在恰当的情境中和真实的生活体验中培养婴儿讲卫生的习惯。

各月龄段社会行为核心能力训练重点提示

反思提高

一、思考

1. 婴儿在一起偶有争吵、推挤和抢夺玩具的行为。你认为这些行为对婴儿的社会

性发展有何影响?

2. 0—3 岁婴儿的交往对象一是成人，二是同伴。相对于与成人交往，婴儿同伴交往的意义是什么?

二、综合训练

围绕在家庭中如何提高 0—3 岁婴儿的生活自理能力，开展一个能与家长展开互动的微型交流会。

本章能力训练、自我测试、推荐阅读

第九章　婴儿心理测评与观察

着重关注：

婴儿心理测评工具的使用。

难点理解：

婴儿行为观察与评估技术。

名词术语：

格塞尔发展顺序量表、丹佛发育筛选测定、贝利婴儿发展量表、皮亚杰量表、西南小儿智能体格测定表、0—4 岁婴幼儿神经心理发育诊断量表、中国婴幼儿智能发育量表

核心知识一　婴儿心理测评工具

【课前任务】 分小组讨论：你们觉得可以对婴儿开展心理测评吗？你了解的针对婴儿的心理测评工具有哪些？它们测评了婴儿的哪些方面？

对婴儿的教育应以其心理的发展特点和规律为依据，以理论研究成果为前提。婴儿心理发展的特点与能力在皮亚杰的认知理论、埃里克森精神分析理论、蒙台梭利的儿童心理发展理论等众多理论中都有所涉及。由于篇幅的限制，本书不一一详述上述理论研究成果。仅将几项世界通用的、标准化的婴儿心理测量工具作一介绍。

一、美国“格塞尔发展顺序量表”

格塞尔是美国著名的儿童心理学家，以研究婴幼儿的行为发展而闻名于世。他认为婴幼儿的每一步发展都以一定的行为模式做代表，每一年龄阶段所特有的行为模式可以作为这一阶段智力评断的依据。经过数十年的工作，格塞尔概括总结出了正常婴儿心理发展中的重要项目及这些项目的发展顺序，并于 1940 年正式推出“格塞尔发展顺序量表”（表 9-1-1）。

“格塞尔发展顺序量表”适用于 4 周到 3 岁的婴儿，项目内容分成以下四类。

（1）运动：粗细动作。

（2）适应性行为：对外界刺激进行分析和适应新情景的能力。

（3）语言：理解与表达。

（4）个人－社交行为：社会交往和生活自理能力。

表 9-1-1　格塞尔发展顺序量表

婴幼儿智能发育阶段初步检查表					
关键年龄	成熟阶段	动作能力	应物能力	言语能力	应人能力
4 周	仰卧	不能控制头部，仰卧姿势左右不对称	眼光能短暂跟随人、物，给玩具立即放弃	面部无表情，喉头作微声	凝视四周
16 周	仰卧	颈可竖直，头微摇动，仰卧姿势左右对称	开始接近有响声的玩具，注视手中有响声的玩具	发出咕咕声，出声笑	自动微笑
28 周	坐	扶起独坐，身体前倾	伸手拿玩具，能将玩具自一手递交他手	哭时作“姆姆”声	将足置于口中
40 周	坐	可独坐，爬行，扶着物件站立	能将两样玩具放在一起，平指摘小丸	能叫爸爸、妈妈，除爸爸、妈妈外能说另一字	懂得成人逗玩，能自己吃饼干
52 周	运动	搀一手行走，摇摆	能把方木置于杯中，试堆叠 2 块方木	能说二字，对“给我”二字有反应	穿衣时能配合
15 个月	运动	独自行走，微有摇摆；自坐于小椅子中	堆叠 2 块方木；能把 6 块方木置于杯内	能用 4~6 个字	能指出并说出所需之物，摸玩具
18 个月	运动	独自行走，自己坐于小椅子中	堆叠 3~4 块方木，模仿一划	能用 10 字言语（无任何意义）	白天能控制大小便；能携带及抱玩具娃娃
2 岁	幼儿园前期	能跑，自行上下楼梯	堆叠 6~7 块方木，模仿画圆圈。	能说 2~3 字短语，能说 3~5 张图片中的物体名称	白天预示大小便，能照顾玩具娃娃“入睡”
3 岁	幼儿园前期	能骑三轮脚踏车，能一足短暂独立	模仿叠方木成品字形、房屋形，模仿画十字	能成句，能说出姓名、性别	能自己吃食物，能自己穿袜解扣

总量表分成 8 张分量表，以 8 个关键年龄（4 周、16 周、28 周、40 周、52 周、18 个月、24 个月、36 个月）作为主要测试年龄编排，把这些年龄阶段中新出现的特定行

为作为该年龄段量表的测查项目及评定指标。实际施测时，选用与被试婴儿年龄最近的分量表。测得结果以发展商数 DQ 表示。DQ（发展商数）= 测得的成熟年龄 / 实际年龄 ×100%。测试时间为 60 分钟。

“格塞尔发展顺序量表”的特点：专业性强，内容多，但使用时不十分方便。

二、美国“丹佛发育筛选测定”（Denver Development Screening Test，简称 DDST）

丹佛发育筛选测定（DDST）

DDST 由美国心理学家道兹和儿科医生弗南肯伯格于 1967 年推出，已为国际上广泛使用。我国某些省市已根据当地儿童实际加以标准化，用于儿童保健和临床工作。DDST 主要用于 6 岁以下儿童智能筛查，共有 105 个项目，分布在四个领域。

（1）个人社会技能：测查人际关系和自我帮助行为。

（2）精细运动适应：测查儿童手、眼协调等运动能力。

（3）言语：测查儿童言语接受和表达能力，如理解大人的指示，用语言表达自己的要求。

（4）粗大运动：测查儿童坐、立、行走和跳跃等能力。

每个项目以一个项目条为代表。项目条安排在一定的年龄范围内，年龄刻度分别表示正常儿童有 25%、50%、75%～90% 能完成该项目的大概年龄。最后评定结果为正常、可疑、异常、无法测定、不评智商，初测结果为后三项者应进一步做诊断性测验。

DDST 的特点是：测验手段容易掌握，评分及解释方便，用时短（10 分钟至半小时），适合作为精神发育迟滞的筛查工具。

三、美国“贝利婴儿发展量表”

贝利是美国加州伯克利婴儿发展研究所的心理学家，1969 年修订了“贝利婴儿发展量表”（表 9-1-2）。贝利针对 2 个月到 2.5 岁婴儿发展情况编制了这套量表，总量表包括三个分量表。

（1）精神发育量表（163 项）：测查感知觉的准确性、记忆和简单地解决问题的能力、言语功能等。

（2）运动量表（81 项）：测查粗大和精细运动能力。

（3）婴儿行为记录（24 项）：观察、记录儿童在测查过程中表现出的社会性、协作性、胆怯、紧张和注意力等个性行为。

“贝利婴儿发展量表”的特点是：评估婴儿智力发育水平相对较全面精确，但方法较复杂，适用年龄范围小，只能用于 2.5 岁以前的婴儿。

表 9-1-2 贝利婴儿发展量表

平均月龄（一般最早出现月龄—最晚出现月龄）/ 个月	项目	平均月龄（一般最早出现月龄—最晚出现月龄）/ 个月	项目
3.8（2—6）	头转向铃声	11.0（9—16）	独站
3.9（2—6）	头转向拨浪鼓	11.7（9—17）	独走
4.1（2—6）	手接近方木	12.6（9—18）	自己站起来
4.3（2—7）	主动玩桌子边角	13.3（9—18）	投球
4.4（2—6）	在伸手够物时手、眼能协调	14.1（10—20）	向侧面走
11.0（9—16）	独站	14.6（11—20）	退走

四、美国“皮亚杰量表”

由尤格里斯和罕特 1975 年推出，模拟皮亚杰理论设计量表，提供了一个强调心理发展顺序的理论框架，适用于 2 周至 2 岁婴儿。测验分为 6 个分量表。

（1）物体永恒性：测定婴儿是否具有用视觉追踪物体，并最终将不同程度隐藏的物体找出来的能力。此量表可查明婴儿是否形成了物体独立存在的概念。

（2）有目的地改变环境的手段：比如，婴儿是否可以采用抓握、拉直、支撑、掀开等手段达到目的。

（3）模仿：指婴儿对生活环境中的人、事，尤其是成人的姿势、动作、口语的模仿。

（4）操作性的因果关系：测定婴儿是否具有认识并运用环境的因果关系能力。

（5）物体空间关系：测定婴儿能否理解容积、重量和平衡等关系，能否对置于空间的物体视觉形象进行调节。

（6）与物体有关的图式发展：测查婴儿能否通过看、摸、操作、摆放等动作，以及社会化过程中形成的特定物体图式对物体做出反应。

“皮亚杰量表”的特点是：高度个别化，非常适用于临床，但施测手续复杂，花费时间多，对研究者本身水平要求高。

五、中国“西南小儿智能体格测定表”

这一量表由重庆第三军医大学西南医院儿科于 1980 年修订而成。该量表适用于新生儿至 8 岁儿童，分 32 个年龄组。内容分为智力和能力两大部分，智力和能力又各分成三个子项：智力部分包括反应 33 项、理解 33 项和说话 33 项；能力部分包括粗动作 33 项、细动作 33 项和生活力 33 项。

六、中国“0—4 岁婴幼儿神经心理发育诊断量表”

1981 年起，由首都儿科研究所与全国 12 个省市协作，经过整整 10 年，完成了量表的制定和验证工作，并运用量表对全国 12 个城市 15 000 名儿童进行标准化的测查。按 8 个关键年龄段、5 个功能区分别表现出的正常行为发展特点排列制定。8 个年龄段分别是：1 个月、4 个月、7 个月、10 个月、13 个月、18 个月、24 个月、36 个月。5 个功能区如下。

（1）大动作：头颈部、躯干部和四肢幅度较大的动作，含 13 个大观察项。

（2）精细动作：手的动作以及手眼配合动作，含 12 个大观察项。

（3）适应能力：对外界刺激的分析和综合能力，如感觉、解决实际问题，对不同情景的调节能力，含 14 个大观察项。

（4）语言：听、说、读、写能力，含 11 个大观察项。

（5）社交行为：对现实社会文化的个人反应，如社交能力、生活自理能力、懂得社会常识的能力，含 13 个大观察项。

七、“中国婴幼儿智能发育量表”

中国科学院心理研究所从 1984 年开始，以美国“格塞尔发展顺序量表”和美国“丹佛发育筛选测定”为蓝本，着手编制中国 0—3 岁婴幼儿发育量表的工作。1986 年在华北、东北、华东、中南、西南、西北六大行政区 12 个大、中、小城市进行取样，完成 1 600 人（样本）的统计分析工作，筛选出 182 个项目（智力 121 个、运动 61 个）作为标准的观察项目，最终形成“中国婴幼儿智能发育量表”（表 9-1-3）。

1. 智力量表（121 项）

用以评价感知的敏锐力、注意的分配力、早期的物体恒常性、记忆能力、早期的概括化、分类能力以及语言发展能力。智力量表结果以一种智力的标准得分，即智力的发育指数来表示。

2. 运动量表（61 项）

用以评价运动协调和技巧行为能力的发展。如对身体的控制程度、大肌肉的协调、全身运动的发展以及手及手指的操作技巧、用手取物能力的发展能力。运动量表结果以一种心理运动的标准得分，即心理运动的发育指数来表示。

表 9-1-3　中国婴幼儿智能发育量表（部分）

项目	年龄定位	情景	项目名称	记分			备注
				P	F	其他	
1	0.1	A	对拨浪鼓声有反应				
2	0.7	B	红环：跟至中线				

续表

项目	年龄定位	情景	项目名称	记分			备注
				P	F	其他	
3	1.0	B	红环：跟过中线				
4	1.3	B	红环：跟过 180°				
5	2.0	C	能认出熟悉的人				
6	2.1	C	对测试者微笑或说话有反应				
7	2.2	A	用眼睛寻找声源				
8	2.3	D	发出不同的音				
9	2.4	B	垂直方向眼协调				
10	2.4	C	对人脸消失做出反应				
11	2.5	E	注意到方积木				
12	2.6	B	玩弄红环				
13	3.1	B	伸手够摇晃的环				

反思提高

一、讨论分析

试分析“格塞尔发展顺序量表”的特点和缺陷。

二、综合训练

联系当地妇幼保健院，观察新生儿神经心理发育诊断过程，并记录观察过程。

核心知识二　婴儿行为观察与记录

【课前任务】 请分组讨论：观察和“看”有什么区别？你们会观察吗？

一、什么是观察

观察是人的本能。意识清醒的人能看、能听、能想，随时去接受外界的刺激。当他看到或听到新奇的，或符合自己需求的现象时，会停留更多的时间。观察并不是随意看，是“刺激、感官、判断”的过程，是通过一个或多个感官获取信息，理解其意义，并以有意义的方式运用这些信息的过程。观察是理解婴儿的第一步。通过观察婴儿的外在行为，可以了解其“内在意识”（动机、意念、情绪等）。观察可以划分为以下四个阶段。

第一，留意、注意。观察开始于观察者留意到某人或某事物，然后集中在这个人或事物上，观察者所有的感官、知觉的接受、思考和动作反应都针对这个对象，他能看到、听到、知觉到对象有关的所有信息，并可能对这个对象产生一些内在想法和外在行为。

第二，观察焦点与环境。在观察的时候，观察者不仅有观察焦点，还会注意到影响观察对象的人和因素，以及这些因素之间的关系。

第三，主观介入与记录。虽然观察者对观察对象尽量做到客观观察，但由于完全放弃主观很不容易，因此，观察者的主观想象不可避免会加入到观察过程以及观察记录、分析、推测、归纳、整理、判断中。

第四，行为判断。判断是根据客观事实以及主观想法，对观察对象的行为作出解释。每一次观察都应该有判断，没有判断的观察是不完整的；同时，对于观察对象的行为判断，需要有专业的技巧。

以上四个阶段也是观察的要素，专业的观察者在前述过程中会尽可能保持客观，从事实中找证据，也能运用自己的主观经验、理论原则及思考方式，配合客观的证据来形成并验证判断。每位观察者需要接受学习后，形成基本的能力和态度，增加其观察的敏锐度。

二、观察的准备

（一）观察人员的准备

在进行观察与记录之前，观察者应该做好以下准备工作。

1. 对婴儿行为发展的认识

如果观察者对婴儿发展的认识不足，观察就容易处于主观状态。目前，观察与记录采用适度发展的观念。所谓适度发展的观察，就是尊重婴儿的发展、能力、需要和兴趣，通过系统和丰富的信息搜集，对婴儿的发展现状进行深入的了解，尊重婴儿作为一个独立个体所特有的发展速度及模式。“适度发展”的意义包括：一是年龄适度，指的是同月龄的婴儿在各方面发展的一个大致模式；二是个体适宜，指即使处于同一月龄段的婴儿，仍有个体的差异，不能认为同月龄的婴儿的需求、能力和发展都是一致的。

2. 对观察记录的基本认识

在进入观察情景前，观察者应该做好以下准备工作。

（1）确定观察目标。观察并不是漫无目的地看，有目的的观察不仅可以帮助教师了解婴儿的发展状况，也可以帮助教师获得相关经验。这些观察记录可以帮助教师有效进行课程规划和改进，也可供家长了解婴儿的发展。

（2）确定观察地点。婴儿在不同的环境之中会有不同的行为表现，在不同环境观察儿童，才有助于了解选定观察行为的意义。

（3）选择观察方法及工具（后文将详尽阐述）。

（4）选择观察时机。婴儿的行为随时都在变化，任何时间都可以成为观察时机。但是有些行为的出现是有时间性的。如果教师想要比较同一个行为在一天的不同时段出现的情形，也可以在一天中选择不同的时段做相同行为的观察。

（二）工具的准备

“工欲善其事，必先利其器。”（《论语・卫灵公》）观察前做好完善的工具准备，可避免在实际观察时需要某些器材造成观察的中断。完善的工具准备有时还可以帮助观察者增强记录的翔实性。

1. 记录纸

在观察前，准备好恰当的记录纸或者观察表格，最好针对所要采用的观察法在记录纸上画好表格，方便有效率地记录和归纳。比如，使用时间取样法，先设计观察表格并试用，以使观察更具效率。

2. 笔

在记录的时候可以使用不同粗细或者两三种颜色的笔来使用，用于标注需要分别注意的地方。

3. 计时的工具

在观察记录时，随时将记录的时间记下来是必要的。因此，准确计时工具是观察记录的必需品，如时钟、秒表。

4. 影音记录的工具

随着科技的进步，可以借助录音、录影设备记录对婴儿的观察，除了能保留当时的影像、声音之外，也可以做观察情境的再回顾和观察记录的修正，减少记录的错误。

三、常见的行为观察与记录方法

归纳相关研究与实务经验，常见的方法主要有婴儿传记、轶事记录、时间取样、事件取样、检核表等。

（一）婴儿传记

最早出现的观察形式是父母观察子女所作的日记记录。婴儿传记法其实有着定性研究的特性，观察者在观察过程中很容易加入自己的观点或者感想，甚至对于婴儿的发展会提出一些疑问与好奇，融入后面的互动中。

婴儿传记有助于了解观察行为随着时间变化的发展情况，甚至可以提供观察行为在发展过程中的任何变化细节，有助于了解婴儿行为发展的复杂程度；通过了解，也可以对婴儿发展提出一些重要的假定与疑问，协助前述问题顺利解决。但婴儿传记首先由于是个别发展情形的记录，观察结果的普遍性有一定程度的局限；其次，这种形式需要持续的耐力而且耗时，对于观察者而言是一项长期的工作；最后，针对个案观察，尤其是观察者与被观察者之间存在亲密关系，观察难以避免主观偏见甚至难以将观察结果进行理性的分析与诠释。

（二）轶事记录

轶事记录法的优点

轶事记录是指观察者在不可以安排的自然情景中，将重要事件或感兴趣的事件发生的经过和情景，以文字描述的方式进行记录。由于轶事记录能以科学的方法获得充分的信息，利于观察者进行后续的判断，所以事件记录要迅速正确、翔实客观，尽可能排除个人的主观偏见，对事件的描述不宜多加修饰。同时，为利于了解行为的发生背景，观察者必须依时间顺序将观察背景中发生的事件或观察对象的行为简要地进行记录。

轶事记录时的注意事项

1. 观察程序

轶事记录并没有绝对的观察程序和步骤，一般而言，轶事记录的观察程序和记录步骤可以归结为：（1）确定观察目的；（2）选定观察情境；（3）准备观察工具；（4）仔细观察，客观记录；（5）归纳整理；（6）诠释分析；（7）沟通辅导。

轶事记录案例

2. 记录方式

使用轶事记录法时，什么时候是合适的记录时点呢？对教师进行班级婴儿轶事记录而言，由于教师必须带班教学，在教学过程中必须持续与婴儿互动，教师仅能利用教学空档时间观察婴儿的行为表现并做一些简单快速的笔记，或者于教学活动结束后，尽快将观察到的婴儿行为表现付诸文字记录。一般而言，依记录时间来分，观察者可以在行为发生时或在行为发生之后记录，即事件发生时的即时记录和事件发生后的回顾记录。

（1）即时记录。即时记录是将婴儿的行为表现原景重现，还原观察时的情境，所以教师必须在非常自然、没有任何安排的情境下，记录自己所看到的、听到的婴儿的各种行为表现。即时记录时，教师在观察的同时必须与婴儿持续互动，教师仅能用摘要的方式记下笔记，然后于课后尽快加以整理，使之成为可分析、利用的有效资料。

（2）回顾记录。即时记录常因情景限制而有所调整或改变。教师即使在示范教学的过程中看到或者听到婴儿的行为表现，也没有办法立即将观察到的婴儿行为记录下来，只能加以默记或趁机快速记录，且往往须另行于课后时间，重新回顾行为发生的情景和婴儿的行为表现。回顾记录须及时为之，若延迟过久，往往会有记忆模糊或断续记录的情况出现。

3. 记录的要素

轶事记录的目的是了解观察对象的特殊、重要或者有趣的事件或行为，因此，为了进一步分析时能提供更明确的信息，记录时宜掌握“六W要素”，一一对行为或事件出现的情景详加描述。所谓“六W要素”，即观察对象的基本资料（姓名、年龄、性别、家庭背景），观察动机（为什么观察），观察主题（观察什么），观察时间（日期、时刻），观察情景（地点、情景描述），观察方法（观察与记录方法）等；观察者若要提醒自己不遗漏记录，可在记录用纸上预先列出要素。

（三）时间取样

1. 何谓时间取样

时间取样指在事先设定的时间间隔内观察目标行为，并记录目标行为的出现次数，借以了解行为模式的一种方法。时间取样通常适用于观察较常出现或出现频率较高的行为，可以用来观察一个或一个以上婴儿的行为表现。以时间取样法观察和记录婴儿的行为表现所得到的资料属于量化的资料，方便统计婴儿出现该目标行为的次数或频率，利于进一步分析、解释。

使用时间取样法时，观察者必须事先将目标行为进行分类，同时清楚、明确地定义行为类别，即行为类别的操作性定义。清楚、明确的行为定义可以让不同的观察者使用同一个行为标准来进行观察，以达到观察应有的信度与效度；同时，让阅读资料的人能以同一个行为标准来分析和解释资料。

以时间取样来观察和记录目标行为时，除了在观察前必须先进行行为的分类和定义之外，还必须考虑如何实施时间取样。时间取样的实施方式可分为两种，其一为规律性的时间取样，其二为随机性的时间取样。

时间取样的两种实施方式

时间取样必须在观察前拟订完整的观察计划再付诸实际观察。虽然事前花费较多的时间和精力在准备工作上，包括拟订观察计划、进行行为操作性定义、设定观察时距和观察期程，以及制作观察量表等，但一旦付诸实际观察，便可迅速地搜集到资料，在资料搜集上节省较多的时间。

2. 观察程序

观察者在进行观察前，只有依据观察程序逐步进行，才能得到可信有效的资料。观察程序可分为事前计划、观察过程和事后分析（评定）三个阶段，这三个阶段可再细分为几个小步骤。

在事前计划阶段，观察者必须于观察前完成以下工作：（1）描述观察目标；（2）拟订观察主题；（3）选择观察对象；（4）区分行为类别；（5）进行行为定义；（6）设定观察时间；（7）制作观察量表。

观察过程阶段是正式进入现场进行直接观察，需完成的工作包括：（1）仔细观察；（2）客观记录。

事后分析（评定）阶段则是指观察记录资料的整理分析与解释评定，包括：（1）整理记录资料；（2）分析资料；（3）呈现资料。

3. 记录方式

时间取样的记录方式依据记录的时距间隔或取样方式等差异，可简要分为下列三项。

（1）时距取样。时距取样的记录方式是指在观察前设定的观察时距内完成记录，即在观察时距内出现目标行为就予以记录；重点在于记录目标行为出现的次数，不论目标行为出现的持续时间。

一般而言，时距取样是较具系统性、结构性的记录方式，观察者利用规范的记录时间和量表，记录下感兴趣的观察行为。具体来说，对于这种结构性时间取样，观察者在设定观察时距时，将观察所需的时间以及记录所需的时间涵括在内，如观察时距设定为30秒，则包括20秒观察、10秒记录。即在两段观察时间内暂停观察数秒以便于此时立即在观察量表内画记。

时距取样通常在观察前事先将观察行为分类和定义，然后根据所定义的行为类别设计观察量表，观察时间内只要有行为表现就必须当场在观察量表内画记。通常不需要用文字描述目标行为，直接以符号代码记录于事先设计好的观察量表中，可节省记录的时间和人力。

（2）瞬间时间取样。瞬间时间取样的记录方式和时距取样的记录方式大致相同，唯一的不同在于，瞬间时间取样是在观察时距结束的那一刻才记录目标行为出现的有无。例如，观察时距为 60 秒时，观察者只在观察时间的第 60 秒才记录目标行为出现的有无。

（3）固定时间间隔取样。固定时间间隔取样的记录方式是，以每次观察 5 分钟、10 分钟或 20 分钟等固定时间间隔方式，记录在时间间隔内的目标行为。一天观察数次或每天观察一次，记录观察时间内目标行为的出现情况。

（四）事件取样

1. 何谓事件取样

事件取样的优缺点

事件取样，顾名思义，是以“事件”作为观察目标，记录事件发生的来龙去脉，包括说明事件发生的前因以及事件发生的后果。

事件取样法主要用于观察特定的行为或事件，不规定观察时间，观察所得的资料和信息较具有连续性和自然性。当观察者设定观察的目标行为出现时，就开始将目标行为及其发生前后的事件记录下来，一直记录到事件结束为止。可以利用符号系统的记录方式，于时间发生时以代码迅速记录；也可以采用叙事描述的记录方式，将事件发生的前因和后果记录下来。至于要记录什么事件，视观察者的观察动机和观察目的而定。

事件取样的目的在于记录观察者所欲观察的特定行为或事件，以及事件发生的连续因果关系，进而从对事件的持续记录中得知行为发生的模式。但事件取样仅针对特定的事件或行为进行观察，只关心事件本身；特定事件或行为以外的事件或行为，并不在观察范围之内，也不予以记录。因此，以事件取样法来进行观察容易锁定观察的焦点，不易失焦，所得到的观察记录资料也能够充分解答研究问题。

综上言之，事件取样法可记录事件的内容和发生的前后因果，观察者可因观察目的不同，利用事件取样来取得目标行为发生的频率、目标行为的持续时间、目标行为的因果关系等。

2. 记录方式

事件取样法的记录方式可以分为两类，第一类是以符号系统记录，第二类是以叙事描述记录。由于第一类的符号系统记录和第二类的叙事描述记录之间具有互补作用，因此观察者也可以将它们同时用来记录事件经过。以下就将符号系统记录方式和叙事描述记录方式分别进行探讨。

（1）符号系统记录方式。所谓符号系统记录方式，是指观察者只关注目标行为，目标行为一旦出现就立即以事先设计好的符号代码来记录事件或行为，目标行为以外的事件或行为不在观察范围之内，因而不予关注的记录方式。

符号系统记录方式非常方便、快速，便于统计行为类别或行为发生的原因。观察者须于观察前先将目标行为进行分类，然后依照各行为类别的项目，以个别代码将之记录于事先设计的观察表中，或以检核方式记录事件的发生频率。由于观察的事件是观察前设定的，因此，与观察有关的任何项目皆可以用代码、画记的方式进行记录。例如：事件发生的地点（教室外、教室内、语文角、科学角、益智角等），事件发生的时间（主题活动、点心时间、午餐时间、活动转换等），事件发生时的人（幼儿、教师或家长）等，都可事先列为检核项目。

（2）叙事描述记录方式。以叙事描述方式来进行事件取样的记录时，须直接切入与观察主题直接相关的主题行为，并用文字描述事件的来龙去脉及前因后果。

叙事描述方式的记录非常翔实、具体，便于了解事件发生的原委和背景，有利于对行为作深入的剖析并提出适当的解决策略。

例如：观察婴儿的社会互动行为时，可同时记录目标婴儿和周遭的人的对话。（如："小龙，我可以和你一起赛车吗？""我们一起听故事。"）婴儿如何与周遭的人互动，例如：是以肢体语言的互动方式（拥抱、牵手等），还是以物品交换的方式（分享物品、交换物品等）；事件发生的前因和后果。（小强说："小龙，我可以和你一起玩赛车吗？"小龙拉着小强的手说："好啊。"于是，小强加入了小龙的赛车游戏，而且互相较起了劲来。）

3. 记录的要素

观察与记录应考虑的原则或重点相似，必须包括目标行为发生的前因和后果，即目标行为发生前，婴儿在做什么；目标行为发生时，婴儿的反应和表现如何；目标行为发生后，婴儿如何处理和解决等。

斯利认为，事件取样记录时，必须注意资料的信息，包括事件的持续时间、事件的内容要旨、事件的情境背景以及后续事件等。

（1）持续时间。目标行为开始和结束的时间，持续了多久。

（2）内容要旨。观察目标说了什么，对谁说。

（3）情景背景。目标行为在哪里发生，当时还有哪些人，正在进行哪些活动。

（4）后续事件。目标行为出现后又发生了什么。

观察者在实际记录时应包含这四项要素，尽可能详细地记录。记录越完整，对后续的分析及解释就越有利。事件取样的观察程序表如表 9-2-1，观察者可自行检核完成状况，并作必要调整。

表 9-2-1　事件取样观察程序表

观察阶段	观察步骤	说明	确认栏	备注
1. 计划	1-1　描述观察目的			
	1-2　确定观察主题			
	1-3　定义目标行为			
	1-4　选择观察情景			
	1-5　选择记录方式			
	1-6　制作观察量表			

续表

观察阶段	观察步骤	说明	确认栏	备注
2. 过程	2-1　仔细观察			
	2-2　客观记录			
3. 分析评定	3-1　归纳整理			
	3-2　诠释分析			
	3-3　呈现资料	3-3-1　纳入学习档案		
		3-3-2　整理资料		
		3-3-3　撰写研究报告		

注：1. 在确认栏内以打“√”的方式确认已完成的观察步骤；
2. 利用观察程序表，确认观察工作的进行状况。

（五）检核表

1. 什么是检核表

所谓检核表，是依据观察目的、情景特性与观察者的特性等，事先拟好观察架构与内容，供观察者在观察现场依据检核表内容逐一检视婴儿行为表现的观察与记录方法。检核表使用方便，可以了解行为出现的情况，在婴儿行为观察领域被普遍应用。

检核表是一种用来记录行为出现与否的便利方法，使用相当容易，用途也非常广泛，凡日常生活或与婴儿及其环境有关的事项，只要确认观察目标并转化为适当的检核表后，都可以便利地检视，提醒观察者留意所关注的行为是否在特定的情景出现。在婴儿行为观察的应用上，检核表通常用来了解婴儿行为在特定情景的出现状况，观察者通常需在观察之初确立观察的目标并形成检核表，然后在实际的观察情景中逐一检视行为出现的情况。

检核表的类型

2. 应用程序

检核表实际应用时可能因观察者的习惯或相关条件限制而略有差异，一般而言，可将检核表的实施分成下述步骤。

（1）确定观察目的。在婴儿行为观察的领域中，使用检核表可能源于对某些行为表现的好奇，或希望针对某些行为了解其出现的情况，基本都基于特定的观察目的，希望进一步地了解特定行为的出现情况。无论是基于前述目的，还是观察者有了解特定行为的需求后，再决定采取检核表进一步观察，确定观察目的都是进行观察的首要程序。

（2）定义目标行为。检核表是针对感兴趣或待观察的行为进行行为的观察与记录的方法，明确地界定目标行为，详细地列举目标行为的内容，对后续的观察与记录相当重要。此步骤必须对应前述观察目的，目标行为的内容要尽可能界定详细且完整，这对于后续检核表的发展相当重要，也影响观察与记录效度。

（3）决定观察情景。在确定观察目的与定义目标行为的同时，也要一并决定观察情景。例如：教师如果想了解婴儿是否出现攻击行为，除明确地界定攻击行为外，也应一并考虑是在上午还是下午的活动时间进行观察；此外，若决定在上午的活动时间进行观察，还须进一步确定具体观察时间段，如入园时间还是自由活动时间。

（4）选择记录方式。选择检核表，其便利性常是重要的原因。以早教教师为例，若每次活动有 10 名婴儿，要逐一详述婴儿的行为内容，对教师而言，难度很大，若能采用勾选或画记等简便方式，将十分便利。记录方式的选择，与观察目的、目标行为的复杂度，乃至于观察者的习惯等有关，观察者可在一并考虑后作出抉择。

（5）拟定检核表。检核表的内容是否完备，关系到后续观察的效度。检核表的拟定，首先要求内容具有完整性，即内容与观察目的、目标行为有紧密关联；其次要求观察具有便利性与可行性，观察内容的数量、记录方式，对观察者习惯的适应等，都是检核表拟定过程中的关键因素。

（6）实际观察与记录。当检核表拟定完成后，如何依据表格内容与规划的流程，切实掌握各项目标行为，是观察者必须面对的首要课题。因此，在进行观察前，观察者除了应深入了解各项观察行为的意义外，也可在正式观察前先行预试，了解观察者对目标行为的掌握情况。对早教教师而言，可寻求合作教师的参与，共同观察与记录，了解两者的观察与记录差异，作为修订检核表或完善观察记录的参考。

（7）分析记录结果并解释。当记录完成后，观察者可立即统计各项目行为出现的结果，或设定每隔一定时间进行汇总统计。除进行统计分析外，观察者必须保留每次的检核表记录结果，未来可进一步设定以某次观察为基准点进行对照分析，让行为结果的描述更加丰富。

3. 记录方式

关于检核表的记录方式，常见的是在特定情景的界定下，依据行为出现的有无或时点加以画记，以了解行为出现的情况。下面以单一行为类型为例，说明常见的记录方式主要有下述两种。

第一种检核表记录方式，只针对所观察行为是否出现加以画记。这种记录方式关心观察行为是否出现，在画记时相当简便，观察者必须事先将关心的观察内容转化为检核表内容，只要事先熟悉观察的项目，便可轻易地记录。

第二种检核表记录方式与第一种记录方式类似，但其目的不只在了解观察行为出现与否，更在了解每一观察项目在特定期间内出现的次数，从而提供不同方面的行为信息。观察者事先也须拟妥检核表内容，列出所有待观察的项目，观察者若发现被观察者表现出某一类行为，就在该行为旁画记号，常以“正”字或其他累计符号加以记录。

除前述记录方式外，也有的记录方式将记录栏以固定时间间隔的图表取代，在进行观察画记时，同时可以指出观察行为出现的时间。再者，也有观察者在画记栏旁另辟“备注”或“说明”等栏，在观察情景允许的情况下，对观察行为进行简单的文字描述。考虑观察目的、观察情景的特性与观察者的需求等，可对各项记录方式加以选择和灵活应用。

自闭症儿童行为检核表

反思提高

一、思考

婴儿行为观察与日常生活中的“观察”有什么区别?

二、讨论分析

试分析婴儿传记、轶事记录、时间取样、事件取样、检核表等观察与记录方法的利弊。

本章能力训练、自我测试、推荐阅读

三、综合训练

请以“2.5 岁婴儿的亲社会性行为”为内容，开展一次观察活动。

下篇　婴儿早期教养指导

家长困惑

1. 小孩子才 1 岁，有没有必要这么早就去学习？
2. 早教课是不是就是对孩子进行早期智力开发？
3. 是不是小孩子学得越多、学得越早，其未来的发展就越好？
4. 孩子多大才适合报亲子早教班？
5. 我家周边有很多亲子园，我想给孩子报名，但不知选择哪个，应该怎么选？
6. 我家孩子 1 岁了，周围邻居的小孩儿都在报亲子早教班，亲子早教班的课和幼儿园的课有区别吗？
7. 我是孩子的妈妈，平时上班太累，周末很想休息，我让保姆带孩子去亲子园上课行不行？
8. 各个亲子园安排的课程为什么差异那么大？哪种课对孩子才是有价值的呢？
9. 亲子园一周就上一两次课，每次只有几十分钟的时间，对孩子真的有那么大的帮助吗？
10. 亲子活动好像只是游戏，不教知识，真能促进孩子发展吗？
11. 亲子早教班中相差 3~6 个月的孩子都在一起上课，我孩子是班上最大的，会不会因学习的内容太浅、太少，而延误孩子的发展呢？

在当前诸多的教育热点中，0—3 岁婴儿的早期教养是热点之一。年轻父母不再满足于将孩子随便交给保姆、祖辈，而是希望得到更科学的育儿指导和亲身参与育儿实践。父母关注 0—3 岁婴儿的生存状况，努力为他们创设最适宜的发展环境，这对处于人生之初的婴儿来讲是好事。但市场上各类图书、网络信息和音像制品常常鱼龙混杂，缺乏科学理念和经验引导的教育实践活动也令人担忧。以 0—3 岁婴儿和家长为服务对象的早期教养指导机构（亲子园）与以 3—6 岁幼儿为服务对象的幼儿园理应具有不同的教育职能，但在以 0—3 岁婴儿早期教养指导为名义的具体教学实践中却常常将两者混为一谈，这与婴儿早期教养指导的目标背道而驰。所以，弄清 0—3 岁婴儿早期教养指导的内涵是走出目前婴儿早期教养指导实践误区的关键。

本篇从培养 0—3 岁婴儿早期教养指导教师入手，第十章主要介绍婴儿早期教养指导的必要性、目标、内容、指导形式，以及早期教养指导中的几个关键问题，第十一章主要对早期教养指导的重要形式——“亲子活动指导课”的设计原则和基本要素做说明，并通过二维码所链接的亲子活动指导课设计案例，探讨亲子活动指导课的设计细节，提高学生亲子课程设计的能力。

本篇思维导图

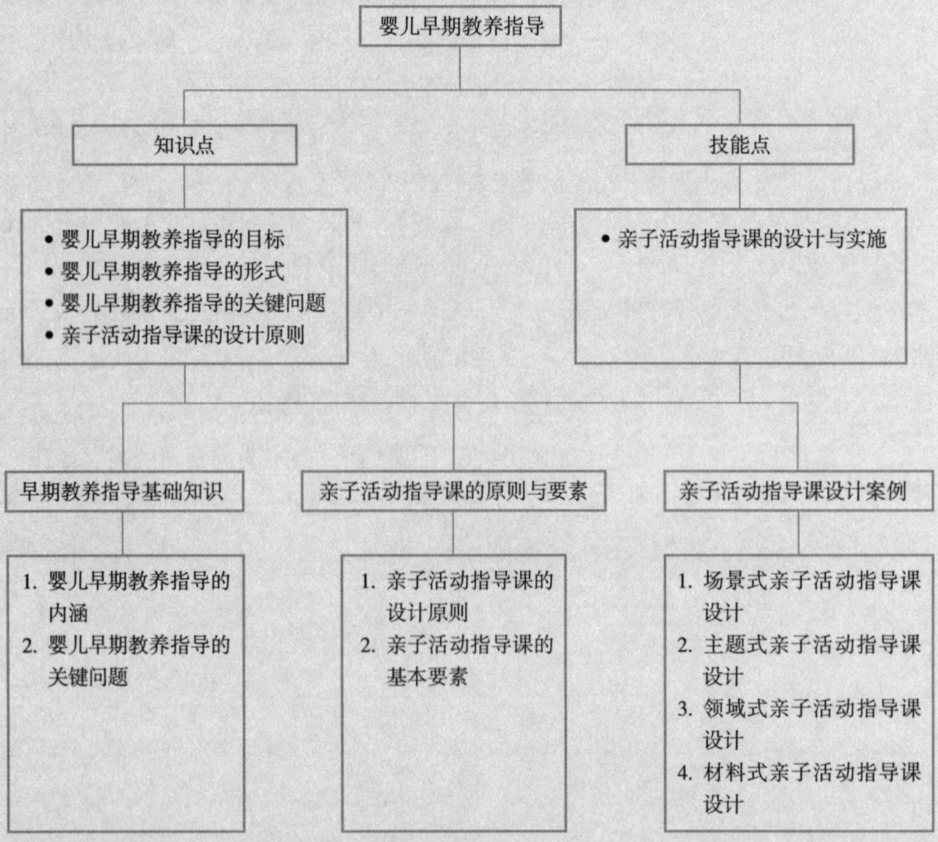

第十章　婴儿早期教养指导基础知识

着重关注：

"早期教养指导"与"早期教养"的区别；
婴儿早期教养指导的关键问题。

难点理解：

婴儿早期教养中"教"和"养"之间的关系；
"自然成熟发展"与"教育推动发展"之间的关系。

名词术语：

早期教养指导、亲子活动指导课、亲职教育、网络指导、入户指导、早期干预、早期开发、早期教育

核心知识一　婴儿早期教养指导的内涵

【课前任务】调研本市 2～3 个婴儿早期教养指导机构（亲子园），就其早期教养指导的目标、指导形式及服务流程写一份简要介绍（不少于 1 000 字）。

一、婴儿早期教养指导的必要性

（一）人类早期经验在终生发展中的重要价值，提示婴儿需要被关注

3 岁是传统早期教育开始的年龄，也被儿童发展专家和教育家视为早期教育的关键起点，但近期的研究，尤其是神经科学的研究表明，3 岁后才关注已为时太晚。神经心理学家的研究成果证实，婴儿的大脑已经做好了认识世界的准备，人类从新生命产生的那一刻起就已经是有能力的学习者了。

从表 10-1-1 可以看出，先天大脑机制与后天养育环境发生相互作用的结果将决定一个人最终的发展程度。几十年前，在承担婴儿教养责任的成人眼中，0—3 岁的婴儿是一个无知无能的依赖者。而事实上，在人生的早期阶段，相应的生理机制做好了最佳发展的准备，如果有适宜的养育环境相配合，会最大限度地促进婴儿的发展。对大脑发

育加速期、敏感期出现的身心问题的忽略，因为教养不当造成的对神经系统发育的延缓和损害，都会对婴儿终身的发展造成不可挽回的影响。心理学家古德明和杰克逊指出，3 岁以下的人并不是简单的或步履蹒跚的婴儿，他们应该拥有尊严并受到尊重。从这个意义上说，3 岁才开始教育真的已经太晚。

表 10-1-1　有关大脑的新旧观点对比

过去所相信的	研究的新发现
大脑发展仅依靠所继承的遗传基因	大脑发展是遗传和经验的复杂交汇
3 岁前的经验对以后的发展不会产生决定性影响	3 岁前的早期经验不仅影响大脑的结构，而且影响成人后的能力的性质与程度
与保育者的关系为婴儿早期的学习和发展提供了积极背景	早期的人际相互作用对大脑的形成、发展和学习产生巨大影响
大脑发展是线性的，即知识是通过贯穿终身的不断增长的过程获得的	大脑发展不是线性的：在某个时期存在最佳的进行某一类型学习的“敏感期”
和青少年、成人大脑相比，婴幼儿童的大脑明显缺乏主动性	早期儿童大脑比成人的大脑更活跃，到青少年期，高水平的活跃性减少了

（二）育儿困惑的现实，提高了家长对科学育儿指导的需求

习近平总书记多次对家教家风做出重要指示，他强调“家庭是人生的第一个课堂，父母是孩子的第一任老师”“家长应该担负起教育后代的责任”。新生儿的出生不仅仅意味着一个新生命的到来，对于迎接第一个孩子的家庭而言，同时也意味着父母的诞生。任何工作都有职前、职后的培训，而父母这个重要的工作却缺人指导。事实上，随着婴儿的成长，父母面临着无数的挑战。

首先，父母育儿阶段的心理变化所带来的各种教育焦虑需专业人士去帮助，而社会为父母提供的专业指导明显不够。其次，家庭结构、生活方式的巨变，迫使父母重新思考传统育儿理念和方式的适宜性，思考传统的解决方案如何适应新的形势。再次，资讯的传播和教育方式变得非常灵活、多样，市场上为家长提供的教育资源多如牛毛，婴儿受教育的地点和成人实施教育的手段不像以前那么简单与固定了……教育信息与手段的变化，一方面，导致家长对教育机构的依赖感和信任感减弱，另一方面，过多的甚至矛盾的信息使家长无所适从。

对 0—3 岁婴儿家庭而言，如果没有相应的教育机构和专业教师去帮助他们，育儿的困惑和教育的焦虑将持续存在。家长缺乏对信息的专业判断，育儿的误区也会层出不穷。因此，迫切需要提供科学的育儿指导去帮助困惑中的家长。

（三）国内外社会的共同行动，促使教育部门直面早期教育

0—3 岁婴儿的启蒙教育源自发达国家。美国早期优先计划把 0—3 岁的婴儿列入正式服务对象，此项目是由政府资助，针对低收入家庭婴儿和孕妇的一项社区计划，以 1981 年密苏里州教育部门创办的“父母作为老师”项目最为著名。英国政府 1997 年启动“确保开端计划”，建立了优质的早期教育资源中心和教育行政区。日本 20 世纪 60 年代开始实施婴儿计划，制订了以“发展学前儿童心理为保教重点”的乳婴教育计划方案，提出了准确的、切实可行的培养目标和指导重点，其中木村久一、井深大、铃木镇

一的早期教育理论对世界的早期教育产生了深远影响。以上各国的实践表明，婴儿的早期教育已引起各国政府和社会的重视，它已经成为促进社会进步的重要内容，并被各国视为人才培养的奠基工程。

20 世纪 80 年代，国外的婴儿教育方案开始传入我国，国内相关的政策法规也相继出台。《中国儿童发展纲要（2011—2020 年）》，《国家中长期教育改革和发展规划纲要（2010—2020 年）》中都毫不例外地把 0—3 岁婴儿早期教育放在了十分突出的位置。《国家教育事业发展第十二个五年规划》提出："加强对早期教育指导机构的监管和教育教学的指导……依托幼儿园，利用多种渠道，积极开展公益性 0—3 岁婴幼儿早期教育指导服务。"国家层面的政策出台意味着我国已经正式将 0—3 岁婴儿早期教育列入了中长期教育改革和发展规划中。

除了配套的国家政策与法规外，教育理论与实践研究的成果从另一个层面支持了我国婴儿保育与教育的实施。20 世纪 90 年代，儿童心理与教育专家庞丽娟、孟昭兰等分别出版婴儿发展方面的专著，重点介绍了当前婴儿心理研究的教育成果，引导人们从一个全新的角度重新评价婴儿的能力水平。徐云、戴淑凤等人根据婴儿发展过程中感觉教育的关键期，设计了以感觉发展为线索的针对婴儿的训练。楼必生《科学教育：先学前期儿童潜能开发——0—3 岁儿童潜能开发的理论与实践》论述了婴儿发展的重要性及婴儿智力开发的实践，为婴儿教育提供了一些较有理论价值的依据。北京、武汉、天津、上海、广州等地先后进行了 0—3 岁婴儿相关的实践研究：如武汉的"0 岁方案"、北京的"2049"计划、天津的"婴儿教养研究"、广州的"百婴潜能开发计划"、上海的"0—3 岁婴幼儿早期关心与发展研究"项目等。

由此可见，尽快开展婴儿早期教养指导工作、尽快培训一批专业教师队伍、尽快规范专门的早期教育指导机构，对促进婴儿发展、解决家长育儿困惑、让我国早期教育迅速追上发达国家，是非常必要的。

二、婴儿早期教养指导的目标

婴儿早期教养指导是联合国教科文组织针对目前存在的早期教育过度、失当或缺失，甚至把成人愿望强加于婴儿这个问题提出的，其目的是帮助家长在科学发展观的指导下，合理地激发婴儿的潜能，优化婴儿成长的环境，对婴儿成长过程进行早期教育、早期干预或早期开发。

近年来，我国以"早期教养指导"名义开办的各种涉及 0—3 岁婴儿与家长的教育机构在大中城市越来越多。大多数早教机构要求家长和孩子每周来园参加亲子课，每次来园时间从几十分钟到半天，收费不菲，家长趋之若鹜。这意味着对 0—3 岁婴儿的早期教养、对 0—3 岁婴儿家长的育儿宣传，正在通过专门的机构设置和课程建设进入专业化教育的范畴。由于婴儿早期教养指导在国内还是一种新的教育实践，所以目前承担早期教养指导任务的机构大多仍以 0—3 岁婴儿为直接指导对象，以婴儿是否快乐为课程质量的检验标准。这类教养指导使得早期教养指导机构异变成婴儿培训学校或婴儿娱乐中心，而此作法并非家长希望的结果。家长希望早期教养指导机构提供的不仅仅是针对婴儿的直接服务，还需要专业人士指导自己成为合格的养育人，通过提升自身的育儿能力来促进婴儿的长效发展。所以，不应该由早期教养指导机构的教师代替家长对婴儿直接实施教育。

婴儿早期教养指导的真正目标应是：帮助家长树立正确的育儿观念、掌握必要的育儿知识、实践正确的育儿方法，借家长育儿能力的提升，有效地促进孩子的发展。

三、婴儿早期教养指导的内容

家长育儿能力的提升依托观念、知识、技能三个方面的支持，所以早期教养指导的内容包括三大块。第一，教会家长保育与教育的技能、技巧。如婴儿保健、喂哺技术、游戏设计技巧等（怎么做）。第二，让家长了解保育与教育背后的婴儿发展知识，如婴儿生理发育特点、婴儿疾病、婴儿心理重要领域发展特点与规律等（为什么做）。第三，给家长揭示保育与教育同婴儿终身发展的关系。如保育与教育和人的幸福感、人的社会责任、人的未来适应力的关系（后果是什么）。

目前早期教养指导机构对这三块的指导程度参差不齐，主要受两方面原因影响。

其一，教育者水平。新手、骨干、专家型教师的指导程度是不同的，新手教师停留在技能、技巧指导上；骨干教师了解技能、技巧与婴儿发展的关系；专家型教师还会告知此时婴儿发展和家长育儿观对婴儿、对社会长远的影响。

其二，家长的重视度。家长对知识与技能非常重视，希望授课后立即改变现状，但往往忽略自己的育儿观、教育观对婴儿健康发展的严重影响。为了满足家长的要求，教师在进行指导时也较多偏向知识与技能的传授，对家长行为背后的育儿观没有深挖。育儿观念是行为的先导，没有正确的人才观与教育观，单纯知识和技能的学习是肤浅的，甚至无效的。所以，在早期教养指导中不能忽略家长育儿观的教育。

四、婴儿早期教养指导机构的指导形式

“早期教养指导机构”（简称“早教指导机构”）与“早期教育机构”（简称“早教机构”）是两种不同性质的机构。前者定位于被赋予“亲子”意义的非全日制婴儿教养指导机构，包括幼儿园附设的亲子指导班和各类亲子园，实施的是每周几次的阶段性亲子指导计划；后者定位于具有学制意义的全日制托幼机构，实施的是学期、学年教学计划。相比全日制早教机构的婴班来说，早教指导机构的特殊性在于：它是直接针对家长的育儿指导活动。

目前国内早期教养指导形式尚属探索阶段，形式繁多，下面主要介绍四种主要的指导形式。

（一）亲子活动指导课

亲子活动指导课是教师在有准备的情境中，通过组织系列的亲子互动游戏，观察婴儿的发展水平，了解养育者的教养方式以及亲子双方互动的质量，在此基础上通过现场对话、示范、实践的方式让家长发现自己育儿的误区，改进自己的育儿行为的课程。

这种指导方式操作性强、能调动家长的积极性，解决个别化指导的问题。

1. 亲子活动指导课的现场指导内容

（1）向家长传递早期教养的知识；（2）让家长学会如何正确观察婴儿和如何客观地评估婴儿的方法；（3）对家长的教养行为进行即兴的评价和指导；（4）解决家长育儿过程中的即时困惑；（5）让家长了解婴儿近期教养的重点内容。

2. 亲子活动指导课的组织形式

目前国内亲子活动指导课的组织形式处于摸索的阶段，呈现出各种课程模式并存的局面。

（1）模块式。模块式亲子活动指导课是将一系列的亲子互动游戏划分为若干模块，借助模块内的多个游戏活动促进婴儿在各领域的发展。

模块式亲子活动指导课的环节大体包括：热身运动、点名环节、认知游戏、动作游戏、艺术活动、结束游戏等。其形式类似幼儿园托班的教学，是目前国内亲子活动指导课的主要组织形式。

案例

×××亲子园课程方案

模块1：HELLO时间（热身与点名）

自信心的训练：让婴儿在鼓励和赞美声中锻炼胆量，敢于在众人面前展示自己，表达自己的情感。

模块2：亲子派对时间（亲子音乐游戏）

欧洲奥尔夫音乐教学：让婴儿利用自身的自然语言与动作来感受音乐，通过游戏方式培养婴儿基本的音乐能力。

模块3：婴儿探险时间（亲子动作游戏）

感觉统合教学：通过肢体的大运动，锻炼婴儿的听、说、读、写、算等基本的学习能力。

模块4：聪明时间（亲子认知游戏）

蒙台梭利教学：通过让婴儿接触直观的教具和亲自操作，培养婴儿独立、专注、协调、有序的能力。

模块5：戏剧小木屋（亲子艺术游戏）

戏剧教学：欣赏名曲、名著、经典故事。让婴儿把情节、人物与自己的肢体表现相结合，发现婴儿的表演天赋，给婴儿一个想象的空间和表演的舞台。

模块6：彩虹伞时间（结束）

团体游戏：让婴儿积极参与到集体中来，培养团结协作的精神。不再以自我为中心，为今后的人际交往打下基础。

（2）主题式。主题式亲子活动指导课主要借鉴幼儿园单元主题教学和瑞吉欧方案教学的理念，按照不同的主题构建出一个季度或一个学期的课程体系，当一个主题的系列活动完成后，再开始另一个主题系列活动。

目前被婴儿早教指导机构选择较多的主题包括：地域（国度、地区）、节日、生活环节（用餐、解便）以及按婴儿能力划分的分领域主题（情感教育、社交活动、感统活动、音乐、阅读等）。很多幼儿园的亲子班喜欢采用此种组织形式。

按主题或单元来组织一系列内容相关联的亲子活动，改变了模块式课程中各环节支离破碎的局面，有利于家长理解和掌握。但是，此组织形式的整体结构，缺乏主题与主题之间必然的联系。教育内容的前后衔接和教育体系的系统性如果处理得不好，极易导致教育指导效果的下降。

（3）自主游戏式。自主游戏式亲子活动指导课以“自主学习、混龄教育”的理念为指导，教师无预设的固定游戏环节，主要借丰富的环境创设达到教育目的。

案例

A亲子园课程方案

9：15—9：30　父母和婴儿来园，洗手、换鞋，进入活动室

9：30—10：20　室内自由活动（自主游戏）

10：20—10：50　圆圈活动或户外活动

10：50—11：30　清洁活动和午餐活动

B亲子园课程方案

户外活动 30 分钟	家长带婴儿参与
功能室活动 30 分钟	一位家长带婴儿参与
集体活动 30 分钟	一位家长带婴儿参与
家长沙龙 30 分钟	家长单独参与

自主游戏式亲子活动指导课更注重从三个角度设计自由活动。① 以丰富的材料引发婴儿参与活动。教师通过提供大量的材料开展活动。活动包括泥工系列、纸系列、瓶瓶罐罐系列、餐具系列等。② 以情境活动性引发婴儿参与活动。教师充分利用婴儿喜欢待的环境、爱玩的生活环节开展活动。如：百变迷宫、水池里的世界。③ 以多元交流性引发婴儿参与活动。教师为婴儿提供多种人际交往环境，促进婴儿社会性发展。如公共汽车站、生日活动、毕业庆典、动物园、新年活动等内容。

（二）亲职教育

亲职教育是指离开了与亲子双方直接互动的游戏现场，教师就预先确定的教养主

题，请婴儿护理、营养、心理、教育专家与家长展开交流。

亲职教育是针对家长育儿理念和知识的教育，与亲子活动指导课的不同之处在于亲职教育中的教育对象只有家长，没有孩子，是专门针对养育者的培训。这种方式提供的内容具有普遍指导的意义，知识较为系统，易于组织。

“0—3 岁婴儿亲职教育短期培训课程”教学计划案例

1. 亲职教育指导内容

由于早教指导机构自身条件不同、各机构内家长群体的需求不同，所以各机构亲职教育课程内容的设计有所区别。

2. 亲职教育指导主要形式

分类培训，即机构针对不同类型家庭教养人员或主题开展的培训。如，根据不同养育者划分，可以分为保姆培训、父母培训、祖辈培训；根据家庭结构划分，可以分为单亲家庭养育培训、三人核心家庭养育培训、几代同堂家庭养育培训、涉外家庭养育培训；根据主题划分，可以分为婴儿房环境创设培训、家庭简易玩教具制作培训、婴儿食物制作培训、病儿护理培训等。

主题讲座：指早教指导机构将不同领域的专业人士请入机构，以授课的方式，针对所选的主题与集中起来的家长进行交流。讲座的形式可以多样，配合授课可以适当加入录像观看、小品表演、家长操练等，效果更好。

家长沙龙：教师围绕家长共同感兴趣的问题，准备研讨素材，将家长在一定环境下组织起来，就话题展开讨论的集体指导活动方式。家长沙龙方式可以是案例分析、热点话题讨论等。

（三）网络指导

网络指导是指早教指导机构以互联网为基础与手段，设立虚拟的早教指导平台，与婴儿家庭之间建立无形的信息互通渠道，网络指导平台的实体即早教指导网站。

1. 网络指导内容

网络指导内容的容量大、流动强、更新快、受到限制少，可以在很大程度上满足家长的层次化需求。家长关注的热点问题、婴儿图书玩具选择、早教政策法规、亲子游戏案例等，都可以作为网络指导内容。

2. 网络指导形式

网络指导依托的形式也多种多样。网络指导开设何种栏目需考虑家长对信息的需求，每个栏目呈现方式要考虑当时家长最主要的需求、考虑如何最好地调动家长参与的积极性等因素。

与亲子活动指导课、亲职教育相比，网络指导有其自身的独特之处。首先是不受时空的限制，方便操作；其次是这种非面对面的交流可以很轻松和随意；最后是网络指导的覆盖面超越其他指导形式。

（四）入户指导

入户指导指由保教人员进入婴儿家中提供保教服务。

美国现行的《提前开端计划执行标准》为每个婴幼儿家庭提供每周两次，每次 90

分钟的家庭访问服务以及每月两次的团体社交活动。团体社交活动可能是参观动物园、公园聚餐、去当地图书馆听故事或看儿童剧等，团体社交活动为家长和婴幼儿提供社会互动和分享经验的机会。除了早期提前开端计划外，一些由政府出资，针对有特殊需要的婴儿和学步儿的早期干预方案也多采用入户的形式。比如，美国的《残障者教育法》C部分规定：必须为0—3岁的婴儿及其家长提供个别化的家庭服务计划。这些个别化的家庭服务计划绝大多数都是在婴儿家中进行的。

中国目前也在尝试这种入户指导的形式，但由于专业人员较少，还难以全面普及。

反思提高

一、思考

目前婴儿早期教养实践活动的开展面临哪些困难？请写出不少于1 000字的调研报告。

二、讨论分析

1. 明明和刚刚一样大，明明上了3个月亲子班，刚刚一次也没上过亲子班，但3个月后发现，明明并未比刚刚聪明很多。于是，明明的妈妈坚决拒绝再报亲子班，而明明的爸爸却不太同意，但又无法说服明明的妈妈。你能帮助明明爸爸找出合理的理由说服明明妈妈吗?

2. 通过网上或实地观察某早教指导机构的一堂亲子活动指导课，判断此亲子活动指导课属于哪种课程组织形式，并分析其利弊。

三、综合训练

围绕“婴儿早期教育重要性”这个主题，自拟一个题目向社区的婴儿家长做一堂40分钟的公益讲座。

核心知识二　婴儿早期教养指导的关键问题

【课前任务】 请访谈5名以上幼儿园和亲子园从业人员，调研幼儿园教师和早期教养指导教师的岗位任务。撰文说明一名幼儿园教师转岗为一名早期教养指导教师需要补充哪些重要的知识与能力？（不少于500字。）

目前市场上各类图书、网络信息和音像制品常常让家长无所适从，当前国内的众多教育实践活动也让家长眼花缭乱。矛盾的信息和做法不仅让早期教育行业无法健康发展，也让家长困惑重重。本核心知识指出早期教养指导的关键问题，就是希望给家长提供正确的理念和方法，同时避免教师在未来教育实践中走错路与弯路。

一、婴儿早期教养中“教”与“养”之间的关系

一般来说，教养关系是对应于身心关系的。

“教”对应心理发展与社会适应，是对婴儿的认知、语言、动作、社会性等方面施以有意识的影响，“教”的行为主要是对知识、常理、能力的引导。“养”对应生存需要与身体的发育，是为满足婴儿生存、生长的需要而采取的保障性措施，“养”的行为主要包括吃、喝、拉、撒等生活照料行为。

在具体的教养实践中，“教”与“养”是怎样的关系呢？我们知道，幼儿园尽管提“教养结合”，但对已经度过生存危险期的3—6岁幼儿而言，其生理的成熟让他们有了更多心理发展的可能性，他们对外界影响的反应性和主动学习的可能性比0—3岁婴儿强。幼儿的“可教性”明显高于婴儿。所以，幼儿园的“教”仍是教师的主责，幼儿园“教养结合”形式在0—3岁的婴儿教养机构中是否适用呢？事实是，在婴儿教养机构，仅仅提“教养结合”还不够，“以养为主、养中有教、教附于养”才是机构应该坚持的原则。

1. 婴儿本身的生理特点决定了“养”的任务是首要的

生命之初的头三年，是婴儿身体和神经系统发育最迅速的阶段，也是生理上最大程度面临生存挑战的阶段。显然，在人生最脆弱和稚嫩的时期，需要成人精心的生活照料，月龄越小，越是如此，所以“养”的任务是首要的。

2. “养”借助“教”，才能更好地促进婴儿发展

只“养”不“教”也不行，养育者的教养态度、养育方式、养育环境布置与婴儿的发展密切相关，所以“教会养育”是早期教养指导的重要内容。

（1）养育者态度需要指导。贝茨的调研结果显示，由于困难性婴儿的母亲习惯采取警告、禁令方式对付婴儿的反抗，使其成长过程中母婴之间的冲突多于正常母子。而平时很少哭闹的婴儿易使母亲与之接触和交流的机会变少，从而影响其语言、社会性等心理能力发展。由此看来，不同气质的婴儿在接触养育者的机会和受到的教养态度上是有差异的，这种差异带给婴儿的体验，会对婴儿的个性产生不同的影响，所以，根据婴儿的气质类型去指导和调整养育者的态度显得格外重要。

再如，父母参与亲子游戏的兴趣度，对婴儿行为反应的敏感度等，对婴儿的发展也存在影响。当妈妈很有兴致地和婴儿一起玩“虫虫飞”游戏时，既能训练婴儿的手、眼协调能力、提高婴儿的自控能力、促进婴儿的口语发展能力，也能增进亲子情感。一个小小的游戏蕴藏了很多教育的元素。与不爱和婴儿做游戏的母亲比较，显然这更有利于婴儿的发展。

（2）养育方式需要指导。长期以来，年轻的父母都是在年长一代的指导下抚育下一代，很多代代相传的养育方式在被科学实证前就已经作为文化习俗而定格，谁也没想过，这些养育方式对婴儿发展的影响是好是坏。

例如，关于婴儿的睡姿，各国的父母有不同的做法。按中国传统习惯，父母一般让

婴儿取仰卧姿势，而欧美父母的习惯是让婴儿俯卧、侧卧。在用“丹佛发育筛选测定”对上海婴儿的测评中发现，上海婴儿的“视线追踪”比欧美婴儿好，但在粗动作“俯卧举头、翻身、站立”方面，却比欧美的婴儿差。可见睡姿直接影响到婴儿动作和视觉的发展。因此，作为自觉行为的养育策略，家长需考虑在婴儿觉醒和睡眠状态下不同睡姿的运用。

再如，关于婴儿使用“尿布”与“尿不湿”问题。棉尿布吸水性好，但易渗透，易刺激到婴儿的皮肤，用棉尿布的婴儿感到不舒服时就会以特定的方式表达，在成人的应答下重新回到舒适的状态，这一互动本身是一个学习和经验积累的过程，不舒服的刺激也会加速婴儿神经的成熟并学会自控；“尿不湿”吸水性好、不渗透，避免了湿布对婴儿皮肤的影响，但同时也使婴儿失去了皮肤触觉感受性，无意间推迟了婴儿排泄控制能力的形成。可见，相较于单一地使用“尿布”或“尿不湿”，交替使用两种尿布的养育策略能更好地促进婴儿心理的发展。

（3）养育环境需要指导。养育环境的秩序性有助于婴儿秩序感的形成。当养育环境呈有序的状态时（常见物品摆放的位置固定、睡眠时间稳定、生活事件发生的顺序固定），婴儿很容易感觉熟悉和安全，有利于婴儿自身秩序的确立。所以，科学的保教需要养育者都尽量以固定顺序展开每个生活照料行为、以类似方式实施，这样才能为婴儿将来有序地学习和生活奠定基础。

再如，语言环境对婴儿语言的发展影响不易忽视。对3岁前的婴儿来讲，“听”的质量和数量，关系到他以后的说话水平。养育行为中的那些语言刺激，因为是在熟悉的情景中对反复出现的生活事件进行解释，所以对婴儿来说有较强的理解和接受的可能性。提高养育者与婴儿语言沟通的能力、规范养育者在养育行为中的语言，对婴儿的语言发展和智力发展都有积极作用。

3.“教”需以“养”为载体，才能见到成效

婴儿认识事物主要依靠直觉行动思维。婴儿必须亲自听听、摸摸、看看、闻闻，才能知道花草树木与玩具的区别；必须进食，才能尝出食物冷、热、酸、甜、软、硬的差异；必须接触水流，才能体会到水的速度和力度。所以，为婴儿设置的课程，不能以文字符号、图片或机械的教具为载体，不能以讲述、观摩等为主要教育手段。生活中的各类例行活动（饮食、睡眠、洗澡、大小便、游戏）给了婴儿接触事物的机会，从婴儿生活经验中选取课程内容使婴儿感觉更熟悉、更亲切、更易于理解。所以，“教”需以“生活”为载体，才能见到成效。

综上所述，早期教养指导实践中存在的“只养不教、以教为主、教养脱离”不符合婴儿发展的事实，婴儿早期教养指导应做到“以养为主、养中有教，教附于养”。

二、早期教养中“自然成熟”与“教育推动”的关系

在早期教养实践中常常有这样的困惑：自然成熟引起的发展还需不需要教育？婴儿

期有哪些发展需要教育才能实现，哪些发展不需教育就能自然产生？

1. 自然成熟引起的发展仍需要教育，但需要强调适宜的内容与时机

维果茨基说 3 岁前的婴儿都是按照自己的大纲发展的。0—3 岁期间，婴儿大部分发展是按照其基因规定的顺序有规则、有次序地进行的。婴儿什么时候能够俯、仰、爬、坐和站、立、行走，是预置在个体生理过程中的程序展现，这就是为什么婴儿只有在神经系统、肌肉和关节发展成熟之后才会迈步行走，只有在脊髓、膀胱和肠的神经发展联结完成后才会控制排便，不在夜间尿床的原因。在心理发展的某些方面，诸如原始情绪、感觉能力和部分知觉的显露，也表现出生物成熟的特征。这无疑告诉我们，婴儿身体的成长发育是在生物学上现成地配置好的，什么时候发生、什么时候爬行、什么时候开口说话是不以养育者的意志为转移的，是一种自然规律。既然婴儿按照自身成熟的大纲发展，那么养育人对婴儿发展起到的作用何在？教育还有意义吗？

这个问题可以这样理解：婴儿身心成熟需要一定的保障机制，保障机制需要创设合适的环境。由于婴儿自身的羸弱，其没有靠自身创设环境的可能性，成人创设环境的能力直接决定了婴儿身心发展的质量。如果婴儿发展的某些环境被成人剥夺，婴儿的发展就会受到影响。例如，一个正值爬行年龄的婴儿，如果被父母整天捆在“蜡烛包”里或整天抱在手上，就无法正常运行预制好了的“3 翻 6 坐 8 爬”的自然成熟大纲。一个正值学语期的婴儿被一个沉默寡言的保姆带着，无听说的机会，语言的发展必然受到阻碍。所以，那种放任婴儿自然成熟的、随意的环境，对婴儿发展有很大的偶然性和不确定性。只有根据婴儿发展的大纲精心创设环境，才能有意识地避免婴儿发展机会的丧失。成人精心创设环境已经纳入了有目的、有计划的教养范畴，所以，即便婴儿按自然大纲发展，成人的教育推动仍然具有极大的价值。

面对婴儿自然成熟就可能出现的发展，成人的教育活动以什么样的方式介入才有效呢？成人实施的教育，有的是诱发婴儿去自发练习不熟练的行为（比如，该跳的时候，放个绳子，诱发婴儿自发练习），有的则变成强迫练习。引导婴儿自然练习的教育能促进发展，是必要和有效的，但强迫练习就是过度训练、无效教育。如格赛尔双生子爬梯的实验。

格赛尔双生子爬梯实验

何时才是合适的教育时机呢？心理学讲，10% 的婴儿出现的新行为是此年龄段婴儿成熟的早期行为，50% 的婴儿出现的新行为是此年龄段婴儿成熟的中期行为，90% 的婴儿出现的新行为是此年龄段婴儿成熟的晚期行为。在成熟早期和中期的教育训练可以诱发婴儿去自发练习不熟练的行为，但早于成熟早期的训练就可能成为强迫练习和过度刺激，所以，在教养过程中，成人应当特别注意婴儿的行为指标的成熟时间。只有当教育内容、教育强度、教育时间顺应成熟时机，才能推动发展，才能避免过度教育、无效教育。

2. 婴儿有些发展不是自然成熟的结果，需要教育推动

婴儿的发展有些是自然成熟带来的自然结果，这些发展需要成人等待合适的时机和采取合适的方式，在婴儿还未到合适的成熟时机时，成人创设好能让成熟自然展开的条

件就行。但婴儿的有些发展却不是自然成熟的结果，比如习俗的教育、性格的养成、生活自理的行为训练以及简单的科学常识，这些发展对个体未来成长非常重要，需要教育推动。

婴儿早期教养指导尤其要分清婴儿的哪些发展需要教育才能实现，而哪些发展不需要教育就能自然产生？分清后，需要等待的就等待，需要介入的就马上介入，只要这样才能更有效地促进婴儿的发展。

三、“早期干预”“早期开发”“早期教育”的区别

“早期干预”“早期开发”“早期教育”都是教育中的一种目标性行为。

早期干预以发展常态中的最低限为目标，是对低于发展常模的残障儿进行强化发展。早期开发以高一个或几个年龄段的常模为目标，是对超过常模范围的超常儿童进行加速发展。早期教育以发展常态中的中高限为目标，是对处于发展常模范围内的正常儿童进行推动发展。

养育者在采用上述早期教养行为前，首先需要鉴别婴儿的发展水平和发展潜能，即发展的可能性和可接受性：“此婴儿是正常发展、迟缓发展还是优势发展？”可以根据婴儿身心发展发育的指标进行早期评估，然后根据评估结果制定对策。对低于正常指标的婴儿采取早期干预，对高于正常指标的婴儿采取早期开发，对大部分符合正常指标的婴儿采取适时、适宜的早期教育。

由于面对的教育对象不同，“早期干预”“早期开发”“早期教育”三者的目标和教育模式是不同的。“早期干预”与“早期开发”的目标强调的是传递与强化，教育实践倾向于高结构化的干预模式；“早期教育”强调的是个体内在价值的体现，教育实践倾向于开放性的主动建构模式。因此，“早期干预”“早期开发”以“训练课程”为主，而“早期教育”以“游戏活动”为主。

从教育对象的数量来讲，有特殊需要的婴儿毕竟是少数，主流群体仍然是处于发展常模中的婴儿，所以，以“游戏活动”为中心的早期教育是早教指导机构（亲子园）的课程主体。对于那些有特殊需要的婴儿，可以在自然的常规教育中加入一些个别化的“干预”与“开发”。

反思提高

一、讨论分析

小张的女儿读的 A 亲子园，以感觉统合训练课程为主；老王的孙子读的 B 亲子园，以双语教育为特色。小张的妈妈害怕女儿在语言上落后于老王的孙子，于是就又报名了 B 亲子园，你觉得有必要吗？请说明理由。

二、咨询答疑

运用本核心知识，你觉得能回答哪些家长疑问？请列举。

三、综合训练

1. 请调研了解当前婴儿早教指导机构中的课程现状及存在的误区。

2. 请调研了解当地不同文化层次、不同职业的祖辈和父辈对婴儿早期教养指导的看法。

本章自我测试、推荐阅读

第十一章　亲子活动指导课的原则与要素

着重关注：

亲子活动指导课的设计原则。

难点理解：

亲子活动指导课设计应包含的几个基本要素。

名词术语：

亲子活动指导课、生活化课程、个性化课程、课程目标、课程组织。

核心知识一　亲子活动指导课的设计原则

【课前任务】思考亲子活动指导课与亲子游戏的差异，思考亲子活动指导课与幼儿园集体教育活动的差异，并从教育目标、教育对象、人际互动关系、课程性质等方面进行比较。

亲子活动指导课是教师在有准备的情境中，通过组织系列的亲子互动游戏，观察婴儿的发展水平，了解养育者教养方式以及亲子双方互动的质量，在此基础上通过现场对话、示范、实践的方式让家长发现自己育儿的误区，改进育儿行为的课程。

亲子活动指导课是婴儿早期教养指导的重要形式之一，也是目前早教指导机构中运用最多、影响最大、实施起来最困难的指导形式。由于亲子活动指导课在国内尚属探索阶段，也缺乏现成的国外模式借鉴，所以存在诸多问题。有些早教指导机构照搬幼儿园托班课程，缺乏家长指导；有些早教指导机构忙于为婴儿安排一个娱乐场，缺乏教育活动；有些早教指导机构的课程内容一刀切，缺乏有针对性的个别化指导；有些早教指导机构误将特殊儿童的教育方案运用于正常儿童。仔细分析上述问题，根源就在于教师在设计课程时缺乏对早教指导中一些关键问题的理解。为了提高早期教养指导工作的有效性，设计亲子活动指导课时应遵循以下原则。

一、应构建帮助家长获得育儿支持的示范性课程

（一）亲子活动指导课与幼儿园课程的区别

目前很多早教指导机构（亲子园）把亲子活动指导课当成幼儿园托班教育活动而向下延伸，这完全违背了亲子活动指导课的初衷。事实上，在参与成员、上课方式、追求目标等方面，亲子活动指导课与幼儿园教育活动完全不同（表 11-1-1）。

亲子活动指导课案例

表 11-1-1 亲子活动指导课与幼儿园教育活动的区别

课程名称	上课时间	参与成员	人际关系	课程性质	追求目标
亲子活动指导课	每周几次，每次几十分钟	家长、婴儿、教师	教师与家长、家长与婴儿、教师与婴儿多方互动	着眼于家长的保教示范活动，属于早教指导课程	对家长有意义的教育
幼儿园教育活动	全天	幼儿、教师	教师与幼儿两方互动	着眼于幼儿的保教活动，属幼教课程	对幼儿有意义的教育

相比较于幼儿园教育活动，亲子活动指导课具有其特殊性。它的特殊性在于在促进婴儿能力发展的同时，直指家长育儿指导。也就是说，它实质上是教师教会家长观察婴儿和教会家长实施保育与教育技能的示范课。

（二）亲子活动指导课的教育对象定位

因亲子活动指导课的教师大多是幼教背景，所以极易将教育目标定位在婴儿发展。但此定位有很大缺陷：第一，导致家长在亲子活动中把婴儿发展的任务完全推给教师。且不说活动本身设计得如何，每周偶尔几次亲子活动时间着实很难对婴儿的发展有实际意义。第二，活动中父母并不知道教师为什么要这样教婴儿，教学内容该如何延伸至家庭，这何以保证婴儿在家庭中得到持续发展。第三，亲子活动中教师与家长的互动自然生动，教师对家长一贯的教养理念和方式一目了然，如果教师仅仅围绕婴儿发展进行教育，那么将错失对家长进行育儿指导的良机。

还有一部分教师认为，亲子活动指导课的教育对象应定位于家长和婴儿双方。虽然这种定位符合早期教育指导的理念，但实施起来有极大的困难。原因是：家长和婴儿教育具有完全不同的目标、内容与方法。针对家长的教育包括对身心特点与规律的基础知识介绍和对家长观察评估技能和保育、教育技能的培养；针对婴儿的教育则是从婴儿的身心发展特点出发设计多领域课程。由于这两种课程体系完全不同，寄希望在亲子活动指导课中将两套课程体系有机地融合并获得婴儿显著的发展变化是不现实的。事实证明，教师在实践操作中也确实遇到了很大的困难。

所以，亲子活动指导课的教育对象应该定位于家长。以婴儿教育为主的课程体系应该放在家庭日常活动中实施，让家长将亲子活动指导课中学会的教养知识和方法运用到日常的家庭生活中，让日常生活中的亲子互动成为科学育儿的过程。从这个角度来看，

亲子活动指导课程其实是教会家长观察婴儿和教会家长实施保育与教育技能的示范课，追求的是对家长有意义的教学。

（三）亲子活动指导课中的家长指导工作

基于以上原因，教师在设计亲子活动指导课时除了考虑婴儿的参与性和对活动内容的接纳度外，还应纳入家长学习目标和内容。整个课程的家长指导工作应体现在课前、课中与课后。

1. 课前

课前应对家庭成员结构、家长以往经验、家长对婴儿的了解程度、家长完成学习任务的可能性等因素进行分析。

家长情况的分析是教师制订亲子活动指导课家长学习目标的基础。在撰写教案前，教师需要调研家长的已有水平和育儿经验，根据调研结果写出课前家长分析报告。课前的家长情况分析需反映本班家长普遍的文化程度、职业、家庭成员构成人数，对教育的重视程度、已有的受教育经验，以及近期的育儿困惑与存在的育儿问题等情况。

案例

某教师课前家长情况分析

本班婴儿主要养育者学历普遍偏高，父母都具有大学本科及以上学历。父母中教师与医生占到80%，大多数是3~5口之家。家庭养育者非常重视教育，已在亲子班学习了3个月。目前最关心的是婴儿数数方面的发展情况，希望能科学评估自己孩子的数数水平，学会教孩子数数的方法……

另外，撰写家长情况分析报告时需注意，应反映出班级内大多数家长的倾向性情况，不能将个别问题看成是全体的问题。

2. 课中

课中应确定本课的家长学习目标和制订各个活动环节的家长指导语。

在课前家长情况分析的基础上，再制订出符合这个班家长和婴儿实际水平的活动目标。由于亲子活动指导课追求的是对家长有意义的教学，所以具体而详尽的家长学习目标是不可少的。

各个环节的家长指导语是教师对本次亲子活动教育价值的解释及活动中提醒家长注意的事项。具体包括：对本活动的教育价值阐述；对活动中婴儿体现的心理发展水平和风格的分析；活动中亲子互动行为的注意事项提醒；等等。

3. 课后

课后应就本课中家长的行为表现提出家长行为建议报告。

亲子活动指导课目标是帮助家长树立正确的育儿观念、掌握必要的育儿知识、实践正确的育儿技能，借家长育儿能力的提升，更有效地促进婴儿的发展。为了更好地达成这个目标，教师应就课上观察到的家长育儿行为和家长展开课后互动，以进一步了解家长的育儿困惑，同时对其不利于婴儿健康发展的行为给出改进建议。

整个亲子活动指导课在课前、课中、课后都要落实对家长的指导，这样才能构建起帮助家长获得育儿支持的示范性课程。

二、应构建以日常生活环节和真实材料为载体的生活化课程

生活化课程的含义是：要将日常生活作为教育的载体，在生活中教会家长利用自然材料、养育环节等进行教育。婴儿生活中那些普通快乐的日常生活经验，会对婴儿的大脑功能产生巨大影响。因此，亲子活动指导课的内容应选自婴儿的生活，重视婴儿谈话、唱歌、游戏、进餐等活动中的经验。这种将“生活”置于早教指导重要地位的思路，应是设计亲子活动指导课的重要方面。

很多早教指导机构并不把吃、喝、拉、撒等生活细节作为课程内容予以关注，原因似乎是家长不认为“养”的行为应当被教育，或是因为早教指导机构多实施的是钟点课程，在有限的时间内不便安排对生活照料的指导内容。其实，任何养育婴儿的环节都蕴藏着认知、语言、动作、情感、交往等方面发展的教育契机。取自生活中的材料和以婴儿熟悉的生活环节作教育载体不仅容易被婴儿接受，而且由于日常生活具有循环往复的重复练习特征，更能够夯实发展的基础。所以构建以日常生活环节和真实材料为载体的生活化课程是亲子活动指导课的原则，具体做法可以体现在以下两个方面。

（一）教会家长在日常的生活环节中融入婴儿学习与发展的教育内容

虽然婴儿的生活接触面不如成人广，但在他们的生活中潜藏着大量的发展机遇。以进餐环节为例，教师可以指导家长搭配婴儿营养餐；可以指导家长为婴儿配备适当的餐具。从婴儿心理发展的角度说，教师可以指导家长发展婴儿手部控制能力和手、眼协调能力；可以指导家长在婴儿运用大勺子和小勺子过程中理解“大、小”与“多、少”的概念；可以指导家长调控吃饭速度，让婴儿理解“开始、停止”“快、慢”的时间概念；可以指导家长用红勺子舀红色的食物、绿勺子舀绿色的食物，让婴儿学会“颜色配对”；还可以指导家长边喂饭边念三字儿歌，让婴儿学会说“三字话”；等等。类似的生活环节还有如厕、洗手、穿衣、洗澡等，如果把这些生活环节都作为保育与教育的载体，在每个生活环节中都把保育与教育内容融入进去，那么早教指导给家长和婴儿带来的积极作用远比脱离生活的课堂教育大得多。

在生活环节中发展婴儿的能力

（二）教会家长充分利用婴儿生活中常见的材料作为教育资源

商品化的玩具与真实的材料是作为不同目的而存在的，前者有明确的操作方法与发展目标，它源于生活，但不同于真实生活。比如玩具“红苹果”，它来源于生活中千万个苹果，但最终这个苹果模型只能抽离出苹果的部分典型特征：红的、圆的、中等大小的，由于是个假苹果，所以它没有香气与味道，手感与真苹果也不同。玩具苹果的学习或许能让婴儿知道凡是与红苹果模型一样特征的东西是“苹果”，但当婴儿面对真实的绿苹果、红苹果时就可能不知为何物了，所以玩具“红苹果”的学习并未让婴儿建立起

真正的“苹果”概念。

0—3岁期间，正是婴儿掌握实物概念的时候，婴儿需要通过直接感知和操作才能形成正确的“实物概念”。由于源自生活的真实材料具有各种特征，并且随时可见、随时可取，所以更易让婴儿形成正确的实物概念。

三、应构建集体教育和个别化指导相结合的个性化课程

（一）亲子活动指导课与亲子一对一游戏的区别

亲子活动分为两类，一类是亲子一对一游戏，一类是多个家庭参与的亲子集体教育活动。亲子活动指导课属于第二类，它与一对一亲子游戏的区别表现在以下两个方面。

第一，两方互动与三方互动的区别。一对一亲子游戏仅局限于成人与婴儿双方互动，是简单的一对一关系。早教指导机构中的亲子活动指导课是教师将家长与婴儿以适宜的人数组合起来，开展的集中式家长指导方式。亲子活动指导课现场包括亲子之间、教师与婴儿之间、教师与家长之间的三角双向互动。具体来说，就是教师设计游戏或创设环境、引发亲子活动，通过观察亲子互动行为，随时与家长展开互动，以帮助家长理解婴儿的发展现状，探讨与婴儿互动的方式；同时家长也就自己与婴儿互动中的疑惑和问题与教师展开互动，从教师那里获得需要的帮助与启发；教师也可以通过直接与婴儿互动来向家长示范和解释正确的教养行为。可见，亲子活动指导课中的游戏，是以三方互动为前提的，与只有两方互动的一对一亲子游戏不同。

第二，个别化方案和集体教育方案的区别。一对一的亲子游戏面对的对象是一个婴儿，实施的是个别化教养方案；而早教指导机构中的亲子活动中教师面对的对象是多个家庭中的家长和婴儿，实施的是面对多个对象的集体教育指导方案。相比亲子一对一游戏，亲子活动指导课的设计和组织的难度更大。国内出版的多数0—3岁早期教育书籍与刊物，介绍一对一亲子游戏的多，介绍亲子活动指导课的很少，教育界对亲子活动指导课方面的理论与实践层面的研究也相对缺乏，所以导致很多早教指导机构将两类活动混为一谈，使亲子活动指导课的效果得不到保证。

（二）集体教育式亲子活动指导课的存在价值与可行性

在早教指导机构的亲子活动指导课中，婴儿的年龄和发展水平存在差异、其看护人的育儿理念与能力也存在差异，一对一亲子游戏理应效果最佳，以集体教育活动方式展开亲子活动指导课有必要吗？集体教育活动方式中进行家长个别化指导可行吗？

1. 在早教指导机构中的亲子活动指导课以集体教育的方式开展有其特殊价值

（1）集体教育活动给家长提供了在同等的条件下比较自己孩子与其他同龄孩子的机会，为家长客观地评价孩子找到了依据，为家长确定孩子的最近发展目标找到了参照标准。

（2）集体教育活动提供了家长自己与其他家长比较的机会，为家长调整自己的育儿理念和行为找到了榜样。

（3）集体教育活动给教师提供了更全面、真实地了解婴儿发展能力和比较家长育儿行为差距的机会，为教师下一步设计课程找到了起点。

所以，集体教育式亲子活动指导课有其特殊意义，在早教指导机构中有其实施的必要。

2. 个别化指导在亲子集体教育活动中实施的可能性

不同月龄的婴儿在同一个集体活动中游戏和学习，不同经验与能力的家长在同一个集体活动中接受育儿指导，教师真的能实施个别化指导吗？家长可能存在疑惑。但理论和实践证明，个别化指导在混龄的而且教育对象复杂的亲子集体活动中是有可能实现的。

比如，就婴儿心理发展等级差异而言，可以做以下尝试。

（1）按婴儿某个学习与发展核心能力的层次在不同区角安排不同难度的游戏。以“翻腕动作训练”为例，整个活动过程可以设计成 3 个不同难度层次的区角游戏：游戏 1“倒珠子”；游戏 2“找找藏在书中的小猫”；游戏 3“绕毛线”。这三个游戏不需要每个婴儿都去完成，而是家长根据婴儿自身的实际水平选择进行。再如，婴儿对“上下”空间概念的掌握经历了由“能说出自己的身体器官的上下位置”到“能以自己的身体为参照说出身体上方 / 下方的东西”，再到“能以实物或图片中的物体为标准说出在它上面 / 下面的东西”，以及“能理解物体与物体之间的相对上下”的由易到难的过程（含四个层次差异）。教师也可以针对婴儿的水平设计“认识上下”的不同难度的区角游戏，然后让家长根据自己孩子的发展水平选择游戏。

（2）可以对不同发展等级的孩子施以不同的指导和要求。如，在以“捡蛋”为主题的亲子集体活动中，根据婴儿“点数能力”发展的情况，给家长提出不同要求：对“只能背数”的婴儿就引导其边捡边念儿歌“一、二、三、四、五，上山打老虎……”，巩固婴儿背数的能力。“已能背数 1—5”的婴儿，就在儿歌中增加“五、六、七、八、九”数字；对“能手口一致按物点数”的婴儿，要求放水果入篓，边放边数；对“点数后能说出总数”的婴儿，要求他说出篮子里水果的总数。对能力更强的婴儿，让他把相应的阿拉伯数字贴在篮子上。再如“积木”游戏，对能力低的婴儿只要求他把积木进行平铺或垒高，对能力稍高的婴儿可以要求他把积木搭成一幢房子或一座桥，对能力更高的婴儿可以要求他用积木搭建成一座城市。虽然进行的是一个亲子集体活动，但个别化指导通过对婴儿的不同要求充分体现了出来。

（3）可以给不同发展等级的婴儿安排不同的活动场地。如，以“爬”作为共性目标，若本组婴儿爬行能力体现为三个等级水平“匍匐爬行”“手膝爬行”“向上爬楼梯”，亲子集体活动的场地可这样准备：爬道设置为从多个起点出发到一个终点；将能力弱的婴儿放在平面的爬行跑道爬行，能力强的婴儿通过障碍物（小山坡、滑梯）爬行。家长可根据自己孩子爬行的水平选择不同场地进行游戏。

（4）可以为不同发展等级的婴儿投放不同材料。如：在以抓握训练为主的“喂小猫吃饭”游戏中，教师可以把撒放在地上的材料分为多种：揉成一团的大纸球、弹力球、花生米、红豆、米等，允许婴儿按自己的抓握能力去捡地上的材料。通过材料难度的变化达到个别化指导的目标。

（5）就婴儿的个性差异而言，可以通过安排不同游戏角色、施以不同要求等达到个别化指导的目的。

集体教育活动和个别化指导相结合的个性化课程是指在亲子活动指导课上应针对不同能力发展水平和个性的婴儿与家长进行随机观察提示、插入式指导的课程。由此看来，集体教育活动与个别化指导的结合不仅有可能，而且更能达到最佳教学效果。所以集体教育活动与个别化指导在亲子活动指导课上绝不是对立的关系。

四、应构建观察和评估与教育相结合的一体化课程

观察评估是教育的起点。每个婴儿的需要、兴趣、性格、能力、学习方式等各有特点，因此关注个体、遵循婴儿身心发展的科学规律、发现和挖掘每个婴儿的优势和潜能，因人而异、因势利导地进行教育才能使每个婴儿在原有水平上得到发展。

（一）把课程与婴儿心理水平观察评估结合起来

对婴儿发展水平的评估能帮助家长了解自己孩子的真实水平，也是教师评估教学效果的依据和制订下一阶段教养计划的参考。在传统的观察评估中，测试者通常把婴儿拘泥在一间小屋子里，在规定时限里，对婴儿执行程序异常严格的检查。这种观察评估往往不能让婴儿发挥真实的水平，对测评者要求较高、而且会花费大量的人力和时间。亲子活动指导课中的观察评估抛弃了传统的方法，尝试将观察评估与课程结合起来，尽量模糊课程与观察评估之间的界限。具体做法是：要求家长在每次课程中都根据教师事先制订的课堂儿童行为观察表去观察自己的孩子，教师也按此表观察婴儿。课后，教师和家长进行沟通，然后对婴儿的行为作出客观分析。

（二）把课程与课堂内家长的教养行为观察评估结合起来

联合国儿童基金会ECCD项目中《家庭保育评估》标准

早教指导的对象是家长，只了解婴儿而不了解家长，会直接影响课程效果。在亲子活动中，家长与婴儿的互动非常自然和生动，家长一贯的教养理念和方式也一目了然，教师利用这个时机对家长进行自然观察，不容易引起家长的刻意行为。具体做法是要求教师利用上课时间观察家长的行为，并编制《家长教养行为观察表》。《家长教养行为观察表》的观察项目可以参照联合国儿童基金会《家庭保育评估》的标准进行编制。

五、应构建课堂指导与家庭延伸相结合的连续体课程

亲子活动指导课实施时间在大多数早教指导机构中每周只有一次或几次，每次也仅仅只有几十分钟，寄希望于通过几次时间让婴儿发展具有显著的效果是不可能的。如果我们设计的亲子活动只能在机构的环境中才能展开，只能以集体的形式才能进行，机构所使用的材料根本无法在家庭中获取或无法用简易材料取代，那么亲子活动指导课就失去了示范的意义。

由于每个婴儿在早教指导机构的亲子活动中并非都能得到有针对性的、详细的指导，就更需要通过家庭的延伸教育去弥补和完善。只有让亲子园这类早教指导机构的教育和家庭的教育以一种接续的方式构成合力，才能保证婴儿在持续不断的教育环境中得到发展。

在进行亲子活动指导课设计时，教师要考虑很多关于家庭延伸的建议。比如，课程内容是否有向家庭迁移的可能性？活动的材料是否可用家庭的日用品代替？活动中婴儿的行为能否在家庭的日常生活中观察到？在短暂的课堂时间中没法实施的活动，家庭能否补上？等等。我们觉得只有通过依托机构与家庭双方开展的重复连续的教育活动才能真正达到早期教养指导的目标。

反思提高

一、思考

如何理解“在0—3岁婴儿的早期教养实践中，要强调婴儿在真实生活中发展”？

二、咨询答疑

1. 小雅的妈妈说：“亲子早教班中相差3~6个月的孩子都在一起上课，我女儿是年龄最小的，她能听懂吗？”你能找到理由来说服家长不必担忧吗？

2. 请回答家长的问题：“父母让保姆代替自己领孩子来上亲子活动课，行吗？”请给出理由。

三、技能操作

请在网上或当地早教指导机构收集2~3份亲子活动指导课的教案，将其不符合课程设计原则的地方指出来，并加以改进和完善。

四、综合训练

请做一份开课前的家长情况分析表，包括分析家庭的成员结构、家长的以往经验、家长对婴儿的了解程度、家长完成学习任务的可能性。

核心知识二　亲子活动指导课的基本要素

【课前任务】从网上或某亲子园搜集一份亲子活动指导课的教案（或亲子游戏案例），按亲子活动指导课的设计原则重新设计一堂亲子活动指导课的课程教案。

课程基本要素一般包括：课程（或活动）目标、课程（或活动）内容、课程（或活动）组织、课程（或活动）评价。亲子活动指导课也包括以上基本要素，具体如图11-2-1所示。

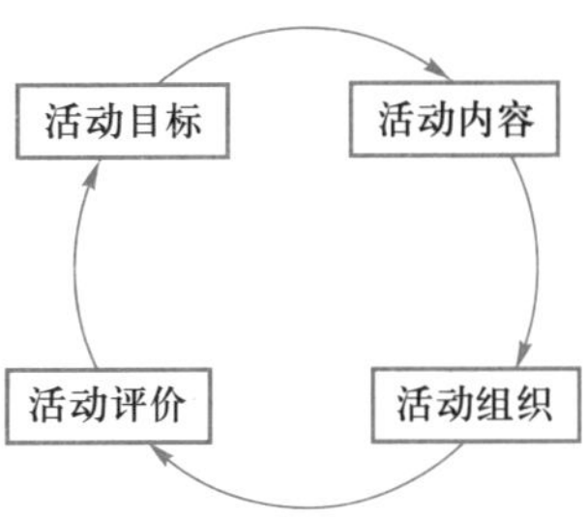

图11-2-1　课程基本要素

一、关于活动目标——亲子活动指导课家长学习目标的制订

课程（或活动）目标在课程要素中居主导地位，它既是课程内容和课程组织的依据，也是课程评价的出发点和归宿。

（一）目标定位

很多早教指导机构在设计亲子活动指导课的目标时，由于对象定位的错误，把亲子活动指导课等同于与婴儿展开的亲子游戏，完全没有家长指导的意识，更谈不上详细制订家长学习目标了。事实上，早教指导机构中的教育对象主要是家长，亲子活动指导课追求的是对家长有意义的教学，所以只有结合家长的特点来确定目标，才能有效地提高亲子活动指导课中婴儿早期教养指导的质量。

亲子活动指导课的课程目标定位是：家长是教育的对象，课程或活动的目的是追求对家长有意义的教学，重点是制订家长学习目标。

（二）目标描述

在具体制订家长学习目标时，需结合家长的以往经验、家长的育儿能力以及家长完成学习任务的可能性考虑。家长学习目标描述包含两个内容：

（1）本次活动需让家长了解什么？教师需描述本次活动的教育价值、家长育儿的某方面知识、本班婴儿的“最近发展区”，本次活动后需要在家庭中延伸的内容等。

（2）本次活动需让家长掌握什么？教师需描述家长须掌握的本班婴儿行为的观察要点和记录方法、活动中涉及的 2～5 种教育方法、某种与婴儿互动的技巧、一个育儿难题的解决方法等。

（三）目标制订需注意的问题

考虑国别、地区、民族以及各个不同家庭的经济、文化、家庭结构等多方因素；以每一个家长是否都在原有的水平上获得了发展为目标，不搞全班统一内容、统一层次的目标；把握好对家长要求的难度，既要反映本班家长育儿能力发展的共同需求，又要反映本班各个家长的具体需求，同时关注家长的育儿热点问题。

二、关于活动内容——亲子活动指导课的内容选取

课程（或活动）内容是实现目标的载体。课程内容选取主要以学习者的需要为主。

亲子活动指导课的学习者是家长，所以亲子活动指导课的内容选取应该考虑如何达成本课的家长学习目标。

（一）内容选取的误区

由于亲子活动指导课对于早教指导机构和从业者而言都是一个初期探索的工作，所以教师在内容选取上容易出现一些误区。

1. 重教轻养

就目前国内情况来看，大多数早教指导机构的亲子活动是按认知、语言、动作、艺

术等领域的游戏串联而成的，在这些游戏中极少涉及生活环节。即使在超过 1 个小时的活动中安排了一些生活环节（如如厕、喝水、吃点心等），也被教师认为是家长的责任，完全交给家长处置。虽然亲子活动中有时也会看到教师对家长进行讲解，但讲解的主要内容仍是针对游戏活动的解释而没有针对生活环节的指导。这样一来，早期教养指导中最需要家长学习的养育内容，却在亲子活动课中缺失了。其实，家长急需得到养育内容的指导，类似“怎样换尿布？在换尿布的过程中怎样与孩子互动？有哪些重要的概念可以在此时传递给孩子？”等等，都是家长急需和应该学习的知识。

内容取向上的“重教轻养”不仅体现在具体的亲子活动中缺乏对家长进行养育指导，而且还体现在课程内容忽略养育环境指导（如儿童房位置、房屋布置、玩具摆放、儿童用品选择等）。早教指导机构对养育内容的指导缺失和对养育环境创设的忽略，导致家长意识不到养育的重要性和日常生活中蕴含的教育价值，使家长对专业教师及课堂教学形成过强的依赖，以致部分家长认为只有送孩子进早教机构上课才有效果，才算早教。

2. 内容选取过多、过杂

在许多人看来，多就是好，对学习的态度也是如此。婴儿出生以后，甚至还在母亲的肚子里时，家长就开始尝试让孩子学音乐、学美术、学识字、学外语、学计算……这种错误认识极易导致教师不负责任地去满足家长的欲望，盲目增加婴儿的学习内容。

比约兰德提出，婴幼儿期信息加工速度缓慢和低效率，是人类智力可塑性大的主要原因。比约兰德认为，虽然因为心理操作缓慢使婴幼儿的信息加工费力并且自动激活和加工的信息少，但同时也使婴幼儿不至于过早习得某些对其以后可能并非有利的认知模式。也因为幼儿的神经系统尚未完全髓鞘化，他们的认知加工方式在发展早期没有自动化，才让他们的认知对适应以后的环境有充分的准备，如果个体生命早期的经验产生自动化，会丧失对成年生活所必需的灵活性。部分研究还表明，婴幼儿发展与刺激的输入之间并非简单的线性函数关系，刺激超量的做法有时候恰恰适得其反。可见，对绝大多数正常的儿童来讲，正常的社会交往、家庭生活及各种自然的活动（如游戏、身体运动）等主动性经验足以提供给他们赖以发展的刺激。由此可见，亲子活动指导课的选取内容应该是婴儿此时可以学习和应该学习的东西，而不是多多益善。

3. 右脑与左脑教育被人为分开

大脑两半球机能不对称（也称单侧化）的理论源于神经科学家斯佩里、加扎尼加的研究工作。斯佩里为了控制癫痫病人的癫痫扩散，将其大脑两半球之间的联络纤维切断，使一个半球的癫痫发作传不到另一个半球，此研究形成了对大脑不同区域专门化的科学理解。然而，很多实验研究的结果使人们对所谓左脑和右脑的绝对分工存在疑问。事实上，两半球之间虽然在许多功能上有差别，但是差别往往是很小的，在正常情况下，很难说提供给被试的信息只限于到达一个半球，两半球同时加工信息是更有可能的，而且这是两半球典型的工作方式。尽管缺乏斯佩里的研究与教育实践联系起来的科学证据，大脑两半球机能不对称理论仍然“顽强”地进入了早期教育领域。教育者提出了“两半球的教育”，用各种方法来帮助“右脑”儿童学习“左脑”任务，“左脑”儿童学习“右脑”任务……

关于大脑两半球不对称的通俗理论与斯佩里最初的结论以及后来的研究已经大相径庭了。由此，我们可以看出，在早期教育界风行一时的“右脑教育”理论是有待论证的，在教育实践中要分别地去教育每一个半球也是不可能的。如果亲子活动指导课的内容被人为分成左脑和右脑分别学习的内容，也是不可实施的。

（二）内容选取的范围

在婴儿发展过程中，家长最关心也是最需要学习的内容包括两个方面：养和教（图11-2-2）。

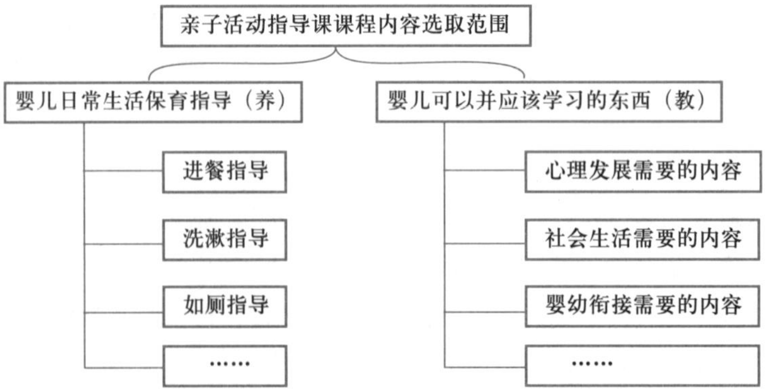

图 11-2-2　亲子活动指导课的内容

本书第一模块“婴儿身心发展与保育”部分，向大家介绍了家长在对婴儿日常生活照料中需要重点学习的关于“养”的内容，包括婴儿营养、疾病、护理等知识；第二模块“婴儿身心发展与教育”部分，向大家介绍了婴儿可以并应该学习的东西，包括婴儿心理发展的特点、婴儿在认知、语言、动作、社会性等领域需发展的核心经验以及教育策略。这些都是亲子活动指导课活动内容选取时的重要依据。

（三）内容选取时的注意事项

陶行知先生说“生活即教育”，所以应从家长和婴儿熟悉的生活中去选取和发现亲子活动指导课的内容，并进一步去挖掘生活中蕴含的教育价值。关于每次亲子活动指导课的内容，需结合生活材料与场景来最终确定，应结合婴儿的生活、兴趣，才能使婴儿主动参与到活动中去，家长也才可以学到如何通过自然而然的活动发展婴儿的能力。为此，活动内容选取可以考虑以下因素。

1. 活动中的教学资源取自自然

应该教会家长充分利用婴儿生活中的真实材料作为教育资源。除了真实材料便于家长取用这个原因外，还因为真实材料没有明确固定的操作方法和成人强加的目标。比如，空的矿泉水瓶子，可以用来灌水、可以装沙、可以在地上滚来滚去、可以敲敲打打、可以涂上颜料做“娃娃”、可以剪开做房子，怎么玩完全由婴儿做主。由于真实材料可以让婴儿按自己的方式和意愿摆弄，所以与那些预设了固定玩耍程序的玩具比较，它更易让婴儿投入和专注。家长利用真实材料实施教育也更容易引发婴儿主动参与的热情。当然，有些真实材料的安全性、教育性不见得符合本年龄段婴儿的发展，因此教师需要指导家长对真实材料进行选择。

2. 活动中的教育内容需结合日常生活环节

对婴儿生活照料的任何一个环节都蕴含着认知、语言、动作、情感、交往等方面发展的教育契机。教会家长将围绕婴儿学习与发展核心能力的教育内容随机融入具体的生活环节中是很有必要的。如，在与婴儿户外散步的环节中，让家长明白教育的元素可以无处不在。散步中可以让婴儿了解天气的自然变化，散步中可以让婴儿了解花草树木的颜色、高矮、粗细、形状差异，散步中可以让婴儿闭着眼睛倾听大自然中各种美妙的声音，散步中可以让婴儿调节步伐来认识时间的节奏与快慢，散步中可以让婴儿了解自身所处的空间方位（如感知现在是在公园里还是公园外），等等。类似的生活环节还有如厕、洗手、穿衣、洗澡等，如果我们把这些生活环节都作为教育的载体，在每个生活环节中教师都把教育内容融入进去，那么早教指导给家长和婴儿带来的积极作用远比脱离生活的教育活动大得多。所以，教师在选择课程内容时要优先考虑婴儿日常熟悉的生活事件和环节。

3. 活动的主题源于儿童情感

诗人奥德利·诺德曾说：情感是通往知识殿堂的“真”途。婴儿从一出生就有了情感上的需要，积极、愉快的情感体验对婴儿良好行为习惯和个性的形成有着主要的作用。婴儿的兴趣是教师决定选取活动内容的重要参考。在日常生活中，有些活动非常易于引发婴儿兴趣，比如：照顾小动物、玩水、玩沙、玩积木、假扮角色、认识交通标志、听音乐等，用这些婴儿感兴趣的活动为教育载体，更便于亲子互动游戏的开展。另外，内容选取要有弹性。教师应根据观察到的情况及时调整内容。婴儿月龄越小越是如此，比如，在“喂小兔”的游戏中，本来要求婴儿用勺子舀一把豆喂进玩具兔子的嘴巴里，但部分婴儿只喜欢拿着勺子走来走去、敲敲打打，这时教师就要有针对性地调整内容，允许婴儿的多种选择。表面上，这部分婴儿的游戏不是预设的内容，但实际上却蕴含着婴儿自身内在的发展动力和其他领域的发展。走来走去的婴儿可能对空间位置的变化有兴趣，敲敲打打的婴儿可能对声音的变化有兴趣，对这部分婴儿，教师可以马上把游戏的内容转移到空间概念的掌握和听觉能力训练上。只要婴儿的游戏在横向上有其他领域的发展，在纵向上有能力层次的发展，教师都应认真对待，灵活处理。

三、关于活动组织——亲子活动指导课的组织设计

课程（或活动）组织指那些依据课程目标制订的，受课程内容所制约的活动环节、操作规范与步骤。

（一）模块式亲子活动指导课存在的问题

亲子活动指导课是在早教指导机构内开展的早期教养指导活动，对教师而言，它是一种新的教育模式，目前国内早教指导机构组织的亲子活动指导课多以模块式组织方式展开，但此模式存在一些突出问题。

1. 前后课程之间、课程内部前后游戏之间缺乏连贯性和系统性

如果将一年或三年机构内的亲子活动中所有游戏（或活动）“目标”抓取出来，会发现这些“目标”在分类、连贯性、系统性方面存在很大问题。即便是同一个发展领域，其前后时间开展的亲子活动也缺乏连贯性，看不出这次亲子活动指导课的“目标”与下次亲子活动指导课的“目标”之间的递进关系；同次课中的前后游戏环节的设计也缺乏一定的逻辑关系和清晰的线索。

2. 同一次课中前后游戏之间的过渡环节太多，环节转化异常生硬

经常看见课堂上家长与婴儿不停地跟随教师转换游戏环节及空间，每转换一个环节就有一些婴儿因不愿离开正在进行的游戏而哭闹的现象。有些亲子园的亲子活动甚至严格规定了每个游戏的时间和程序，完全忽略当时婴儿和家长的即时反应。实际上，一次亲子活动中制订过细、过死的作息制度和过多的游戏环节，并不适合婴儿自发学习的特点。婴儿的能力、兴趣差异会因为游戏环节的快速转化而被忽略。

3. 多以“一刀切”的形式展开，活动中缺乏个性化指导

在机构内组织的亲子活动指导课中，学员由两部分人组成：婴儿和其养育者。有的早教指导机构按 3 个月年龄差距分班，有的按 6 个月年龄差距分班，有的按一年的年龄差距分班。在早教指导机构中同堂上课的婴儿的年龄和发展水平是不一样的、同堂上课的养育者的育儿理念与能力也存在巨大差异。目前早教指导机构的大多数亲子活动指导课的组织形式都是从头至尾做集体游戏，完全没有给婴儿个别操作或交往的机会，这与以独自和平行游戏为主的婴儿游戏活动特点是不相符的。

在课程中如何通过游戏的难度、对学习对象提出不同要求等手段来适应不同的婴儿？如何用不同的指导语与各类家长沟通？很多早教指导机构没有做更多考虑。在机构组织的亲子活动指导课中，教师常常喜欢用统一的标准去指导婴儿作用于游戏材料，并希望家长按照统一要求与婴儿进行互动，家长也常以教师的统一要求去观察婴儿达标与否。缺乏个性化和差异化设计的亲子活动指导必然导致婴儿与家长之间竞争和学习压力增大，这与早期教育指导的初衷是相背离的。

（二）亲子活动指导课环节设计新思路

亲子活动指导课时间一般为 45～60 分钟。机构内实施的亲子活动指导课旨在为家长提供一个可以学习和模仿的教育活动范例，并让家长学习到观察评估婴儿的方法。亲子活动指导课是一个集体教育活动，和家庭中开展的一对一亲子活动以及幼儿园婴班集体教育活动很不相同，因此在其活动环节设计上有其特殊性。教师在设计亲子活动指导课时，应充分利用生活活动、生活场景、生活中的材料开展活动，鼓励婴儿按照自己的发展速度进行活动。即使在集体活动时间（如音乐游戏、讲故事），也应由婴儿自主决

定是否参与，避免婴儿因被迫参与而出现哭闹等现象。为了避免模块式亲子活动不可解决的问题，亲子活动指导课的设计思路可以作如下转化。

（1）以婴儿发展某个领域（如认知、语言、动作、社会性）的核心能力为线索，教师按婴儿不同的能力等级设计不同难度的游戏，把不同难度的游戏转换为各区角活动。教师提醒家长按婴儿能力发展的水平和兴趣选择各区角的游戏，不强行规定。

（2）以某个常见生活环节牵线，按环节的自然递进联结各个游戏。如，教师按进餐环节的自然递进顺序将婴儿需要掌握的核心经验（如认知、语言、动作、社会性等领域）融入其中。做法如下：让婴儿找位置坐下（学习空间概念）、为进餐的人分碗（学习一一对应）、帮着舀饭（学习比较量的多少和手眼协调）、控制吃饭速度（学习时间概念）、餐中分享食物（学习人际互动）等。生活中很多环节，如“洗手”“如厕”“穿脱衣服”等都可以作为线索将教育融入进去，用生活环节自然递进牵线来发展婴儿的心理核心能力，会使婴儿觉得自然和有趣，也易于接受。

（3）以场景牵线，围绕某个生活场景联结各个游戏。“超市”“菜市场”“娃娃家”“动物园”等与婴儿生活密切相关的场景都可以选用。如，围绕“动物园”这个场景，教师可以设计多个亲子活动环节，在每个环节中将该年龄段婴儿认知、语言、动作、社会性几个领域的核心能力融进去，“点数动物数量”可培养认知领域的数概念，“学动物走走”可训练运动领域的行走能力，“学会念含动物名称的三字儿歌”可训练语言领域的简单句，“关爱小动物”可培养情感等。

（4）以材料牵线，围绕材料联结各个游戏。材料的选择也是多样的，如麦管、塑料瓶、积木、线、纸盒等。如以“积木”牵线，教师可设计多种玩积木的游戏：积木平铺、积木搭塔、积木建房、积木搭城堡等。教师可以自然地将四个领域的核心能力指标发展融入游戏活动中，让婴儿自由选择游戏方式。

以上四种设计，可以避免模块式亲子活动指导课存在的大部分问题。

（三）亲子活动指导课中对家长的指导方式

亲子活动指导课的主要任务是指导家长，在活动中采取什么方式指导家长是需要考虑的重要问题。

1. 支持家长观察和了解婴儿，提高家长评估婴儿的能力

不了解婴儿的发展水平，不了解婴儿的需求，把自己的要求强加给婴儿，往往是家长无法和婴儿展开良好互动的原因。因此需利用亲子活动指导课的机会，在课程中指导家长学会观察自己的孩子，通过提示家长怎么去观察、观察什么、怎么评估去提高家长评估婴儿的能力。

2. 支持家长情景学习，以插入式指导方式教育家长

家长是亲子互动的主角，教师要帮助家长学会如何在亲子互动中更好地理解婴儿和协助婴儿发展。教师在观察家长行为的基础上适时地介入，进行插入式指导。当亲子互动出现问题时，教师适时插入，用自己的言行来示范，让家长在情景中模仿学习。这种插入式指导具有直接、快速、容易接受的特点，家长学习、模仿、转化起来很快。

3. 支持家长相互分享，在互动学习中提升育儿能力

家长的育儿水平参差不齐，教师应营造分享的氛围，让家长成为共同进步的团体。

亲子活动指导课的总体设计是课程实施前教师的“预设”，而课中的“环节设计”则更多的是实施层面的问题。在遵循亲子活动指导课设计原则的基础上，亲子活动指导课的环节设计可以根据各个机构自身实际和当时情况做出相应调整。

四、关于活动评价——课程效果评价

课程（或活动）评价是对课程整体结构、实施过程及结果做出价值判断的过程，是课程实践的反馈机制。

（一）课程评价内容与原则

1. 课程评价内容

早教指导实施一段时间后，就需要对效果进行评定，以衡量教师的早教指导是否取得了预期效果。如果未达到预期效果，就需要重新分析或改变原有的课程计划。早教指导的教育对象是婴儿的养育者，所以效果评估要考虑家长教养行为的变化。家长行为变化需要结合每次课堂记录的“家长教养行为观察表”进行动态分析。

2. 课程评价遵循的原则

（1）每一个具有不同文化背景、不同育儿知识、不同育儿能力的家长在课程中都能获得帮助。

（2）课程注重学习者的主动“建构”而不是教师的“灌输”，以亲子共同参与的活动为载体，达到“玩中学、玩中求发展”的目标。

（3）课程追求婴儿和家长整体素质的提高，不以婴儿掌握知识量多少或某种技巧是否掌握为课程评价标准。

（二）婴儿行为评估分析的注意事项

第一，评估旨在为婴儿养育者提供参考性的意见和建议。在评估中倡导“为教养而评估”而不是“为评判而评估”的良好观念。对婴儿发展的评估是为了对该婴儿真实的发展水平做出判断，为教师或家长总结前一阶段教养成果和制订下一阶段的教养计划提供参照，测评目的应该是发展性的而不是结论性的。对家长行为的评估也不是否定与批判，而是为善意的建议与科学的指导提出依据。

第二，评估尽量放在真实、有趣的游戏活动情景中进行，尽量模糊真实活动与测评之间的界限。在游戏过程中，教师除了组织和管理课堂活动外，还需对家长行为进行观察评估和指导家长观察婴儿在每个游戏中表现出来的真实水平。与传统测评不同，此测评过程和游戏[①] 完全融为一体，参与其中的教师既要用富有激发性的游戏引导婴儿参与

① 这里的游戏不是指婴儿偶然发生或成人随意安排的有趣活动，它是教养者跟随婴儿已表现出来的成熟早期发展水平有意创设的集体游戏或亲子游戏。对教养者而言，游戏活动的目的、游戏中投放的材料都是事先考虑好的，而对婴儿而言，一切都是随意的。

到符合他成熟早期水平的活动中，以便观察、记录婴儿在目前游戏活动中表现出来的真实水平，又要借助游戏观察家长在与婴儿互动中的育儿行为。每次“游戏”完后都应将这次活动中婴儿和家长的表现记录在“课堂观察记录表”中。该表是为构建科学、系统的早期教育指导目标而设计的。

第三，对婴儿发展的评估应采用多元综合评估的体系。以前的评估主要是研究者充当评估者，事实上，在婴儿发展的评估中，评估主体应是多元的，教师、家长都可以成为评估者，这样的评估既可以获得多方面的信息，又能保证评估过程的科学性和评估结果的准确性。

第四，在评估中除了关注婴儿行为达到的水平，还应关注婴儿行为的风格和质量。在评估中不仅应关注婴儿行为的完成情况（如：动作能否完成），还应关注婴儿在活动过程中表现出来的行为风格和质量，为婴儿个性评估找到依据。关于风格的项目有很多，如自信水平、坚持性、创意性、对细节的关注等。在不同领域中风格的描述可能不一样。如婴儿动作的风格主要从敏捷度、控制力、节奏感、创意性四个方面描述。

反思提高

一、思考

纵观国内目前早教指导机构（亲子园）在宣传口号中描述的课程目标，大部分对课程目标的定位是“为了孩子综合能力的提高”，你觉得这样确定亲子活动指导课的目标对吗？请说出你的理由。

二、讨论分析

到一个婴儿的家庭，观察婴儿日常的生活环境，依据本核心知识所学相关内容，提出对环境的改造建议。

三、技能操作

围绕本知识点内容，完成一份演示文稿，要求包含 15～20 张幻灯片，并讲演 15 分钟。

四、咨询答疑

运用已学知识，你觉得能回答亲子园教师哪些关于课程的疑问？请列举。

附录　亲子活动指导课案例分享

【课前任务】了解亲子活动指导课教案与幼儿园教案的区别及亲子活动指导课教案的撰写格式；尝试设计一节亲子活动指导课。

亲子活动指导课教案撰写

场景式亲子活动指导课设计案例

主题式亲子活动指导课设计案例

领域式亲子活动指导课设计案例

材料式亲子活动指导课设计案例

反思提高

一、思考

如何克服同次亲子活动课程中前后游戏之间的过渡环节过多、环节转化异常生硬的问题?

二、技能操作

1. 事先测试某班 5 名 18~24 个月的婴儿心理发展水平，按其成熟度确定一次亲子活动指导课的目标，并说明确定目标的理由。

2. 以某个生活环节为重点（如洗手），设计一堂亲子活动指导课。

3. 根据某堂亲子活动指导课上教具的教育价值，设计 1~2 个可利用家庭日常生活材料制作并具有和课上教具类似功能的玩具。

4. 结合一堂亲子活动指导课，根据本章提到的要求，编写一份家长行为观察记录表和一份婴儿行为观察记录表，并填写相关内容。

三、综合训练

观摩一堂亲子课后，根据课堂上对家长的行为观察记录，对家长提出一份行为改进建议。

本章自我测试、推荐阅读

主要参考文献

[1] 米里亚姆·斯多帕德. 婴幼儿护理大全[M]. 陈可，黄妙瑜，译. 吉林：北方妇女儿童出版社，2010.

[2] 伯顿·L. 怀特. 从出生到三岁：婴幼儿能力发展与早期教育权威指南[M]. 宋苗，译. 北京：京华出版社，2007.

[3] 玛利安·怀特黑德. 早期语言与读写能力的培养[M]. 何敏，郭良菁，译. 上海：上海远东出版社，2002.

[4] 马乔里·J. 克斯特尔尼克. 儿童社会性发展指南理论到实践[M]. 邹晓燕，等，译. 北京：人民教育出版社，2009.

[5] 琳达. 杜威尔－沃森. 婴儿和学步儿的课程与教学[M]. 陈晓霞，译. 北京：人民教育出版社，2011.

[6] 罗斯·D. 帕克，阿莉森·克拉克－斯图尔特. 社会性发展[M]. 俞国良，郑璞，译. 北京：中国人民大学出版社，2014.

[7] 贝蒂. 幼儿发展的观察与评价[M]. 郑福明，费广洪，译. 7版. 北京：高等教育出版社，2011.

[8] 里德尔－利奇. 观察：走近儿童的世界[M]. 潘月娟，王艳云，译. 北京：北京师范大学出版社，2008.

[9] 米歇尔·格雷夫斯. 理想的教学点子1：以核心经验为中心设计日常计划[M]. 林翠湄，译. 南京：南京师范大学出版社，2006.

[10] 谷田贝公昭. 优雅人生的开端：图解儿童基本生活习惯的培养[M]. 周念丽，等，译. 上海：华东师范大学出版社，2012.

[11] 松田道雄. 定本育儿百科[M]. 王少丽，译. 北京：华夏出版社，2002.

[12] 艾米·劳拉·多伯罗，劳拉·J. 柯克. 托幼班创造性课程[M]. 李永怡，黄淑芬，译. 南京：南京师范大学出版社，2007.

[13] 金扣干，文春玉. 0—3岁婴幼儿保育[M]. 上海：复旦大学出版社，2012.

[14] 季成叶. 儿童少年卫生学[M]. 5版. 北京：人民卫生出版社，2006.

[15] 万钫. 学前卫生学[M]. 北京：北京师范大学出版社，2004.

[16] 朱家雄，汪乃铭，戈柔. 学前儿童卫生学[M]. 上海：华东师范大学出版社，2000.

[17] 劳动和社会保障部. 育婴员[M]. 北京：中国妇女出版社，2003.

[18] 劳动和社会保障部. 公共营养师[M]. 北京：中国劳动社会保障出版社，2007.

[19] 蒋一方. 0—3岁婴幼儿营养与喂养[M]. 上海：复旦大学出版社，2011.

[20] 王如文. 中国儿童早期营养方案（1—3岁）[M]. 北京：中国妇女出版社，2008.

[21] 崔焱. 儿科护理学 [M]. 北京：人民卫生出版社，2013.
[22] 赵嘉然. 母婴护理 [M]. 北京：中国劳动社会保障出版社，2012.
[23] 李少寒，尚少梅. 基础护理学 [M]. 北京：人民卫生出版社，2013.
[24] 陈燕燕. 眼耳鼻咽喉口腔护理学 [M]. 北京：人民卫生出版社，2014.
[25] 庞丽娟，李辉. 婴儿心理学 [M]. 杭州：浙江教育出版社，2003.
[26] 方富熹，方格，林佩芬. 幼儿认知发展与教育 [M]. 北京：北京师范大学出版社，2005.
[27] 徐云. 儿童早期教育与训练 [M]. 杭州：浙江教育出版社，1998.
[28] 文颐. 婴儿心理与教育 [M]. 北京：北京师范大学出版社，2011.
[29] Greg Payne，耿培新，梁国立. 人类动作发展概论 [M]. 北京：人民教育出版社，2004.
[30] 许之屏. 运动与儿童心理发展 [M]. 长沙：湖南师范大学出版社，2005.
[31] 李洁，雷华，杨娅娅. 婴幼儿运动训练 [M]. 北京：中国人口出版社，2004.
[32] 董琦，陶沙. 动作与心理发展 [M]. 北京：北京师范大学出版社，2004.
[33] 张明红. 0—3 岁儿童语言发展与教育 [M]. 上海：华东师范大学出版社，2013.
[34] 袁萍，朱泽舟. 0—3 岁婴幼儿语言发展与教育 [M]. 上海：复旦大学出版社，2011.
[35] 朱曼殊. 儿童语言发展研究 [M]. 上海：华东师范大学出版社，1986.
[36] 李宇明. 儿童语言的发展 [M]. 武汉：华中师范大学出版社，1995.
[37] 张文新. 儿童社会性发展 [M]. 北京：北京师范大学出版社，1999.
[38] 李幼穗. 儿童社会性发展及其培养 [M]. 上海：华东师范大学出版社，2004.
[39] 俞国良，辛自强. 社会性发展 [M]. 北京：中国人民大学出版社，2013.
[40] 钱文. 0—3 岁儿童社会性发展与教育 [M]. 上海：华东师范大学出版社，2014.
[41] 周梅林. 学前儿童社会教育活动指导 [M]. 上海：复旦大学出版社，2005.
[42] 周念丽，张春霞. 儿童发展心理学 [M]. 上海：华东师范大学出版社，1999.
[43] 施燕，韩春红. 学前儿童行为观察 [M]. 上海：华东师范大学出版社，2011.
[44] 文颐. 婴儿早期教育指导课程 [M]. 北京：北京师范大学出版社，2012.
[45] 张民生. 0—3 岁婴幼儿早期教养指导手册 [M]. 上海：上海科技教育出版社，2006.
[46] 李荣平，闫琦，张雪峰. 0—3 岁婴幼儿早期发展工作指导手册 [M]. 北京：人民卫生出版社，2010.
[47] 吴玲玲. 走进亲子苑：多边干预的早教模式 [M]. 南京：中国福利会出版社，2008.
[48] 徐小妮. 0—3 岁婴幼儿教养教程 [M]. 上海：复旦大学出版社，2011.
[49] 华爱华，黄琼. 托幼机构 0—3 岁婴幼儿教养活动的实践与研究 [M]. 上海：上海科技教育出版社，2006.
[50] 蔡春美，等. 幼儿行为观察与记录 [M]. 上海：华东师范大学出版社，2013.